Jesco von Puttkamer

Abenteuer Apollo 11

Jesco von Puttkamer

Abenteuer Apollo 11

Von der Mondlandung zur Erkundung des Mars

Mit 79 Abbildungen

Herbig

Inhalt

Teil 2: Vom Mond zum Mars

Vorwort

*»Was wir auf der Erde haben, erkennen wir erst dann,
wenn wir sie verlassen.«* James Lovell, Kommandant von Apollo 13

Als ich 1962 als junger Mann über den »Großen Teich« nach USA ging, um dem Raumfahrt-Entwicklungsteam um Wernher von Braun beizutreten, folgte ich einer Vision. Das Diplom eines Aachener Maschinenbauingenieurs druckfrisch in der Tasche, tat ich damit einen Schritt, der mich nicht nur in eine neue Welt voller unerwarteter Höhen und Tiefen, sondern auch auf den Weg in eine atemraubende Zukunft führte, die mein Lebensschicksal werden sollte. Ein Telegramm von Dr. Wernher von Braun hatte den Anstoß gegeben: »Don't go to industry. Come to Huntsville. We are going to the moon.«

Es war der 9. August 1962, als ich in Alabama auf Huntsvilles altem Landflughafen aus der schon etwas klapprigen zweimotorigen Southern Airways Martin 404 kletterte und mit großen Augen staunend um mich blickte. 15 Monate waren erst vergangen, seit Präsident John F. Kennedy vor der Plenarversammlung des US-Kongresses sein Volk aufrief, Segel für die Expedition zum Mond zu setzen: »Unsere Nation sollte sich das Ziel stecken, noch vor dem Ende dieses Jahrzehnts einen Menschen zum Mond und wieder heil zur Erde zurückzubringen!« Das sollte nicht ohne mich geschehen.

Zu jenem Zeitpunkt war die NASA gerade mal zweieinhalb Jahre alt, und ihre einzige Erfahrung in der bemannten Raumfahrt belief sich auf 15 Minuten 22 Sekunden: denn 20 Tage zuvor, am 5. Mai, war Alan »Big Al« Shepard auf einer von Wernher von Brauns Redstone-Raketen auf einer suborbitalen Parabel in 185 km Höhe geflogen und in seiner Mercury-Kapsel »Freedom 7« im

Atlantik niedergegangen. Die NASA hatte unmittelbar nach Kennedys Auftragserteilung eine intensive Rekrutierungswelle begonnen und bei meiner Ankunft bereits rund 3000 Wissenschaftler und Ingenieure von überall in den USA angeheuert.

Das Raumfahrtzeitalter war angebrochen, und ich fand, damit war es allerhöchste Zeit für mich. Am Tag von Kennedys Rede hatte in Kalifornien der NASA-Testpilot Joseph Walker mit dem Raketenflugzeug X-15 einen neuen Geschwindigkeitsrekord von 5280 Stundenkilometern aufgestellt. Bei meinem Arbeitsantritt bei der NASA verzeichnete das X-15-Programm seit 1959 insgesamt 50 Überschall-Testflüge, die bis auf 75 km Höhe und sechsfache Schallgeschwindigkeit gekommen waren, mit heute legendären Testpiloten wie Scott Crossfield, Joseph Walker, John McKay und Neil Armstrong, die für mich damals Halbgötter waren. Zu meinen Helden gehörten auch Virgil »Gus« Grissom, der zwei Monate später, am 21. Juli 1961, als zweiter NASA-Astronaut suborbital 188 km hoch geflogen war, wobei ihm freilich seine Mercury-Kapsel »Liberty Bell 7« nach dem Ausstieg im Atlantik absoff (38 Jahre später wurde sie wieder aus dem Meer gefischt und geborgen), und der unübertroffen coole John Glenn, der am 20. Februar 1962, ein halbes Jahr vor meiner Ankunft, in Mercury »Friendship 7« die Erde in 4 Stunden 55 Minuten drei Mal umkreiste und damit Amerikas erster Raumflieger und ein echter Nationalheld wurde. Im Juli 1962, kurz vor meiner Ankunft, hatte die NASA bei der Mondlandeplanung aus drei Alternativverfahren das »Lunar Orbit Rendezvous« ausgewählt und die beiden anderen, den Direktflug Erde-Mond des Fleming-Reports vom Juni 1961 und das Erdorbit-Rendezvous mit Betankung des Golovin-Reports vom Dezember 1961 verworfen, da sie teurer und zeitraubender gewesen wären. Ja, für mich war's in der Tat höchste Eisenbahn!

Ich kam in eine Welt, wie es sie nie zuvor gegeben hat und niemals wieder geben wird. Aus dem Kabinenfenster sah ich das Flugzeug niedrig über das Dach des Kaufhauses Montgomery Ward hinwegbrausen und unweit der Cadillac-Vertretung auf der holprigen Rollbahn aufsetzen. Beim Hinaustreten aus der eisig-klimatisierten Bordluft in den Hochsommer erschlug mich die Außenluft von 40 Grad Celsius im Schatten und 90 Prozent Feuchtigkeit wie ein nasser Sandsack: Das waren meine allerersten, nie vergessenen Eindrücke dieser Hochburg der Raketenbauer in einer Landschaft von Baumwollfeldern, Magnolienbäumen und roter Lehmerde. Das am Ortsrand stolz als »Rocket City, USA«, mit gleichem Stolz aber auch als »Heart of Dixie«, Herz des südstaatlichen Dixielands, beschilderte Nest

Huntsville war der Ort, wo »der Weltraum begann«. Alles, was in der US-Raumfahrt heute als selbstverständlich erscheint, hat hier im »Space Capital of the Universe« seinen Anfang gehabt. Im Norden des Bundeslandes gelegen, wo die Ausläufer der Great Smoky Mountains als Teil der Appalachen entlang der Ufer des Tennessee-Flusses in weite Baumwollfelder übergehen, hatte das 1811 gegründete Kreisstädtchen jahrzehntelang in klassischer Lethargie vor sich hingedöst und es immerhin zum »Watercress Capital of the World« gebracht: Amerikas Hauptproduzent von Brunnenkresse. Dann kam ein jähes Erwachen, und fast über Nacht wandelte sich Huntsville zum aufstrebenden Symbol für real werdende Utopien. Stieg der Süden mit seiner Dixie-Nostalgie auch nicht wieder auf zur alten Welt des Reichtums und der Tradition, der Herrschaftsgüter und des stolzen Landadels des 19. Jahrhunderts, so erlebte er nun doch eine Wiedergeburt ganz besonderer Art. Den Umschwung brachten Wernher von Braun und 132 Peenemünder Raketenexperten. Am 15. April 1950 waren sie unter den Auspizien des US-Heeres aus Texas gekommen, um, wie ehedem für ihre Nazi-Auftraggeber, militärische Mittelstreckenraketen zu entwickeln. Innerhalb kurzer Zeit wurde »Rocket City, USA« zur Hochburg Wernher von Brauns und der Entstehungsort der neuen Generation großer Trägerraketen, die Kennedys Auftrag erfüllen und dem Menschen den Weltraum aufschließen sollten.

Was ich dort im romantischen Tennessee-Tal vorfand, war ein faszinierender Ort der Gegensätze: die Raketenstadt hatte sich über Nacht in eine Boom Town der Zukunftstechnik verwandelt, in der die ehemalige Plantagenromantik des tiefen Südens mit Magnolien- und Jasminduft und dem schrillen Chor von Grillen und Baumfröschen nur noch stellenweise neben dem neuen Zeitgeist der Düsenflugzeuge, Würstchenbuden, Elvis-Ära-Freiluftkinos, Bungalowsiedlungen, Wohnwagen und Swimmingpools, aber auch der modernsten Raumfahrtentwicklung überdauert hatte. Huntsvilles Marshall-Raumflugzentrum (MSFC) war seit 1960 die größte der über den ganzen Kontinent verstreuten NASA-Einrichtungen und eines der größten Forschungszentren der Welt überhaupt. Zusammen mit dem Zentrum für bemannte Raumfahrzeuge (MSC) unter Robert Gilruth in Houston, Texas, und dem Weltraumflughafen Cape Kennedy (KSC) unter Kurt Debus in Florida trug es die Verantwortung für die Erfüllung von Kennedys Weltraumvision. Die Liaison zwischen MSFC/Alabama und MSC/Texas unterstand im Washingtoner Hauptquartier seit Dezember 1961 dem ehemaligen Peenemünder Dr. Arthur Rudolph, der sein Amt von Huntsville aus erfüllte, bis ihn die NASA kurze Zeit später zum Chefingenieur für die Saturn V ernannte.

Das Team, zu dem ich voller jugendlichem Eifer und Erwartungen stieß, hatte seine Anfänge in Peenemünde auf der Ostseeinsel Usedom in der Baltischen Bucht, wo unter der technischen Leitung von Wernher von Braun vom 1. Oktober 1932 an das Aggregat 4 (A-4) entstand, die erste Groß-Flüssigkeitsrakete der Welt, welche von Goebbels später in V2 (Vergeltungswaffe 2) umgetauft wurde. Nach dem Krieg übertrug die amerikanische Armee den deutschen Forschern die Dokumentierung und Weiterentwicklung der A-4 im texanischen Fort Bliss, 1950 jedoch, als die Armee wegen des Koreakriegs ihre Raketenexperten erstmalig voll beschäftigte, brachte man sie nach Huntsville. Die Übersiedlung beendete eine nervtötende Zeit des Wartens: Die verlassenen, verstaubten Hallen des nach Huntsvilles rotem Lehmboden benannten Redstone Arsenals – 1941 zur Herstellung von Giftgasmunition errichtet und später stillgelegt – erfüllen sich mit neuem Leben, als die v. Braun-Mannschaft an die Arbeit geht. Zunächst dem Ordnance Guided Missile Center (OGMC) des für das gesamte Heeres-Raketenprogramm zuständigen Army Ordnance Missile Command (AOMC) zugeteilt, formt sie darin bald eine eigene Abteilung unter v. Braun, die Guided Missile Development Division (GMDD) der Ordnance Missile Laboratories. 1956 in Development Operations Division umgetauft, wird sie die wichtigste Betriebsorganisation der Army Ballistic Missile Agency (ABMA) im AOMC. Dort entsteht zunächst die Mittelstreckenrakete Hermes C, daraus dann die Muster Redstone und Jupiter. Der erste Probeflug einer Redstone gelingt am 20. August 1953, dem Jahr, in dem Josef Stalin stirbt (März), zwei Männer den Gipfel des Mount Everest erreichen (Mai), der Koreakrieg mit einem Waffenstillstand endet (Juli) und die Sowjetunion ihre erste H-Bombe in Semipalatinsk detonieren lässt (August). Bis 1958 erfolgen 37 Erprobungsflüge der Redstone, die eine Reihe neuer Entwicklungen gegenüber ihrer Vorgängerin V2 aufweist, darunter integrale »Monocoque«-Treibstoffbehälter statt getrennter Tanks und ein autonomes Flugführungssystem mit der Trägheitsplattform ST-80 und luftgelagerten Kreiseln anstelle der äußeren Radiolenkung. So gelangt dann am 31. Januar 1958, keine vier Monate nach dem sowjetischen Sputnik 1, der erste US-Satellit Explorer 1 auf einer dreistufigen Redstone in die Erdumlaufbahn und entdeckt prompt den Van-Allen-Strahlungsgürtel. Die *Huntsville Times* würdigt den Triumph am nächsten Morgen mit Schlagzeilen wie »*Jupiter-C Puts Up Moon*« und »*Eisenhower Officially Announces Huntsville Satellite Circles Globe*«; in Huntsville tanzen die Menschen auf den Straßen und bereiten Wernher von Braun einen Triumphzug sondergleichen. Später fliegen US-Satelliten, Primaten und die Astronauten Shepard und Grissom auf diesem Raketenmuster.

26.5.1966: Nur noch drei Jahre... Dr. Wernher von Braun (Direktor, Marshall Space Flight Center) und Dr. Kurt Debus (Direktor, Kennedy Space Center) beim Rollout des zur Startanlagen-Erprobung dienenden Testgeräts Saturn V/500F (»Facility«).

Mit dem Transfer der Peenemünder vom Fernwaffenamt des Heeres in den Zivildienst im März 1960 erbt die 1958 als Amerikas Antwort auf Sputnik 1 gegründete zivile Behörde National Aeronautics and Space Administration (NASA) nicht nur v. Brauns Raketenentwicklungsteam, sondern auch seine Pläne der Juno 5, eines aus gebündelten Redstone- und Jupitertanks gebildeten und von acht Jupitertriebwerken (H-1) angetriebenen Super-Boosters, des später auf »Saturn 1« umgetauften kleinsten Mitglieds der Trägerraketen der Saturn-Familie.

Vor meiner Ankunft waren bereits zwei Saturn-I-Geräte in Florida von Kurt Debus und seinen Mannen erfolgreich gestartet worden, am 27. Oktober 1961 und 25. April 1962. Der dritte Flug war gerade für November in Vorbereitung; ich wurde zu meiner Begeisterung sofort für dieses Projekt eingespannt, und schon bald folgte meine erste Präsentation vor von Braun. Insgesamt zehnmal sollte die Saturn I fliegen – durchweg erfolgreich, und danach kamen die stärkere Saturn IB mit neun ebenfalls erfolgreichen Missionen und die insgesamt 13 Einsätze der gewaltigen, bis heute nicht übertroffenen Saturn V, die Apollo zum Mond brachte. Alles in allem also 32 Großraketenstarts der Huntsviller ohne einen einzigen Ausfall!

Für Huntsville bedeuteten die Deutschen aber nicht nur Raketen, sondern auch kulturelle Impulse. Eine Tageszeitung im benachbarten Chattanooga in Tennessee meldete Anfang der 1950er-Jahre per Schlagzeile: »*Deutsche bringen Wissen und Pumpernickel nach Huntsville!*« Doch wäre das, was geschah, ohne die gastfreundliche Einstellung der Southerners gegenüber den wunderlichen Einwanderern mit der hohen Kreditwürdigkeit kaum möglich gewesen: Deutsche gründeten eine Kammermusikgruppe, aus der bald Huntsvilles beachtliches Stadtorchester hervorging; sein Konzertmeister war für viele Jahre der MSFC-Fabrikationsdirektor Werner Kuers. Das wichtigste Einkaufszentrum und die Parkway, Huntsvilles Stadtautobahn, verdanken ihre Existenz der 1951 erfolgten Planung des ehemaligen Peenemünder Architekten Hannes Lührsen. Deutsche förderten die Entwicklung der Stadtbibliothek (»Als die Deutschen in die Stadt kamen, holten sie sich zuerst ihre Büchereiausweise, noch ehe sie ihre Wasseruhren anschließen ließen«, scherzte der Journalist Hodding Carter in *Collier's Magazine*), den Bau des heute mit einem Planetarium von der Von Braun Astronomical Society betriebenen Observatoriums auf dem Monte Sano, die Gründung des Forschungsinstituts der Universität von Alabama unter dem in Fachkreisen heute legendären Peenemünder Aerodynamiker Dr. Rudolph Hermann sowie die Entstehung des städtischen Kunstvereins. Auf v. Brauns Initiative und mit seiner Hilfe entstand das öffentliche Raumfahrtmuseum U.S. Space and Rocket Center mit dem sich heute weltweit größter Beliebtheit und Nachahmung erfreuenden Space Camp. Und er war noch beim ersten Spatenstich am 24. Februar 1970 zugegen, als der Bau des heutigen, nach ihm benannten riesigen Stadthallenkomplexes entstand, des Von Braun Civic Center (VBCC).

Huntsvilles Deutsche haben sich nie abgesondert. Weder gab es ein »Little Germany« noch »organisiertes Deutschtum« im Stil der pseudo-bayerischen Trachten-, Schuhplattler- und Brauchtumsverbände von Baltimore, Philadelphia oder New York. Im Laufe der Jahre hatte sich lediglich auf dem Monte Sano, einem 550 Meter über Meeresspiegel hohen, eichenbestandenen Hügel, zu dessen Füßen sich die Huntsviller Ebene zum Tennessee hin erstreckt, eine vorwiegend deutsche Wohngegend herausgeschält. Doch die Deutschen gehörten im Ort zum Straßenbild. Übergangslos, wenn auch ihres schweren Akzents wegen unverkennbar, hatten sie sich in die lokale Gemeinschaft eingefügt, ohne von ihr verschluckt zu werden. Es wäre schon seltsam zugegangen, hätte man beim wöchentlichen Großeinkauf im Supermarkt nicht deutsche Worte gehört oder an bestimmten Tagen in Nathan Marlins Delikatessen nicht sächselnde, schwäbelnde oder rheinländernde Hausfrauen zusammenstehen gesehen; andere Treffpunkte waren Britlings Cafeteria und das Bavaria Restaurant. Für die Deutschen importierten Delikatessenhändler Pumpernickel, Löwenbräu, Allgäuer Käse, Bauernbrot, Salami und Rheinwein; in der Zeitschriftenhandlung Andan's gab's deutsche Illustrierte, Romanhefte, den *Spiegel* auf Luftpostpapier und die *FAZ*. Zwei lokale Radiostationen brachten wöchentlich die *Deutsche Stunde* mit Heidi Medenica, und nicht selten gastierten deutsche Künstler wie Anneliese Rothenberger oder Stars von Radio Luxemburg vor ausverkauftem Haus.

Wer waren diese Menschen, die ihr Heimatland hinter sich gelassen hatten, um mit ihren Familien in der Fremde unter anderen Gesetzen und Freiheiten zu leben und einer damals noch allgemein als fantastisch, ja als verrückt angesehenen Vision nachzujagen? Wie dem Rattenfänger von Hameln waren sie Wernher von Braun gefolgt, um den USA den Weg ins All zu bahnen. Da waren die »alten Peenemünder«, hemdsärmelige Ingenieure von altem Schrot und Korn aus den Anfangsjahren der Raketenforschung, sowie grauhaarige Gelehrte, die einst das Machtwort einer untergegangenen Diktatur von ihren Dozentenstellen und Lehrstühlen, aber auch von der Russlandfront weg nach Peenemünde gerufen hatte. Die gemeinsame Vision hatte die unterschiedlichsten Charaktere zusammengebracht: den sanftmütigen Intellektuellen mit der Haeckel-Gemäldesammlung, der seine Abteilung mit behutsamer Hand und der Hilfe geschickter Assistenten leitete, den ehemaligen Versuchsingenieur aus dem Reichsluftfahrtministerium, der zwinkernd mit Fliegerwitz, Fliegeranekdoten und einem unbezahlbaren Schatz an Fliegerwissen um sich warf, und den energiegeladenen Tatmensch, der sein Team »auf Vordermann« brachte. Namen wie Arthur Rudolph, Helmut Horn, Karl Heimburg, Emil Hellebrand, Hans Wünscher, Fritz Müller, Erich Neubert, Eberhard Rees, Kurt Debus, Ernst Stuhlinger, Walter Häussermann, Ernst Geißler, Willi Mrazek, Hans Maus, Konrad Dannenberg, Hans Hüter, Otto Hoberg, Bernhard Teßmann und Hermann Weidner waren weit über die Grenzen von Huntsville hinaus in der Aerospace-Welt zum Begriff geworden. Sie hatten sich eine Aufgabe gestellt, ein Ziel gesetzt und einen Weg gebahnt, und sie verfolgten ihn mit der Unbeirrbarkeit von Fanatikern und der ruhigen, selbstsicheren Gelassenheit von Menschen, die von der Richtigkeit ihres Tuns absolut überzeugt sind. Zwanzig Jahre hatten sie mit Wernher von Braun daran gearbeitet – eine Zeit, die sie zu einem legendären Team zusammenschweißte.

Neben ihnen suchten die Nachwuchskräfte ihren Platz: junge Ingenieure und Physiker, die wie ich Ende der 1950er-, Anfang der 1960er-Jahre hinzugekommen waren. Das Einleben in den Alltag von Huntsville folgte einem typisch amerikanischen Schema. Zunächst schaffte man sich einen lebensnotwendigen Straßenkreuzer an – dank des guten Leumunds der Deutschen und ihrer Jobsicherheit genügte der Akzent als Sicherheit für Bankdarlehen. Dann kam die Wohnungssuche: das Lesen von Zeitungsangeboten, die Bekanntenempfehlungen, das Stadtplan-Studieren, das Herumfahren von Ortsteil zu Ortsteil, die unschlüssige Begutachtung der Drei-Zimmer-Wohnung, das Erschrecken vor den vermeintlich hohen Preisen. Ob möbliert oder unmöbliert – Kochherd, Kühlschrank, Klimaanlage und Geschirrspülmaschine gehörten bereits damals zur Standardausstattung der meisten Mietwohnungen. Und bald darauf folgte schließlich der Kauf des vorwiegend im einstöckigen Bungalowstil gehaltenen Einfamilienhauses. Der Unterschied zwischen ihrer altvertrauten Umgebung und der neuen Welt war gewaltig, aber die Jugend und die Begeisterung und die Ungebundenheit der Kriegsgeneration machten den Anfang leicht. Und die Herausforderung, die ihnen das Mondlandeprogramm bot, überstieg alles, was sich ein Ingenieur jemals hätte wünschen können. Für uns alle waren Huntsville und das Apollo-Jahrzehnt jener unbeschreiblichen 1960er-Jahre ein märchenhaftes Schlaraffenland der Technik und Wissenschaft.

Was den Anlass zu Präsident Kennedys Aufruf vom Mai 1961 gegeben hatte, war klar: Am 12. April, sechs Wochen zuvor, war Juri Alexejewitsch Gagarin auf einer

Die Reise zum Mond beginnt – im Schneckentempo. Apollo 11 auf dem Weg zur Startrampe, am 20. Mai 1969, gesehen vom Dach des 160m hohen VAB (Vehicle Assembly Building).

R7, der auf die A-4/V2 (russisch: R1) zurückgehenden dreistufigen Version der strategischen Kontinentalrakete SS-6 »Sapwood« (Nato-Bezeichnung), als erster Mensch ins All geflogen. In 89 Minuten hatte der mutige 27-jährige Luftwaffenmajor in seiner primitiven Kapsel »Wostok 1« das vollbracht, wofür 440 Jahre früher die »Viktoria« des ersten Weltumseglers, des Portugiesen Ferdinand Magellan, drei Jahre benötigt hatte (wobei er freilich den Tod fand). Für die USA kam Gagarins Erstleistung wie schon der Sputnik 1-Start am 4. Oktober 1957 einem Schock gleich. Doch Kennedy verschrieb den Nationen mit seinem Aufruf eine

15

Psychotherapie, die nicht besser oder stimmiger sein konnte: »Wir fliegen ins All, weil – ganz gleich, was die Menschheit unternehmen muss – freie Menschen voll daran teilhaben müssen«. »He made the country feel young again«, sagte Wernher von Braun 1964 über Kennedy. Die politische Atmosphäre konnte nicht besser sein, und die Nation stimmte dem Vorhaben begeistert zu; Geld spielte keine Rolle. Dank sorgfältiger Planungsarbeit und NASA-internen Analysen waren bereits Ende 1961 alle Industrieaufträge unter Dach und Fach und das Apollo-Programm damit auf vollen Touren.

Unsere Pläne beschäftigten Mitte der Sechziger rund 12 000 Regierungsangestellte und über 300 000 Fachkräfte in mehr als 20 000 Betrieben und Firmen in 49 US-Bundesstaaten, unter Beteiligung von Lehrpersonal und Studenten an etwa 200 Universitäten und Forschungsinstituten – alles in allem an die 400 000 Menschen. Einen solch gewaltigen Zusammenschluss von Regierung, Industrie und Forschung hatte es nie zuvor in Friedenszeiten gegeben.

Die Entwicklungsanforderungen bedeuteten für uns acht Jahre harte, doch begeisternde Arbeit voll technologischer Durchbrüche von teils epochaler Bedeutung, gescheiterte Erwartungen und Hoffnungen, strahlende Erfolge und bittere Enttäuschungen sowie schmerzhafte Verluste, am schlimmsten davon Kennedys Ermordung am 22. November 1963. Aber Apollo war ins Rollen gekommen wie eine Dampfwalze, und nichts konnte uns mehr aufhalten. Am 29. September 1965 zerplatzte eine Test-Raketenstufe im kalifornischen Seal Beach; eine zweite explodierte acht Monate später, am 28. Mai 1966, im Prüfstand in Mississippi. Am 20. Januar 1967 explodierte eine vollbeladene S-IV-B-Raketenstufe beim Countdown im Teststand mit der Gewalt von mehr als einer Tonne TNT, und am 27. Januar 1967 erlebten wir den nach JFKs Ermordung schwärzesten Tag des Apollo-Jahrzehnts, als Virgil Grissom, Edward White und Roger Chaffee bei einer Brandkatastrophe in der Apollo-1-Kommandokapsel in Cape Kennedy umkamen. Trotzdem trug nicht einmal zwei Jahre nach dem Brandunglück, am 11. Oktober 1968, eine Saturn IB das Raumschiff Apollo 7 mit Walter Schirra, Donn Eisele und Walter Cunningham in der umgebauten Kommandokapsel in den Erdorbit.

Zwei Monate danach, am 21. Dezember, schickte bereits die dritte Saturn V – so groß war das Vertrauen in unser Werk – das Raumschiff Apollo 8 mit der Crew Frank Borman, James Lovell und William Anders auf den unvergesslichen Weihnachtsflug zur zehnfachen Umkreisung des Mondes.

Und in der Nacht des 20. Juli 1969 landete der »Adler« von Apollo 11 im »Meer der Stille« und erfüllte Kennedys Auftrag.

Teil 1
Abenteuer Apollo 11

Erster Reisetag

Die Reise beginnt

>»Alle Motoren laufen!«

»Ignition!« Der Ruf, ein Aufatmen und Jubel zugleich, der die ins Unerträgliche gestiegene Spannung der letzten Sekunden wie eine Klinge durchschneidet, gellt über das weite Gelände der Tribünenanlagen, schallt über das Fernmeldenetz des Apollo Launch Data System auch nach Houston und jagt über die NASCOM-Kanäle und die öffentlichen Nachrichtenverbindungen der Fernseh- und Rundfunkgesellschaften über Kabel, Satelliten und Radiowellen in alle Welt. Millionen von Menschen sehen auf ihren Bildschirmen, hören an ihren Rundfunkempfängern, was sich da vor den aufgerissenen Augen Hunderttausender am Kap abspielt: Eine Qualm- und Dampfwolke quillt unter dem Heck der Mondrakete aus der quadratischen Aussparung der Plattform hervor – weiß, mit einem glühend roten Kern. Einen Moment lang steht die Zeit still, erstarrt der Kosmos. Dann schießen mit jäher, brutaler Plötzlichkeit gleißende Flammenzungen aus den Motoren, brechen aus der riesigen Ablenkgrube unter dem Startturm hervor, stechen schräg in die Lüfte.

T minus 2 Sekunden: »All engines running!« Auf Armstrongs Schalttafel erlöschen nacheinander fünf glühende Lämpchen, während die Besatzung bereits die Rakete unter sich rütteln fühlt. Die fünf F-1-Triebwerke haben glatt gezündet.

Neun Sekunden verstreichen nach dem Zündkommando, während die Riesentriebwerke ihren vollen Schub von 3500 Tonnen entfalten. Noch immer wird das Raumschiff von den gigantischen Klauen der vier Ankerarme aus wärmefestem Stahl an den Boden gefesselt, so lange, bis die Checkout-Computer mit ihrer unendlichen Pedanterie und Präzision eine nochmalige Überprüfung der Triebwerke und ihrer richtigen Funktion vorgenommen haben. Kammerdrücke, Turbopumpen und Turbinen, Ventile, Tankdrücke, Temperaturen, Drehzahlen …

Rund vier Millionen Liter Wasser stehen in einer Zisterne bereit, um während dieser langen Sekunden zur Kühlung und Feuerverhütung zu dienen. Aus 29 Hochdruckdüsen überschwemmt es das Stahldeck der Startplattform, und mit einer Fördermenge von 2000 Hektolitern pro Minute stürzt es in die Ablenkgrube und auf die stählerne Abweisschürze. Zusätzliche Hochdruckköpfe in der Grube selbst spritzen pro Minute 300 Hektoliter Kühlwasser auf den Flammenabweiser,

Zehntausende wohnen dem atemraubenden Ereignis bei, unter ihnen der gesamte US-Kongress, fast 100 ausländische Botschafter, 5000 andere VIPs und 5000 Pressevertreter.

und auch die zurückgefahrenen Kabel- und Leitungsarme des Startturms werden von ihrem eigenen Feuerlösch- und Kühlsystem unter Wasser gesetzt. Das Wasser verwandelt sich in den gleißenden Flammenbündeln explosionsartig in überhitzten Dampf, der die Rampe mit schneeweißen Wolken verhüllt.

Die Computer sind so weit. Übereinstimmend melden sie: Alles funktioniert programmgemäß. »THRUST OK« leuchtet es für jeden der Motoren auf den Messkonsolen im Kontrollzentrum auf. Das Ganze hat nur Sekunden gedauert. Jetzt flammt ein neues Leuchtschild auf: »COMMIT«.

Apollo 11 – mit über 110 m Höhe und 10 m Durchmesser, bestehend aus Saturn V/506, Apollo-CSM 107 und Mondlander 5 – beginnt unter Getöse den Aufstieg am Startturm von Rampe 39A.

Die Halteklauen schwenken zurück. Entlang der gesamten Länge des fast 120 m hohen Startturms klappen die Schwingarme, von ihren Servohydrauliken getrieben, von der Rakete zurück, die letzten Kabelverbindungen zwischen ihr und den Bodenanlagen lösend. Ebenso wie der Fuß des Turms und die wasserüberflutete Startplattform selbst werden auch sie bald in Flammen gebadet, wenn die Weltraumrakete langsam in die Höhe zu steigen beginnt.

Armstrong meldet: »Liftoff!« fast gleichzeitig mit der Kontrollzentrale. »LIFTOFF« und »AUTOMATIC ABORT ENABLED« leuchtet es auch über den Köpfen von Startleiter Rocco Petrone und dem Startmanagementteam auf.

Die Entfesselung der mächtig nach oben strebenden Saturn V erfolgt nicht plötzlich, sondern ganz allmählich, kontrolliert durch speziell geformte und eingefettete Aufweitstopfen, die von der emporsteigenden Rakete wie Zieheisen durch Gesenke an ihrem Heck gezogen werden. Da die Gesenke etwas zu eng sind, werden sie durch Materialverformung aufgeweitet, und man erreicht damit, dass die volle dynamische Kraft der Triebwerke die Rakete nicht mit einem jähen Ruck packt, sondern gleichmäßig ansteigend während der ersten 12 cm Vertikalbewegung.

Für die Millionen von Zuschauern spielt sich währenddessen ein Schauspiel ab, wie es in der Evolution der Menschheit auf der Erde nur selten eines gegeben hat. Wohl ist es bereits das sechste Mal, dass eine Saturn V ins All startet, doch ist das Erlebnis zu gewaltig und phänomenal, als dass man sich jemals daran gewöhnen könnte. Der Start der Mondrakete, wie kaum jemals ein anderes von Menschenhand verursachtes Ereignis zuvor, hat trotz aller technischen Komplexität etwas ungemein Elementares, etwas fast furchterregend Nacktes, Urbildliches, Kompromissloses. Es ist eine »Stunde der Wahrheit« für den Menschen als Erbauer und Entdecker.

Der Anblick der startenden Mondrakete, des 36 Stockwerke hohen, schneeweiß gestrichenen Giganten, der sich da mit Urgewalt der Anziehungskraft der Erde zu entringen beginnt, ist nicht zu beschreiben. Er sprengt den Rahmen des Bekannten und Begreifbaren. Ein Turm von zehn Metern Durchmesser, 3000 Tonnen schwer, bewegt von fünf haushohen Triebwerken, die zusammen einen Schub von 3500 Tonnen entfalten, genug für 6000 Boeing-707-Jets, das ganze Monstrum von der kompliziertesten Schöpfung moderner Regeltechnik in Balance gehalten wie ein Besenstiel auf der Fingerspitze, und darauf sitzen Menschen, die in die Weiten des Universums vorstoßen!

Die Geräuschentwicklung der Weltraumrakete übersteigt normales Begriffsvermögen. Die Stoßwellen, die von den krachenden, prasselnden Flammenbündeln der

Rakete ausgehen, sind stärker als alle Geräusche, die Menschen jemals auf Erden verursacht haben, mit Ausnahme der Atombombenexplosionen. Selbst die Natur muss hinter der akustischen Energie der Saturn V zurückstehen: Nur zweimal in der Geschichte der Menschheit hat ein natürlich erzeugtes Geräusch die übermächtige Lautstärke der Saturn V überboten: Der Ausbruch des Vulkans Krakatau in Ostindien im Jahre 1883 und der Einschlag des Großen Sibirischen Meteors im Jahre 1908. Es kracht und knallt, brüllt und braust, und das tiefe Dröhnen und Tosen trommelt gegen den Körper und schnürt Brustbein und Leib ein. Die Infraschallwellen verursachen Angstzustände und Beklemmung; vielen Zuschauern stockt buchstäblich der Atem. Das irre Kreischen der Turbopumpen in den Motoren, der stärksten Kreiselpumpen der Welt, und das hochfrequente Schrillen aus den mit Überschallgeschwindigkeit ausströmenden Abgasen schmerzt in den Ohren und macht den Kopf dröhnen.

Der Start der Apollo 11 erfolgt plangemäß um 9.32 Uhr morgens.

T plus 10 Sekunden: »Tower clear!«

In den Pressezentralen in Cape Kennedy geschieht etwas, was auch abgebrühte Reporterveteranen selten erlebt haben: Die ewig schnatternden Fernschreiber der Associated Press und United Press International verstummen für einen langen Moment.

Doch die Raumschiffbesatzung bleibt kühl und absolut Herr der Lage. Die Raumärzte in Houston ziehen die Brauen hoch und sehen sich an: Die Herzarbeit aller drei Astronauten beim Liftoff ist niedriger als erwartet und weit unter der, die sie bei ihren jeweiligen Gemini-Raumflügen gezeigt hatten. Armstrongs Herzschlag hatte damals 146 gezählt, gegenüber 110 heute, Collins' 125 gegenüber 99 jetzt, und Aldrin ist superkühl: Seine Herzfrequenz beträgt gar nur 88, gegenüber 110 beim Start der Gemini 12.

Nach dem Freikommen vom Kabelturm rollt die Rakete wenige Grade um ihre Längsachse, um die dem gewünschten Kurs von 72 Grad Ost von Nord entsprechende Oben/Unten-Raumlage einzunehmen, und neigt sich dann allmählich vornüber, als die Schwenkmotoren am Heck, den Steuerkommandos des Bordcomputers folgend, die Rakete aus ihrer vertikalen Startrichtung auszulenken beginnen. Es ist elf Sekunden nach dem Abheben, als Armstrong mit ruhiger Stimme den Vollzug des Rollprogramms und den Beginn des Kippmanövers zur Flugleitzentrale in Houston meldet.

Der vorgegebene Kippvorgang ist so programmiert, dass die Weltraumrakete auf ihrer Flugbahn nach Osten, auf der sie zur Erzielung eines Erdorbits nach und nach

16.7.1969, 9.32 Uhr: Der 36 Stockwerke hohe Gigant entringt sich mit donnernder Urgewalt der Anziehungskraft der Erde und geht auf die unglaubliche Reise.

in die horizontale Lage übergeführt werden soll, mit der Spitze und Längsachse in Flugrichtung zeigt, um den zunächst zunehmenden Luftkräften möglichst wenig Angriffsfläche zu bieten und die Flugstabilität nicht zu gefährden. Da sich zu den durch die Fluggeschwindigkeit erzeugten Luftkräften – dem »Fahrtwind« des Geräts – auch noch Kräfte gesellen können, die vom natürlichen Wind herrühren, ist das Kipp-Programm vor dem Start so berechnet worden, dass die zur Zeit des Abschusses herrschenden Winde von ihm berücksichtigt und kompensiert werden. Kurz vor Ausbrennen der ersten Stufe wird die Kippneigung der Trägerrakete vom Steuerprogramm »eingefroren«, und das Gerät fliegt während der nächsten 45 Sekunden unter gleichbleibendem Neigungswinkel weiter, etwa 25 Grad von der Horizontalen, dabei ständig an Höhe und Geschwindigkeit gewinnend. Die Raumschiffbesatzung sieht aus den Sichtluken der Kabine die Erde über sich von oben herunter mehr und mehr ins Blickfeld kommen, da sie mit den Köpfen nach unten sitzt.

Die Leitung des Raumflugs liegt in den Händen des diensttuenden Flugleiters, Clifford E. Charlesworth, der sich mit seinem »grünen« Team von Flugkontrolleuren im »Missions Operations Control«-Saal in Houston befindet. Jeder der insgesamt vier Flugleiter, die sich schichtweise ablösen, hat sein eigenes Team von Spezialisten, die er in monatelangen Schulungs- und Probesitzungen zu höchster Leistungsfähigkeit gedrillt hat. Cliff Charlesworth ist 37 Jahre alt und rangmäßig der Senior der vier »Flight Directors«. Die anderen drei sind Eugene F. Kranz, 35 Jahre alt, mit dem »weißen« Team, Glynn S. Lunney, 32 Jahre alt, mit dem »schwarzen« Team, und Milton L. Windler, 37 Jahre alt, mit seinem »rostbraunen« Team. Alle vier unterstehen dem Direktor für Flugoperationen, Christopher C. Kraft jr. Während des Fluges der Apollo 11 hat der Mission Director, George H. Hage vom NASA-Hauptquartier, die Gesamtverantwortung für das Unternehmen. Er ist gleichzeitig der stellvertretende Direktor des Apollo-Programms.

Sein Chef ist Generalleutnant Samuel C. Phillips, Direktor des Projekts Apollo, der die Myriaden von Fäden und alle Einzelstücke des Apollo-Programms zusammenzieht und sie zu einer Einheit verschweißt, sodass das Gesamtsystem zum richtigen Zeitpunkt an der richtigen Stelle in einwandfreiem Zustand plangemäß funktioniert. Es ist die Arbeit von 20 000 Industrie- und Universitätselementen und insgesamt 400 000 Ingenieuren, Wissenschaftlern, Arbeitern und Angestellten, der er hauptverantwortlich vorsteht.

Der 48-jährige sommersprossige General aus Cheyenne im Cowboystaat Wyoming, der seit 1964 auf Ausleihe von der US-Luftwaffe bei der NASA das Wohl und

Apollos Topmanager: George E. Mueller, Sam C. Phillips (beide NASA-HQ), Kurt H. Debus (KSC), Robert R. Gilruth (MSC, heute JSC), Wernher von Braun (MSFC), mit Widmung für den Autor.

Wehe des Unternehmens »Mondlandung« leitet, plant nach dem abgeschlossenen Apollo-Programm zur Luftwaffe zurückzukehren.

Zum Flugkontrollteam jedes Flugdirektors gehören eine Flugkommando- und -kontrollgruppe, die für alle Bordverrichtungen, Experimente, den Bordplan, das weltweite MSFN-Nachrichtensystem und den Unterhalt aller Bodenanlagen zuständig ist, eine Flugdynamikgruppe mit dem Flugdynamikspezialisten, dem Retrofeuerspezialisten und dem Flugführungsspezialisten und die Bordsystemgruppe, zu der die »Booster Systems«-Ingenieure aus Huntsville und die »Spacecraft Systems«-Ingenieure aus Houston gehören. Aber auch der Flugarzt, der den Gesundheitszustand der Besatzung überwacht, und vor allem der »Spacecraft Communicator« oder »Capcom«, der für den eigentlichen Funksprechverkehr mit der Raumschiffbesatzung alleinverantwortlich ist und im Bedarfsfall auch die Leitung des Fluges übernehmen kann, sind Mitglieder des jeweiligen Flugkontrollteams. Der Capcom ist stets selber ein Astronaut, der nicht nur die Raumschiffbesatzung als Freund und Kollege kennt, sondern auch mit ihrem Schulungs- und

16.7.1969, 6.25 Uhr: Neil Armstrong, Mike Collins und Buzz Aldrin, die Crew von Apollo 11, verlassen das Manned Spacecraft Operations Building auf dem Weg zur Startrampe.

Trainingsprogramm sowie mit dem Raumschiff und seinen Bordsystemen, seinen Fähigkeiten und Grenzen, Stärken und Schwächen aufs Engste vertraut ist. Capcom vom Dienst ist zurzeit Korvettenkapitän Bruce McCandless II, 32 Jahre alt, Marineoffizier, NASA-Astronaut und Doktorand an der Stanford-Universität. Als Ablösung und Vertretung stehen Major Charles M. Duke von der Air Force, ein 33-jähriger NASA-Astronaut, und Korvettenkapitän Ronald E. Evans, 35 Jahre, Marineoffizier und Astronaut, in Bereitschaft.

Radargürtel und Nachrichtennetz

»Stufentrennung … und Zündung!«

8.34 Uhr. Bruce McCandless an Apollo-Crew: »Apollo 11, this is Houston. You are ›go‹ for staging!«

8.34 Uhr 15 Sekunden. Neil Armstrong: »lnboard cutoff!«

Zwei Minuten und 15 Sekunden nach dem Abheben von der Startrampe, als in einer Höhe von 44 km eine Geschwindigkeit von 2750 m/sec erreicht ist, erlischt das Mitteltriebwerk der S-IC, 26 Sekunden später gefolgt von den vier Außentriebwerken.

Fast zur gleichen Zeit zünden kleinere Vorschubraketen an der Außenwand der zweiten Stufe, um die Treibstoffe in ihren Tanks während der Stufentrennung und Übergangsperiode unter positivem Andruck zu halten. Ebenfalls nahezu im selben Moment ergeht das Signal zur Zündung der Spreng-»schnur«, die die erste Stufe an ihrem gesamten Umfang entlang einer vorgegebenen Rille von der Zwischenzelle explosiv glatt abschneidet, und der Retroraketen, welche die erste Stufe gegenüber der weiterfliegenden Rakete etwas abbremsen.

Dann erfolgt das Startsignal für die fünf J-2-Wasserstoff/Sauerstoff-Triebwerke der zweiten Stufe, die rund viereinhalb Sekunden nach dem Erlöschen der ersten Stufe ihre volle Schubkraft von 525 Tonnen erreichen.

Neil Armstrongs Stimme klingt kühl und sachlich. »Staging … and ignition!«

Bruce McCandless: »Eleven, Houston. Thrust is ›go‹, all engines. You are looking good!« Der Schub aller fünf Motoren ist normal.

Armstrong: »Ah, roger! You're loud and clear, Houston.«

Eine halbe Minute später detoniert eine zweite Sprengschnur und trennt die Zwischenzelle ab. Das ringförmige, viereinhalb Tonnen schwere Zellenstück gleitet mit ausreichend Spielraum an den Triebwerksglocken vorbei und bleibt zurück, um kurze Zeit später in den Atlantik zu stürzen. Sechs Sekunden später folgt ihm der Rettungsturm nach, der – nun nicht länger nötig, da sich das Raumschiff jetzt mit seinem eigenen Triebwerk retten könnte – von der Spitze des Fahrzeugs weggeschossen wird und dabei eine Schutzkappe mitnimmt, die vier von den fünf Raumschifffenstern verdeckt hat. Die Besatzung vermerkt es mit Freude: »Houston, be advised: the visual is ›go‹ today!«

Danach kann der Umlenkvorgang der Rakete in die Horizontale fortgesetzt werden.

Saturn-V-Stufentrennung (Grafik): Die 42 m lange Grundstufe S-IC ist bereits abgeworfen. Es folgen der Abwurf des 5 m hohen Zwischenrings und die Zündung der Zweitstufe S-II.

Bruce McCandless an Crew: »Eleven, Houston. Your guidance is converged. You're looking good.«

Die gesamte Steuerung des Geräts obliegt einem Digitalcomputer im Instrumententeil der Saturn V, der die Steuergleichungen löst, und einem Autopiloten, d. h. einem Analogcomputer, der die Steuerkommandos des Rechengehirns in Schwenkbewegungen der Steuertriebwerke umsetzt. Der Computer hat einen 32K-Speicher aus bis zu 917 504 Toroidal-Ferritkernen, besteht aus 40 800 Silicon-Halbleitern und Cermet-Resistoren, wiegt dabei nur etwa 30 kg und braucht zu einer Addition bei 26 Bits Genauigkeit nur 82 µs. Kenntnis über die augenblickliche Position und Geschwindigkeit der Saturn V erhält der Computer vom Navigationssystem, einem Trägheitsgerät, das eine in einem frei beweglichen Rahmensystem kardanisch aufgehängte und durch Kreisel im Raum stabilisierte Plattform vom Typ ST124-M mit drei darauf montierten gasgelagerten PIGA-Beschleunigungsmessern (von Pendulous Integrating Gyro Accelerometer) enthält. Diese drei Akzelerometer messen die Flugbeschleunigungskräfte in drei zueinander senkrecht ausgerichteten Komponenten, integrieren sie gleichzeitig und teilen die somit erhaltenen Geschwindigkeitswerte über einen Signalaufbereiter dem Computer mit, der daraus durch Hinzuaddieren der berechneten und integrierten Gravitationsbeschleunigung, gefolgt von Integration, den zurückgelegten Weg und damit die Position ermittelt. Gleichzeitig messen Abgreifführer die Winkel zwischen den drei Achsen der stabilen Bezugsplattform und den drei Achsen der Rakete und melden sie über einen Analog-Digital-Konverter ebenfalls dem Computer, der daraus die augenblickliche Raumlage des Fluggerätes und etwaige Drehbewegungen und -beschleunigungen um seine Körperachse ermittelt.

Die Steuergleichungen, die das Rechengehirn zu lösen hat, sind nichts anderes als ursprünglich von den Flugmechanik-Ingenieuren von Wernher von Brauns Marshall-Raumflugzentrum in Huntsville sorgfältig ausgearbeitete und auf Computern getestete Formeln darüber, wie die Saturn V von den jeweils gemessenen und errechneten Navigationszuständen aus das gewünschte Flugziel, die Erdumlaufbahn in 187 km Höhe, erreichen kann. Natürlich gibt es ganze Scharen oder Familien möglicher Flugbahnen; die Formeln sind aber so bestimmt worden, dass sie aus all diesen möglichen Trajektorien diejenige auswählen, die mit einem Minimum an Treibstoffverbrauch geflogen werden kann.

Die Lösung der Steuergleichungen, die vom Computer im sogenannten »Major Loop« oder Hauptkreis etwa einmal je Sekunde ermittelt wird, liefert die Sollwerte, die an das Kontrollsystem gegeben werden und die besagen, wo sich der nächste

Punkt der Soll-Flugbahn zu befinden hat. Im Kontrollsystem werden die Sollwerte nach einer Koordinatentransformation vom raumfesten Inertial- zum bordfesten Körperachsensystem im »Minor Loop« vom Autopilot mit den von der Bezugsplattform und anderen Kontrollsensoren ermittelten Messwerten der augenblicklichen Raumlage, den Istwerten, überlagert und daraus das Schwenksignal an die Servos der zuständigen Triebwerkshydrauliken geformt – und zwar in einer Frequenz von 25 Korrekturkommandos in der Sekunde.

Diese sogenannte bahnadaptive Selbstführung der Rakete bleibt bis zur Erreichung der Umlaufbahn aktiv, und nur während der paar Sekunden der Zellentrennung zwischen zweiter und dritter Stufe wird sie kurzfristig »eingefroren«. Die S-II-Stufe ist etwa neun Minuten und elf Sekunden nach dem Start leergebrannt, wird wiederum von einer wie ein Brennschneider wirkenden Sprengschnur abgetrennt und von vier Retroraketen nach hinten weggestoßen. Apollo 11 befindet sich zu dieser Zeit südlich von Bermuda. Die S-II hat die Geschwindigkeit des Raumschiffs um 4170 m/sec auf 24 960 km/h erhöht.

Drei Sekunden später erwacht das einzelne J-2-Triebwerk in der S-IVB-Stufe zum Leben, und kurze Zeit darauf übernimmt das Flugprogramm im Computer wieder die Steuerung. Der Flüssigwasserstoff/Flüssigsauerstoff-Motor arbeitet ebenso glatt und fehlerfrei, wie die insgesamt zehn Motoren der ersten beiden Stufen.

Während des gesamten Aufstiegs zur Erdumlaufbahn wird das Raumfahrzeug von einer Kette von Bodenstationen aus geortet und verfolgt, die seine Position und Geschwindigkeit durch Radarmessungen ermitteln. Außerdem sind die Stationen zur Übertragung von Telemetrie, Sprechfunk und Fernsehen ausgerüstet und verfügen über mindestens fünf Sprechfunk- und Meßwertverbindungen und zwei Fernschreibverbindungen im weltweiten Netz des »Manned Space Flight Network« (MSFN), welches die Verständigung und Datenübertragung zwischen der Erde und dem Raumschiff unterhält.

Neunzehn MSFN-Stationen auf der ganzen Erde, vier Radarschiffe und acht EC-135A-Jets als fliegende Relaisstationen stehen durch NASCOM, das »NASA Communications Network«, mit den Großrechenanlagen von Goddard und der Flugleitzentrale in Houston in ständiger Verbindung. UHF-, VHF- und Telemetrie-Antennen auf den atlantischen Inseln Gran Bahama, Bermuda, Antigua, Ascension und Gran Canaria, bei Tananarive in Malagasy, in Carnarvon, Canberra und Parkes in Australien, auf den pazifischen Inseln Guam und Hawaii, beim spanischen Madrid, kalifornischen Goldstone, mexikanischen Guaymas und texanischen Corpus Christi, auf den Bahnverfolgungsschiffen Vanguard, Mercury, Redstone und Huntsville, sie alle orten das Raumfahrzeug während des Mondflugs eine nach der anderen bis zu zehnmal in der Sekunde, solange es über dem jeweiligen Horizont in Sicht ist. Während des Aufstiegs in die Umlaufbahn sind es die atlantischen Stationen, die diese Aufgabe erfüllen. Sie melden die Messwerte an eine Rechenanlage in Cape Kennedy und von dort an den »Real-Time Computer Complex« (RTCC) in Houston, Texas, die beide die Flugbahn des Gerätes berechnen.

Wenn die Apollo 11 die Erdumlaufbahn erreicht, wird der Datenschwall der Bodenstationen, die den Globus – wenn auch nicht lückenlos – wie ein Gürtel umspannen, umgelenkt und jeweils einmal alle sechs Sekunden zum Goddard-Raumflugzentrum in Maryland gemeldet. Großrechenanlagen in diesem NASA-Institut unterziehen die rohen Messwerte einer Vorverarbeitung und reichen sie dann über Koaxialkabelverbindungen an den zentralen RTCC in Houston weiter, der den endgültigen Orbit berechnet.

Der RTCC besteht aus insgesamt fünf IBM-360-Großrechenanlagen, von denen jede für sich die Gesamtbetreuung des Mondlandeunternehmens übernehmen kann. Eine zweite steht ständig bereit und rechnet parallel zum Hauptcomputer mit, um jederzeit einspringen zu können, falls dieser versagt. Außerdem verfügt die Flugleitzentrale über eine gesonderte Großrechenanlage für Funk- und Nachrichtenverbindungen, das sogenannte »Command, Communications and Telemetry System« (CCATS), bestehend aus drei UNIVAC-494-Rechenmaschinen, von denen eine zur Koordinierung, Steuerung und Verarbeitung des gesamten Nachrichtenverkehrs, eine zweite als Reserveanlage bestimmt ist. Über die CCATS-Anlage laufen alle Nachrichten- und Datenübertragungen zwischen dem Flugkontrollzentrum und dem Raumschiff, auch die Botschaften von und zu den zentralen RTCC-Computern.

Auch während der späteren Flugphasen, auf dem Weg zum Mond, bei der Landung und während der Rückreise zur Erde, wird das Raumschiff von Houston und Goddard aus über die großen Tiefraumstationen in Goldstone Lake (Kalifornien), Madrid (Spanien) und Canberra (Australien) verfolgt, geortet und geführt, die mit ihren machtvollen 26-m-Antennen über die Erde-Mond-Distanz hinweg operieren können. Goldstone hat außerdem einen 64-m-Riesen, der – wie auch die 64-m-Radioastronomie-Antenne der australischen Regierung in Parkes – über Millionen von Kilometern hinweg empfangen kann. Sendeanlagen besitzen sie jedoch nicht; außerdem sind sie beim Empfang einer Fernsehübertragung

Apollo-11-Start gelungen! Freude und Erleichterung bei den Topmanagern (v. l.):
Eberhard Rees (2. v. l.), Charles W. »Chuck« Mathews (stellv. Assoc. Administrator
für bemannte Raumfahrt), Dr. Wernher von Braun (Direktor, Marshall Space
Flight Center), George E. Mueller (Assoc. Admin. für bemannte Raumfahrt), und
Lt. Gen. Samuel C. »Sam« Phillips (Apollo-Programmdirektor).

vom Mond insofern beschränkt, als die Videosignale zur Aufbereitung über eine Mikrowellenverbindung zur nächsten MSFN-Station weitergeschickt werden müssen, die im Fall der Parkes-Antenne die etwa 800 km entfernte Honeysuckle-Station ist, statt an Ort und Stelle zur Bildsendung transponiert werden zu können. Stehen Schubmanöver bevor, die besonderer Genauigkeit bedürfen, so wird die Ortungsfrequenz und Datenübermittlung von einmal in sechs Sekunden auf zehnmal pro Sekunde erhöht.

Die Bodenstationen dienen jedoch nicht nur der Ortung, Bahnvermessung und Flugführung des Raumfahrzeugs, sondern auch der Fernüberwachung seiner Bordsysteme durch Telemetrie und der Übertragung von Kommandos vom RTCC an den Apollo-Bordcomputer. Nicht nur können im Notfall kritische Vorgänge, wie das Richten von Bordantennen oder das Unterbrechen eines bevorstehenden programmgesteuerten Manövers, unverzüglich durch Fernsteuerung übernommen und ausgeführt werden, sondern die Flugleiter im »Missions Operations Control«-Saal in Houston können auch lange vor dem tatsächlichen Zeitpunkt des Raummanövers ganze »Schübe« von Steuerbefehlen und Richtdaten zusammenstellen und im Voraus durch die Radiostationen ans Raumschiff übermitteln lassen – ein Vorgang, der sehr häufig stattfindet. Solche Schübe werden auf Verlangen der betreffenden Flugkontrolleure von den RTCC-Computern in genormtem Format zusammengestellt und vom zuständigen Flugleiter auf seinen Konsolbildschirmen überprüft. Gibt er seine Zustimmung, so geht der Satz Kommandos über die Landkabel, Unterseekabel, Radio- und Nachrichtensatellitenkanäle des NASCOM-Systems an die jeweilige Bodenstation, die den Schub zunächst speichert und ihn dann im richtigen, ebenfalls formell im Bordplan festgelegten Moment auf Kommando ans Raumschiff übermittelt. Die Steuerbefehle und Richtdaten werden dann automatisch direkt in die Bordcomputer gefüttert, jedoch erst dann, wenn die Raumschiffbesatzung durch Umlegen eines Schalters von »BLOCK« auf »ACCEPT« den Zugang zu den Bordspeichersystemen freigibt. Außerdem werden alle Daten den Astronauten rechtzeitig vor jedem Manöver durch Sprechfunk diktiert und von ihnen in ein dafür vorgesehenes Formblatt eingetragen, um damit die Speicherwerte der Computer auf ihren Anzeigeinstrumenten überprüfen zu können.

Über die Vorgänge an Bord erhalten die Flugleiter in Houston nicht nur von den Raumfahrern selbst Auskunft, sondern auch vollautomatisch durch Fernmessgeräte, die das gesamte Raumschiff mit ihren Fühlern durchziehen und alle wichtigen Bordsysteme, die Besatzung eingeschlossen, ständig überwachen und

Temperaturen, Drücke, Zeigerstellungen, Vibrationen, Beschleunigungen, Drehzahlen, Ventilstellungen, Luftanalysen, Pulsschläge und Atemzüge zur Erde
melden. Befindet sich das Raumschiff außer Sichtbereich der Erdstationen auf
der Rückseite des Mondes, so werden diese Beobachtungswerte zunächst auf
Magnetband aufgezeichnet und dann bei Wiedererscheinen des Raumschiffs in den
Ultrahochfrequenz-»keulen« der Tiefraumstationen schubweise »abgeladen«.
Computerauswertungen der Fernmesswerte im RTCC gestatten dann nicht nur
eine korrekte Beurteilung der augenblicklich an Bord herrschenden Zustände,
sondern auch ein Abschätzen der zukünftigen Entwicklung der Dinge durch
Trendanalysen. Dadurch ist die Möglichkeit gegeben, einem etwa bevorstehenden
Versagen von Bordsystemen zuvorzukommen und rechtzeitig auf Ausweich- oder
Ersatzsysteme umzuschalten.

Wartebahn und Bordsysteme

»You are ›Go‹ for Orbit!«

Die S-IVB-Stufe der Saturn V arbeitet zunächst etwa zweieinhalb Minuten lang und erzeugt dabei eine Schubkraft von fast 100 Tonnen, mit der sie die Geschwindigkeit um weitere 855 m/sec auf rund 28 000 km/h erhöht. Gegen Ende dieses Zeitraums ermittelt der Bordcomputer aus seinen Integrationen, dass die Rakete die gewünschte Kreisbahngeschwindigkeit erreicht hat, und sendet das Stopp-Signal zum pneumatischen Kontrollsystem des Motors, welches die Sauerstoff- und Wasserstoffhauptventile und mehrere Hilfsventile schließt. Das Triebwerk erlischt. Kommandant Armstrong meldet, dass der Bordcomputer nach kurzer Berechnung einen Orbit von 187,8 x 191,8 km anzeigt. Die Huntsviller Flugführung hat wieder einmal tadellos funktioniert!

Es ist 9.44 Uhr vormittags.

Die Apollo 11 hat die Umlaufbahn erreicht, in der sie vor ihrem Weiterflug zum Mond etwa zwei Stunden und 20 Minuten »parken« wird. So lange dauert es, bis alle Bordsysteme auf ihre Flugtauglichkeit für die Weiterführung des Unternehmens überprüft und die nötigen Wiederstartvorbereitungen an Bord getroffen worden sind. Außerdem muss die Apollo 11 ihre Verweilzeit in der Umlaufbahn so bemessen, dass der Weiterflug zum Mond an der aus Konstellationsgründen richtigen Stelle im Weltraum erfolgt.

Buzz Aldrin schaltet an seiner Instrumententafel den Flugrecorder aus, während sich Collins an die Vorbereitungen für die ersten Tests der Fluglagenraketen am Maschinenteil und Kommandoteil macht, wie es seine Aufgabe als Pilot des Mutterschiffs ist. Die beiden Lageregelsysteme A und B am kegelförmigen Kommandoteil, die im Fall des Versagens eines der Systeme füreinander einspringen können, bleiben normalerweise während des ganzen Fluges »versiegelt«, d. h. die Zuleitungen zu den Hauptventilen sind mit Diaphragmen abgesperrt, die erst unmittelbar vor Inbetriebnahme aufgesprengt werden. Während die Lagekontrollraketen des zylinderförmigen Maschinenteils der Lenkung des Raumschiffs im Verlauf des außerirdischen Fluges dienen, übernehmen die Steuerdüsen am Mannschaftsteil diese Aufgabe beim Wiedereintritt in die Atmosphäre.

Nachdem Collins in den ersten 15 Minuten der ersten Umlaufbahn die Steuerraketen und das Warn- und Alarmsystem auf seine Funktion geprüft hat, entledigt er sich seines Helms und der Handschuhe, behält jedoch den Druckanzug vorläufig noch an. Neil Armstrong und Buzz Aldrin zu seiner Linken folgen seinem Beispiel. Die Besatzung sitzt noch immer mit den Köpfen nach »unten«, zur Erde, gerichtet. Armstrongs Tätigkeit in der folgenden Stunde besteht darin, mit Collins die korrekten Einstellungen der Bordklimaanlage für den Orbitflug vorzunehmen, die sich von denen der Aufstiegsphase aufgrund der veränderten Sonneneinstrahlung unterscheiden, anschließend die Fluglage des Raumschiffs für Mike Collins' bevorstehende Navigationspeilungen einzuregulieren, sodass die Astronauten nun nicht länger mit den Köpfen nach »unten« sitzen, und dann das einem Zielfernrohr ähnliche optische Visier- und Entfernungsmessgerät für die spätere Koppelung mit der Mondfähre im Fenster vor seiner Couch auf einer fest angebrachten, justierten Halterung zu montieren.

Air Force-Oberstleutnant Michael Collins, Pilot des Apollo-Mutterschiffs »Columbia«, beim »suiting up« (Anlegen der Raummontur) vor dem Start.

Dann beginnt er, die Kameraausrüstung aus ihren Stauräumen zu nehmen und auszupacken, die zur Dokumentierung des Manövers dienen soll. Eine 16-mm-Maurer-Filmkamera mit Farbfilm in Kassetten wird von ihm an der rechten Fensterluke montiert, sodass sie über einen Rechtwinkelspiegel »um die Ecke« nach vorne blickt. Die Filmkamera ist mit einem 18-mm-Weitwinkelobjektiv ausgerüstet und wird durch ein Kraftkabel von der Schaltkonsole aus mit dem nötigen

Betriebsstrom versorgt. Die Kamera kann auf Filmgeschwindigkeiten von 1, 6, 12 und 24 Bildern pro Sekunde geschaltet werden und hat außer dem 18-mm-Weitwinkelobjektiv zwei weitere Wechselobjektive von 5 und 75 mm Brennweite. Armstrong stellt das Laufwerk auf 6 Bilder pro Sekunde ein und macht außerdem eine elektrisch betriebene 70-mm-Hasselblad-Kamera mit einem Zeiss-Planar-Objektiv f/2,8 von 80 mm Brennweite und 38 Grad Bildfeldwinkel betriebsklar, die ebenfalls Farbfilm für Außenaufnahmen enthält.

Collins hat seine Anschnallgurte gelöst und sich behutsam aus seinem Sitz erhoben. Schwerelos schwebt er nun in der Kabine und schiebt mit Leichtigkeit die ebenso gewichtslose Mittelcouch Aldrins an ihren Klappscharnieren zurück, um in den unteren Geräteraum am Fußende des Liegesitzes gelangen zu können.

Aufrecht stehend, mit dem Kopf in Richtung der Spitze der kegelförmigen Kapsel und den Körper parallel zu ihrer Längsachse, prüft er zunächst den Sauerstoff-Hauptregulator auf seine richtige Funktion und löst dann einen Kontakt aus, der draußen den Schutzdeckel über den Objektiven der optischen Navigationsinstrumente absprengt.

Seit dem Beginn des Erdumlaufs sind etwa fünfzig Minuten verstrichen. Zwanzig weitere Minuten gehen vorbei, während derer Collins die Optiken überprüft und dann die erste astronomische Navigationsmessung an Peilgestirnen vornimmt.

Das Navigations- und Steuersystem des Raumschiffs ist halbautomatisch und beruht auf enger Zusammenarbeit zwischen dem menschlichen Navigator und dem Bordcomputer und seinen peripheralen Automatiken. Es setzt sich aus drei Instrumentenkomplexen zusammen, die normalerweise zusammenarbeiten, wenn nötig aber auch einzeln benützt werden können: den Trägheitsmessgeräten, dem Bordcomputer und den optischen Peil- und Winkelmessinstrumenten.

Mit den Trägheitsgeräten kann jeweils die Lage des Raumschiffs ermittelt werden. Sie bestehen aus einer kardanisch aufgehängten (das heißt, allseitig drehbar gelagerten) kleinen Plattform, die durch drei rechtwinklig zueinander angeordnete integrierende IRIG-Steuerkreisel (von »Inertial Reference Integrating Gyros«), die sich in einer Heliumatmosphäre befinden und je etwa 6,25 cm im Durchmesser messen, in allen drei Raumebenen durch Regelkreise und Stellglieder festgehalten und stabilisiert wird. Auf der Plattform sitzen drei ebenfalls rechtwinklig zueinander ausgerichtete Beschleunigungsmesser, sogenannte PIPAs (Pulsed Integrating Pendulous Accelerometer), sodass nicht nur aus den Winkeln zwischen den Pendelrahmen und den Raumschiffachsen die Raumlage des Apollo-Schiffs ermittelt werden kann, sondern auch aus den Kräftemessungen der Beschleunigungsmesser der Geschwindigkeitszuwachs und durch Integration die jeweilige Geschwindigkeit des Raumschiffs entlang aller drei Achsen. Eine zweite Integration ergibt dann den zurückgelegten Weg.

Die optischen Navigationsinstrumente bestehen aus einem Teleskop, einem Sextanten und dem erforderlichen elektronischen Kontroll- und Abbildungszubehör. Das Teleskop, ein Refraktor von einfacher Vergrößerung mit einer Genauigkeit von 4 Bogenminuten, dient den Astronauten hauptsächlich dazu, bei Kurskorrekturen passende Landmarken auf der Erd- oder Mondoberfläche ausfindig zu machen, die dann zur Winkelmessung mit dem Sextanten benützt werden können. Der Schiffssextant, ein Präzisionsinstrument mit 28-facher Vergrößerung und einem Bildfeld von 1,8 Grad, ist fest in die Schiffswand eingebaut und erlaubt die Messung des Winkels zwischen zwei sogenannten Standlinien auf zehn Bogensekunden genau. Die eine wird dadurch errichtet, dass man das gesamte Raumschiff manövriert, bis der erste Visierpunkt im Okular erscheint, und dann mit der Feinregulierung der Trägheitssteuerung darauf eingestellt hält. Der zweite Messpunkt wird hierauf mit einem schwenkbaren Spiegel im Innern des Sextanten angepeilt, bis er ebenfalls im Okular sichtbar ist und sich mit dem ersten deckt. Sodann misst der Sextant den Winkel zwischen den Standlinien durch den Schiffsort und die beiden Visierpunkte und füttert den gefundenen Wert auf Knopfdruck in den Bordcomputer, der daraus durch Rückgriff auf die Plattformwinkel sofort die Position des Raumschiffs im Weltraum und ein etwa erforderliches Korrekturmanöver errechnet – dieses wird allerdings auch vom RTCC ermittelt. Als Peilpunkte können alle Himmelskörper oder Landmarken dienen, die günstig liegen und deren Positionen dem Bordrechner bekannt sind, so zum Beispiel Fixsterne, Halbinseln oder Flugplatz-Landebahnkreuzungen auf der Erde, Bergspitzen auf dem Mond oder auch die Mondlandefähre während des Rendezvousmanövers nach dem Aufstieg vom Mond.

Die Verständigung zwischen den Raumfahrern und ihrem Bordcomputer geschieht über einen numerischen Code. Die Kommandos bestehen generell aus dem Präfix VERB (die auszuführende Operation) oder NOUN (der Operand), gefolgt von einer Zahlengruppe im Oktalsystem, die den Digitalcode darstellt. Sie werden vom Astronauten auf einer Tastatur von 19 Tasten mit dem Zeigefinger eingegeben, und die numerischen Ergebnisse sowie besondere Hinweise und Meldungen erscheinen fahl leuchtend in kleinen elektrolumineszenten Abbildungsfensterchen.

Fertig vorgeschriebene Steuerprogramme, die in Speicherkern-»schnüren« oder -»strängen« im Gedächtnis der Rechenanlage gespeichert sind, werden mit dem Buchstaben P, gefolgt von einer zweistelligen Oktalzahl, je nach Bedarf aufgerufen und in die Operationsregister des Computers gebracht, damit sie ausgeführt werden. Die Programme P01 bis P07 dienen hierbei Verrichtungen vor dem Start der Saturn V. P10 bis P17 sind Codebezeichnungen der Programme, die mit der Aufstiegsphase zur Erdumlaufbahn zu tun haben, während P20 bis P27 alle Navigationsaufgaben während des Fluges Erde-Mond und Mond-Erde erfüllen. Die 30er-Programme dienen der Überführung des Raumfahrzeugs von einer Flugphase in die nächste (»Targeting« genannt), den Programmen P40 bis P47 obliegen alle Schubmanöver, den 50er-Programmen fallen die Aufgaben der Ausrichtung, Nachführung und Lotstützung des stabilisierten Elements der Trägheits-Bezugsplattform zu, und die Programme P60 bis P67 schließlich sind für die Manöver und Fluglagenstabilisierung während des Wiedereintritts in die Erdatmosphäre und der Landephase vorgesehen. Besondere Bedeutung kommt während des Fluges dem Programm P52 zu, das den Computer mit der Trägheitsplattform zusammenkoppelt und Collins die Ausrichtung der Plattform ermöglicht. Zu den Peilstern/Landmarken-Navigationsmessungen dient ihm dagegen Programm P23.

Die Computerlogik beruht auf Mikroschaltkreisen, nicht auf Ferritkern/Transistor-Technologie. Während das zum Rechnen benützte »löschbare« Gedächtnis des Computers, das »E-Memory«, magnetisierbare Ferritkerne als Speicherelemente und Silicontransistor-Logik verwendet, besteht der permanente 36 864-Wort-Speicher aus über 3000 winzigen Nickeleisenkernen, die mit über 1000 hauchdünnen Kupferdrähten entsprechend dem Flugprogramm zu Strängen- oder »Schnüren« unter Computerkontrolle zusammengewoben und in Plastik eingegossen sind. Jedes Kernelement funktioniert als kleiner Transformator, und die Speicherung beruht nicht auf Magnetisierung. Daher ist das Gedächtnis »unzerstörbar«; auch kann durch die Verwebung eine sehr große Menge an Daten auf kleinstem Raum untergebracht werden. Doch setzt dies voraus, dass die Kernschnüre für den betreffenden Flugauftrag – im Falle der Apollo 11 die G-Mission – lange vor dem Start bereits fix und fertig verkettet sind. Der Computer hat daher nicht die Flexibilität eines kommerziellen, frei programmierbaren Rechengehirns, dafür aber eine viel größere Zuverlässigkeit. Dieses Hauptprogramm trägt im Mutterschiff den Namen »COLOSSUS« (Version IIA); das des Mondfährencomputers heißt in Fachkreisen »LUMINARY« (Version IA). Der Apollo-Computer verbraucht mit seinen Displays 100 Watt, wiegt allein 26,3 kg und nimmt ein Volumen von nur einem Kubikfuß ein.

Das Rechengerät des Apollo-Mutterschiffs hat während des Fluges hauptsächlich fünf Funktionen zu versehen. Da ist zunächst einmal die Berechnung der Steuersignale und Brenndaten für das Schubtriebwerk, welches das Raumschiff auf dem gewünschten Kurs hält. Außerdem richtet der Rechner das stabilisierte Element der Kreiselplattform entlang dem durch Collins' Navigationsmessungen definierten Koordinatensystem aus. Zur Koordinatentransformation, d. h. zur Umrechnung der hierbei nötigen Winkel wie auch aller anderen Manöverwerte vom Standardbezugssystem des RTCC – der örtlichen Vertikalen am gerade bezogenen Referenzort – zu äquivalenten Werten im Achsensystem der Trägheitsplattform, dient ein im Rechner gespeichertes Rechenschema, eine Matrize, die von Zeit zu Zeit berichtigt wird und bei den mathematischen Operationen der Besatzung und der Flugleitung unter dem Namen »REFSMMAT« (ausgesprochen: »Refsmat«, abgekürzt von »Reference-to-Stable-Member Matrix«) eine Schlüsselrolle spielt.

Als dritte Aufgabe kommt dem Rechengerät die Ausrichtung der optischen Peilgeräte in die jeweilige Himmelsgegend zu, in der die vom Steuermann gerade gewünschten Peilgestirne zu finden sind. Der Computer enthält in seinen Kernschnüren einen langen Katalog von solchen Sternen, die alle ebenfalls mit Oktalzahlen codiert sind, und weiß auch über ihre jeweiligen astronomischen Koordinaten, Rektaszension und Deklination, Bescheid. Zum Beispiel steht die Zahl 01 für Alpheratz, 02 für Diphda, 03 für Navi, 04 für Achernar, 05 für Polaris, 07 für Menkar, 10 für Mirfak, 11 für Aldebaran, 12 für Rigel, 13 für Capella, 14 für Canopus, 15 für Sirius, 16 für Prokyon, 26 für Spica, 30 für Menkent, 31 für Arcturus, 33 für Antares, 34 für Atria, 36 für Wega, 37 für Nunki, 40 für Altair, 43 für Deneb und 45 für Fomalhaut. Collins braucht sie nur mit der Eingabetastatur des Rechengeräts aufzurufen, um sie alsbald in seiner Optik zu finden, sodass er dann nur noch die Feineinstellung mit dem Fadenkreuz vornehmen muss. Natürlich werden zur Navigation zumeist solche Gestirne benützt, zu deren Erfassung das Raumschiff nicht erst umfassende Roll- und Schwenkmanöver im Raum ausführen muss, sondern die von vornherein schon günstig im Bereich der optischen Achse des Peilgeräts liegen. Dies geschieht, um Treibstoffe zu sparen, und es ist der Hauptgrund für die lange Liste der Peilsterne.

Der Computer überwacht außerdem ständig das Steuer- und Navigationssystem und kontrolliert die von ihm ausgehenden Signale auf ihre »Normalität«. Es ist dadurch den Astronauten und der Flugleitung in Houston die Möglichkeit gegeben, etwa in den Signalen sich ankündigende Abweichungen, Fehler oder gar ein bevorstehendes Versagen des Systems rechtzeitig durch den Computer zu erkennen. Schließlich liefert die Bordrechenanlage auch Daten und Angaben über alle wichtigen Zustände und Vorgänge an Bord des Raumschiffs und bildet sie, wenn nötig mit warnendem Flackerlicht, auf den Schalttafeln des Cockpits ab.

Dr. Buzz Aldrin ist mittlerweile von der rechten Couch aus beschäftigt, die Bord-geräte und -anlagen durchzuexerzieren und zu überprüfen, wie es seine Aufgabe als Bordmechaniker oder, vornehmer ausgedrückt, »Systemingenieur« ist. Seiner liebevollen Obhut und Pflege unterstehen das Stabilisierungs- und Lenksystem, das Haupttriebwerk, das elektrische Bordsystem, das Nachrichtensystem, die Luftver-sorgungs- und Klimaregelungsanlage und die Mess-, Anzeige- und Bedienungs-geräte auf den Schalttafeln. Die automatischen Telemetriekanäle melden unterdes-sen mehr als 700 Messwerte aus dem Kommandoteil, Maschinenteil und von den biomedizinischen Fühlern an den Raumfahrern zur Erde zurück, wo sie von Menschen und Computern ausgewertet werden.

Air-Force-Oberst Dr. Edwin »Buzz« Aldrin, Pilot der Mondlandefähre »Eagle«.

Wohl die wichtigste aller Bordanlagen ist das Lebenserhaltungssystem mit der Luft-erneuerungsanlage. Es kann die dreiköpfige Besatzung bis zu 14 Tage lang mit ei-ner sorgfältig kontrollierten Atmosphäre von 0,32 at Druck versorgen, bestehend aus fast 100 Prozent Sauerstoff bei einer Temperatur von 24 Grad Celsius. Die Anlage beliefert den Kommandoteil außerdem mit heißem und kaltem Wasser, welches als Nebenprodukt der Stromerzeugung aus den Brennstoffzellen im Maschinenteil kommt.

Der elektrische Strom wird in den drei mächtigen Aggregaten, von denen jedes 110 kg wiegt, durch »kalte Verbrennung« von Wasserstoff und Sauerstoff in Kontakt mit einem Katalysator direkt aus chemischer Energie hergestellt, wobei der Katalysator in Form einer Elektrode aus gesintertem Nickel und einer zweiten Nickel/Nickeloxid-Elektrode in einen Elektrolyten aus Kaliumhydroxid und Wasser taucht. Das bei der Reaktion frei werdende Wasser wird in der Mannschaftskapsel in einem Tank von rund 16 Litern Fassungsvermögen gespeichert und, wenn die Produktion die Nachfrage übersteigt, über Bord in den Weltraum abgelassen. Abwasser und anderes ungenießbares Wasser werden außerdem in einem 27-Liter-Behälter aufgefangen und in der Kühlanlage zusammen mit Glykol verwendet.

Die Brennstoffzellen, die von Zeit zu Zeit zur Kühlung mit H_2 »gespült« werden müssen, verbrauchen für jedes erzeugte Ampere Stromstärke etwa 1 Gramm Wasserstoff je Stunde und 7,9 mal so viel Sauerstoff.

Zur Kühlung des Wasser/Glykol-Kreislaufs, der die Schiffsanlagen während des Fluges vor zu starker Erwärmung schützt, dienen besondere Verdampfer oder Boiler, bestehend aus porösen Sintermetallplatten, die auf der einen Seite vom Kühlwasser benetzt werden, auf der anderen Seite dem Weltraum ausgesetzt sind. Das Wasser sickert durch die Nickelplatten und bildet an ihrer Außenfläche sofort eine Eisschicht, die einerseits die porösen Platten gegenüber dem Weltraumvakuum abdichtet und andererseits durch Sublimation verdampft und dadurch die unerwünschte Wärme abführt.

Der Sublimator/Boiler ist im Grund ein einfaches, zuverlässiges Gerät, das aber nur dann richtig funktioniert, wenn die Sintermetallplatten mit Wasser benetzt und mit einer Eisschicht bedeckt sind. Manchmal kann es vorkommen, wie z. B. während der Apollo-8- und Apollo-10-Flüge, dass ein Boiler kein Wasser erhält, weil der Regelmechanismus des Kreislaufs keinen Grund zur Kühlung sieht. Dann kann der Boiler austrocknen – ein Ereignis, das dem Systemingenieur an Bord und der Flugleitzentrale in Houston durch eine Warnanlage mitgeteilt wird. Mithilfe eines endlos geübten Drills und einer hierfür vorgesehenen Checkliste muss der Boiler dann durch Einspeisung kleiner Mengen Wasser wieder »gestartet« werden.

Das Elektrizitätswerk des Raumschiffs ist ein weiteres wichtiges Bordsystem, denn es versorgt alle Anlagen unterwegs mit dem nötigen Strom. Zur Stromerzeugungs- und -verteileranlage gehört außer den drei bereits erwähnten parallelgeschalteten Brennstoffzellen im Maschinenteil eine eigene Bordstromanlage des Kommandoteils für die Zeit, wenn kurz vor dem Wiedereintritt in die Lufthülle der Erde der zylindrische Maschinenteil von der Eintrittskapsel abgetrennt wird. Dieses Zusatzaggregat besteht aus drei Zink/Silberoxid-Speicherbatterien, die auch während der übrigen Flugphasen bei Bedarf einspringen können.

Die Brennstoffzellen liefern jede 1500 Watt Gleichstrom von 28 Volt Spannung. Für den Bordbetrieb wird daraus durch drei Wechselrichter in Festkörperschaltbauweise Dreiphasenwechselstrom von 115 bis 120 Volt Spannung und 400 Hertz erzeugt. Da die Wechselrichter ebenfalls in der Kabine des Mannschaftsteils eingebaut sind, tragen sie zur Erwärmung der Kabinenluft bei.

Der mitgeführte Sauerstoff, ohne welchen weder die Besatzung am Leben erhalten noch die Stromerzeugungsanlage betrieben werden könnte, lagert in halb gasförmigem, halb flüssigem Zustand in isolierten Druckbehältern im Maschinenteil und gelangt zum Kommandoteil durch Leitungen und Vorrichtungen, die den Durchfluss und die Temperatur kontrollieren. Hochdruckregulierventile setzen dabei den Druck des Sauerstoffs von 60 auf 7 at herab. Unter diesem Speisedruck muss der Sauerstoff stehen, um die Kabinenatmosphäre unter normalen Bedingungen bei einem Luftdruck von 0,32 at zu halten.

Die ausgeatmete Luft zirkuliert durch ein Aufbereitungssystem, in welchem ihr Wasserdampf abgeschieden und das in ihr enthaltene Kohlendioxid mit Lithiumhydroxid (LiOH) herausgefiltert wird. Die LiOH-Elemente müssen alle zwölf Stunden erneuert werden. Pro Mann werden etwa 1,20 kg LiOH pro Tag benötigt. Der Sauerstoffverbrauch für Atemzwecke allein beläuft sich auf etwa 35 Gramm je Stunde und Mann.

Das Telekommunikationssystem dient der Verständigung zwischen Apollo und der Erde, zwischen dem Apollo-Kommandoteil und der Mondfähre und zwischen dem Apollo-Mutterschiff, der Erde und den Astronauten im Freien auf der Mondoberfläche. Vier Hauptbaugruppen bilden dieses Nachrichtensystem: Sprechfunk, Datenübermittlung, Radiofrequenzelektronik und Antennen. Sie gewährleisten den wechselseitigen Funkverkehr, die Datenübertragung Erde-Raumschiff und umgekehrt, die Flugführung des Raumschiffs, die Übertragung von Bildern zur Erde und die Peilung zum Auffinden der Mannschaftskapsel nach ihrer Rückkehr zur Erde.

Das Prinzip der Funkverbindung wird in der Fachsprache »Unified S-Band« (oder einfach USB) genannt; es zeichnet sich hauptsächlich dadurch aus, dass das gewählte Wellenlängenband nicht nur dem Sprechverkehr als solchem dient, sondern zur gleichen Zeit auch der Flugführung, d. h. der Entfernungs- und Geschwindigkeitsermittlung durch Dopplermessung, der Kommandoeingabe, außerdem der Fernsehübertragung und der automatischen Datenübermittlung, ohne dass hierfür, wie das früher der Fall war, getrennte Frequenzen in unterschiedlichen Gebieten des Radiospektrums mit ihren separaten Systemen und Antennen gewählt werden müssen. Dadurch kann sich die Bordausrüstung des Raumschiffs auf ein vereinheitlichtes Rüstzeug und eine einzige Allzweck-Richtantenne beschränken, obgleich die Apollo 11 zur Sicherheit und zur Verständigung zwischen Mutterschiff und Mondfähre während der eigentlichen Landung auch noch über ein VHF-Radio für die erdnahe und erdferne Verständigung verfügt, wie es in der modernen Flugplatzkontrolle verwendet wird. Die »Unified S-Band«-Technik ist prinzipiell der Übertragung von Sprache und Bild beim kommerziellen Fernsehen sehr ähnlich. Das S-Band ist der Frequenzbereich im Spektrum von 1550 bis 5200 Megahertz (oder 1,55 bis 5,2 Gigahertz), ein Bereich, in dem die Wellenausbreitung quasi-optischen Bedingungen folgt, wie beim Fernsehen. Signale in diesem Frequenzband haben eine relativ geringe Dämpfung durch die Erdatmosphäre zu erleiden und können deshalb noch mit einer verhältnismäßig kleinen Antenne und mit geringen Sendeleistungen vom Raumschiff empfangen und gesendet werden. Es ist sowohl Phasen- als auch Frequenzmodulation möglich.

Zu den Bordgeräten gehören in erster Linie die Bordsprechanlage, die ganz in Festkörper-Schalttechnik erstellt ist und für jedes Besatzungsmitglied eine komplette und unabhängige Audiostation repräsentiert, zwei amplitudenmodulierte VHF-Sende-Empfänger mit etwa 5 Watt Sendeleistung, das »Unified S-Band«-Gerät in doppelter Ausführung, eine etwa 15 kg schwere Wanderfeldröhre als Leistungsverstärker für die PM- oder FM-gesteuerten S-Band-Signale, und ein pulscodiertes Telemetriegerät, das die Messwerte automatischer Bordinstrumente zu einem Seriensignal formt und gruppiert, welches den S-Band-Signalen ebenfalls aufmoduliert wird. Außer der schwenkbaren, außerordentlich wichtigen S-Band-Richtantenne, die sowohl manuell durch die Besatzung als auch automatisch durch Infrarot-Erdsensoren gesteuert werden kann, gehören zwei VHF/S-Band-Rundstrahlantennen, zwei VHF-Bergungsantennen, eine HF-Orbitantenne, eine HF-Bergungsantenne, vier C-Band-Radarfunkbojenantennen und eine Rendezvousradar-Transponderantenne zur Bestückung des Raumschiffs.

Von besonderer Wichtigkeit an Bord der Apollo 11 ist das Fluglagenstabilisier- und Regelsystem, üblicherweise Autopilot genannt, das vom Flugführungs- und Navigationssystem getrennt ist und nicht nur zur Steuerung der Lage des Raumschiffs im Raum und des Schubvektors des Triebwerks dient, sondern im Notfall auch an die Stelle des Trägheitsbezugssystems treten und seine Arbeit bei der Flugführung und Navigation übernehmen kann.

Es ist je nach Bedarf auf eines von mehreren Regelprogrammen umschaltbar und übersetzt je nach gerade eingeschaltetem Regelmodus die Signale des Computers oder des als Steuerknüppel dienenden Handgriffs des Astronauten in Schubimpulse der Fluglagenraketen. Zum Stabilisier- und Kontrollgerät gehört in erster Linie ein eigenes Bezugssystem, das von der Kreiselplattform der Flugführungs- und Navigationsanlage unabhängig ist und – einfacher als jenes – aus den sogenannten »Beemags«, genauer »BMAGs«, besteht, zwei separaten Systemen von je drei »Body-Mounted Attitude Gyros«, d. h. drei in aufeinander senkrechten Ebenen angeordneten und an der Raumschiffzelle im Maschinenteil angebrachten (also nicht auf einer Trägheitsplattform pendelnd stabilisierten) Lagenkreiseln, in der Fachsprache ein »Strapdown«-Navigationssystem.

Die Fesseln gesprengt

»Roger, that!«

Apollo 11 vollendet den ersten Umlauf über Cape Kennedy, als Aldrin damit beschäftigt ist, das sekundäre Funksprechsystem mit den Bodenstationen durchzuexerzieren. Eine kurzfristig geplante Fernsehübertragung aus dem Orbit zur Erprobung der Color-TV-Kamera kommt nicht zustande.

Ab 11.06 Uhr empfängt Michael Collins eine lange Liste von Zahlendaten, die er und der Computer für das translunare Flucht- oder TLI-Manöver (von »Trans-Lunar Injection«) und zwei Notmanöver 90 Minuten und vier Stunden nach TLI im Falle eines Abbruchs des Unternehmens benötigen. Die genaue Ermittlung dieser Steuerwerte durch die großen Rechenanlagen des RTCC in Houston war erst möglich gewesen, als die Radarstationen des NASA-Bahnverfolgungssystems die von der Apollo 11 erzielte Umlaufbahn genügend genau vermessen hatten.

Es ist 11.17 Uhr, eine Stunde und 45 Minuten nach dem Start.

Die zum translunaren Erdfluchtmanöver nötigen Daten, die von Houston heraufdiktiert und von Collins auf ein dafür vorgesehenes Formblatt, den »TLI-Pad«, niedergeschrieben werden, sind der vorausberechnete Zeitpunkt des Beginns der S-IVB-Wiederstartvorbereitungen, dem neun Minuten später der eigentliche Triebwerksstart folgt, die drei Lagewinkel der Kreiselplattform zur Zeit der Zündung, die Brenndauer, der geplante Geschwindigkeitszuwachs, der die Ketten der Erdanziehung sprengen soll, die vorausgesagte Brennschlussgeschwindigkeit und die zu erwartenden Plattformrahmenwinkel nach erfolgtem Kontrollmanöver der S-IVB in Vorbereitung des Abtrennvorgangs. Diese Daten werden von Mike Collins in den Bordcomputer eingegeben.

Die Geschwindigkeits- und Positionswerte im Bordcomputer, d. h. der »Zustandsvektor«, wird nun mithilfe von Programm P27 von Houston aus auf den neuesten Stand gebracht. Dann, etwa zwei Stunden nach dem Beginn der ersten Umlaufbahn, als sich das Raumschiff über dem Indischen Ozean dem Kontinent Australien auf der Höhe von Perth nähert, beginnt die Besatzung mit den Vorbereitungen des translunaren Erdfluchtmanövers. Michael Collins schnallt sich wieder auf seiner Couch fest. Alle Bordsysteme funktionieren vorschriftsmäßig, und die Instrumente auf den Schalttafeln zeigen normale Werte an. In Houston sitzen die Flugleiter über den Funkmessdaten »zu Gericht« und vergleichen sie mit Sollwerten. Sie haben zu entscheiden, ob das Raumschiff endgültig auf seinen Weg zum Mond geschickt werden kann.

21.2.1969: Im Verbindungsgang des großen VAB-Montagegebäudes von KSC bereiten Techniker die Saturn-V-Erststufe (S-IC) mit ihren fünf mächtigen F-1-Triebwerken von je 700 Tonnen Schub für Apollo 11 vor.

Die historische Entscheidung wird von Cliff Charlesworth, Chris Kraft und der Raumschiff-Crew um 11.58 Uhr gefällt: »Apollo 11, Houston. You are ›Go‹ for TLI!«

Neil Armstrong antwortet kurz und prägnant: »Roger, that!«

Das Erdfluchtmanöver ist auf 14,8 Sekunden nach 12.16 Uhr ostamerikanischer Zeit angesetzt, als sich die Apollo 11 über dem Stillen Ozean befindet, etwa 400 km südlich der Gilbert-Inseln, 500 km nordwestlich der Ellice-Inseln und 1000 km östlich der Salomon-Inseln.

Die Wiederstartvorbereitungen für die S-IVB-Stufe, deren Aufgabe es ist, das Raumschiff aus der Erdkreisbahn herauszuschieben und auf seinen Kurs zum Mond zu setzen, beginnen zwei Stunden und 35 Minuten nach dem Start in Cape Kennedy, als das Rechengehirn der Saturn V im Instrumententeil seinem gespeicherten Programm gemäß die Wiederstartgleichung löst und durch einen raschen Check feststellt, dass der Schiffsführer Mike Collins nicht inzwischen durch Umlegen eines kleinen Kipphebels mit der Bezeichnung »XLUNAR INJECT« den weiteren automatischen Ablauf unterbrochen hat. Kaltes Heliumgas aus kugelförmigen Druckbehältern im Wasserstofftank strömt jetzt in einen Sauerstoff/Wasserstoff-Brenner, der kurz zuvor gezündet worden ist und das kalte Helium nun anwärmt, sodass es sich ausdehnt und an Druck gewinnt. Damit können dann Sauerstoff- und Wasserstofftanks der Stufe druckbelüftet und das Raketentriebwerk gestartet werden.

Neun Minuten nach dem Beginn der Wiederstartvorbereitungen läuft die Startsequenz des Triebwerks an, unmittelbar nachdem die letzte Entscheidung zum Erdfluchtmanöver gefallen ist. Acht Sekunden später zündet der J-2-Motor.

Die Bordzeit, d. h. die seit dem Start in Cape Kennedy verstrichene Zeit, ist zwei Stunden und 44 Minuten, und Apollo 11 hat rund anderthalb Erdumläufe hinter sich, als der Start erfolgt. Das Triebwerk brennt 347,3 Sekunden lang und beschleunigt das Mondschiff mit seinem 100-Tonnen-Schub von der Kreisbahngeschwindigkeit von rund 7,6 km in der Sekunde auf die Fluchtgeschwindigkeit von 10,8 km/sec, oder um rund 3 Sekundenkilometer. Der feurige »Ritt« der drei Mondfahrer ist hart und kraftvoll; sie spüren die entfesselte Wucht des Wasserstoff/Sauerstoff-Triebwerks in den Erschütterungen, die die Zelle der S-IVB, der »Lokomotive zum Mond«, durchlaufen und sich selbst noch durch die dämpfende Polsterung der Sitze und ihrer Kopf- und Armstützen fortpflanzen.

Den automatischen, bahnadaptiven Steuersignalen der Saturn-V-Rechenanlage im Instrumententeil folgend, schwenkt das flammende Triebwerk derweil durch einen vorberechneten Winkel und setzt das Raumschiff dadurch auf den genauen Kurs zum Mond. Die erzielte Flugbahn ist eine Freie-Rückkehr-Bahn, die sich dem Mond jenseits seines führenden oder westlichen Randes auf der Rückseite bis auf 1300 km nähert (bei 75h 16m 24s Bordzeit) und ohne weiteres Zutun des Hauptriebwerks des Schiffes wieder zur Erde zurückführen würde, wenn das Einfangmanöver am Mond und die Einsteuerung in die Parkbahn um den Erdtrabanten aus irgendeinem Grund nicht stattfinden sollte.

Um 12.22 Uhr mittags: »Cutoff!«

Der Raketenmotor erlischt, und der Andruck auf die Astronauten, der sich während des Brennmanövers von 0,8 g auf 1,5 g aufgebaut hat, fällt abrupt ab und verschwindet. Schwerelosigkeit setzt wieder ein. Im selben Moment tritt das Raumschiff aus dem Erdschatten heraus, und die Sonne geht auf. Die Apollo 11 ist endgültig auf dem Weg zum Mond!

Armstrong meldet eine Brennschlussgeschwindigkeit von genau 10844,5 m/sec. Doch die Erde bremst mit ihrer Schwerkraft: Um 12.27 Uhr, fünf Minuten später, ist die Geschwindigkeit bereits auf rund 10365 m/sec gefallen. Die Entfernung von der Erde beträgt hier 948 km, und das Gesamtgewicht von Raumschiff und Saturnstufe bei Brennschluss beläuft sich auf 63 Tonnen.

Buzz Aldrin stellt den Flugrecorder ab, der die Brenndaten des Schubmanövers aufgezeichnet hat, für den Fall, dass die Telemetrieverbindungen zur Erde durch die ionisierten Abstrahlgase des Saturn-Triebwerks gestört würden. Neil Armstrong überwacht währenddessen die neue Fluglage, in welche die S-IVB/Apollo-Kombination vom Saturn-Autopilot gelenkt wird. Hierbei wird sie um rund 60 Grad aufwärts – zur Sonne hin – gekippt und gleichzeitig durch 180 Grad um die Längsachse gerollt, sodass die Besatzung mit den Köpfen nach »unten« sitzt. Die neue Fluglage, von den Kontrolldüsen an der Saturnstufe während der nächsten zwei Stunden unverändert innerhalb eines Toleranzbandes »raumfest« gehalten, ist so berechnet, dass das nun bevorstehende Transpositions-, Koppel- und Abtrennmanöver unter den günstigsten Beleuchtungs- und Funkverkehrsbedingungen stattfinden kann. Nicht nur soll die Kupplungsvorrichtung an der Mondfähre während des Anlegevorgangs dem hellen Sonnenlicht ausgesetzt sein, damit sie für Michael Collins gut sichtbar ist, sondern auch die S-Band-Antennen der S-IVB-Stufe müssen währenddessen zur Erde gerichtet bleiben. Außerdem dürfen laterale Bewegungen der Stufe beim Manövrieren den Winkel ± 45 Grad nicht übersteigen, damit die Pendelrahmen der Trägheitsbezugsplattform im Instrumententeil nicht durch ihre mechanischen Anschläge blockiert werden.

Um 12.27 Uhr, als Neil seinen »TLI-Status-Report« durchgegeben hat, räumt er seine linke Couch und tritt sie an Collins ab; er selbst wechselt zur Mittelcouch über, und Aldrin rückt nach rechts in den äußeren Sitz. Diese Positionen werden sie von nun an während des Fluges beibehalten, bis zum Wiedereintritt in die Erdatmosphäre, abgesehen natürlich vom Ausflug auf den Mond.

Neil Armstrong, ein Testpilot von Weltklasse, steuert die atemraubende Landung und betritt als erster Mensch den Mond.

Um 12.30 Uhr ist das Raumschiff bereits 2305 km von der Erde entfernt.

12.46 Uhr. Capcom Bruce McCandless: »Apollo 11, Houston. You are ›Go‹ for separation!«

Um 12.48 Uhr, drei Stunden und 16 Minuten nach dem Start und 32 Minuten nach dem Erdfluchtmanöver, trennt Collins das Raumschiff von der Spitze der Saturnstufe ab, sodass jetzt nur noch die Mondfähre an ihr befestigt ist, und treibt es mit kleinen Impulsen der Steuerdüsen mit einer Geschwindigkeit von nicht mehr als 30 cm pro Sekunde von der »Lokomotive« weg. Da die Astronauten mit ihren Instrumenten nun nicht länger mit der Saturnstufe verbunden sind, müsste die Lenkung der Letzteren durch S-Band-Fernsteuerung von der Flugleitzentrale aus stattfinden, sollte der Autopilot im Instrumententeil versagen.

Die vier gewölbten Zellenbleche, aus denen die Schutzverschalung der Mondfähre am Oberteil der Raketenstufe zusammengesetzt ist, sind durch Sprengsätze wie die Blütenblätter einer Blumenknospe auseinandergefaltet und von der S-IVB abgesprengt worden. Ab und zu ist das eine oder andere Blech als hell blitzender Punkt noch in der Ferne zu sehen. Mit unkontrollierten Dreh- und Taumelbewegungen durch die Schwärze des Weltraums treibend, befinden sie sich ebenso auf dem Weg zum Mond wie das Raumschiff und die S-IVB selbst. Ihre Flugbahnen sind jedoch durch die Störimpulse der Sprengsätze und Trennfedern genügend beeinflusst worden, um sich mehr und mehr vom Bumerangkurs der Apollo 11 zu entfernen. Sie werden aller Wahrscheinlichkeit nach auf dem Mond zerschellen oder vielleicht auch zu neuen Planetoiden um die Sonne werden.

Langsam treibt Collins das Raumschiff bis auf etwa 30 m Entfernung von der Raketenstufe weg, rollt es durch einen vorgegebenen Winkel um die Längsachse und dreht es dann um 180 Grad herum, sodass die hinter ihnen schwebende S-IVB-Stufe in den Sichtluken erscheint. Blendend hell blitzt das Sonnenlicht auf den hochpolierten Aluminiumflächen der Mondlandefähre oder »Lunar Module« (LM), die mit vorläufig noch einwärtsgefalteten, »angezogenen« Beinen auf der Saturnstufe sitzt, d. h. dem Aussehen nach eher »hockt«. Aldrin betätigt einen Kontakt auf seinem Armaturenbrett, worauf die große Richtantenne mit ihren vier Parabolschalen von je etwa 78 cm Durchmesser am Heck des Raumschiffs herausklappt und sich auf die Erde richtet.

Während Armstrong noch mit dem Fotografieren der S-IVB beschäftigt ist und wieder das Magnetbandgerät zur Aufzeichnung des kritischen Manövers einschaltet, rückt Collins, der als Schiffsführer mit der Lenkung des Raumschiffs während des Anlegemanövers besser vertraut ist als seine beiden Kameraden, da er es auch im Mondorbit durchführen wird, seine linke Couch mithilfe ihrer Kippvorrichtung näher an die Fensterluke heran, sodass er das Auge an das vorher von Armstrong montierte Visier- und Entfernungsschätzgerät legen kann, ohne die Hände von den Kontrollhebeln auf den Armstützen der Couch nehmen zu müssen. Die Visieroptik trägt die Bezeichnung »Crew Optical Alignment Sight« oder COAS.

Langsam treibt Collins nun das Raumschiff mit der Spitze voran auf die trichterförmige Kupplungsöffnung im »Dach« der Mondlandefähre zu. Eine Zielvorrichtung auf dem Oberteil der »Spinne«, die er mit dem Richtfernrohr anvisiert, erlaubt ihm hierbei, die für den Dockvorgang erforderliche Fluglage um Neige-, Schwenk- und Rollachse einzuhalten. Das Ziel ist ein T-förmiges Kreuz, auf einer

11.4.1969: Blick in
die KSC-Montagehalle:
Das Apollo-11-Raum-
schiff (CSM 107)
schwebt am Kran vom
Werkstand 134 zur
Montage auf dem
Spacecraft/Lunar
Module Adapter 14.

etwa 40 cm langen Stange montiert, das mit einem darunter auf der Außenwand der Landefähre in Schwarz und Weiß aufgemalten ringförmigen Muster von 44 cm Durchmesser in Deckung gebracht werden muss. Das T-Kreuz und die »Ziel-scheibe« des Musters sind mit runden, selbstleuchtenden »Leuchtperlen« aus in Keramik eingesetzten radioaktiven Isotopen besetzt – wie übrigens auch die Kon-trollschalter in der Kabine der Landefähre –, um sie gut sichtbar zu machen.

Beim Dockvorgang muss eine an der Spitze des Raumschiffs befindliche Alumi-niumsonde in den Fangtrichter am Mondlander eingeführt und in eine Öffnung am Ende des Trichters geschoben werden, worauf drei federgetriebene Riegel-bolzen am Sondenkopf zuschnappen und sich über einen Flansch am Fangkegel legen. Das Problem hierbei ist, die beiden Kupplungsglieder so behutsam und ziel-genau zusammenzuführen, dass die Verriegelung stattfindet, bevor die durch den ersten Anstoß in den Pufferfedern der Vorrichtung gespeicherte Energie die beiden Raumfahrzeuge wieder auseinandertreiben kann. Der Fangtrichter ist dabei nur 45 cm weit und 33 cm tief.

Doch das Manöver verläuft gut. Als die drei Vorbolzen eingerastet sind, drückt Collins auf einen Kontakt, der eine in der Kupplungssonde eingebaute Pneumatik betätigt. Ein Druckgaskolben bewegt sich etwa 25 cm, verkürzt damit den Sondenzylinder und zieht die beiden Raumfahrzeuge zusammen, sodass eine hermetisch sichere Dichtung hergestellt wird. Ein zweites Signal löst zwölf weitere Riegelbolzen am Kupplungsring des Mutterschiffs aus, die hinter einem entsprechenden Flansch an der LM-Kupplung einklinken und die drucksichere und biegesteife Verbindung zwischen den beiden Raumfahrzeugen damit vollenden.

Es ist 12.57 Uhr, drei Stunden und 25 Minuten Bordzeit, als das Kopplungsmanöver erfolgreich abgeschlossen ist.

Collins schiebt sich durch die Kabine zum Verbindungstunnel an der Spitze des kegelförmigen Mutterschiffs, setzt den 80 cm weiten Kriechtunnel durch Öffnen eines 7,5 cm weiten Druckausgleichventils mit Kabinenluft unter Druck und montiert eine Wärmeschutzplatte und einen Lukendeckel ab, der die Kabine druckfest abdichtet. Eine Überprüfung der Riegelvorrichtung hat ihm bestätigt, dass die Verbindung zwischen den Raumfahrzeugen sicher ist und dass alle zwölf Schlösser eingeschnappt sind. Nun schließt er zwei elektrische Stromkabel vom Mutterschiff an entsprechenden Steckdosen am Tunnel an und setzt so einige der Bordsysteme der Mondlandefähre erstmalig unter Strom. Die Voltmeter der Bordschalttafeln und der Konsole in Houston registrieren den Umschaltvorgang mit oszillierenden Zeigerausschlägen. Alles ist normal. Der Druckausgleich zwischen Mutterschiff und Fähre ist hergestellt. Die ganze Tätigkeit hat 25 Minuten gedauert. Die Flugkontrolleure atmen auf. Eine weitere wichtige Stufe ist erklommen. Collins kehrt zu seinem linken Sitz zurück. Um 13.42 Uhr, bei vier Stunden und 10 Minuten Bordzeit, detonieren auf ein Signal vier Sprengbolzen an den »Knien« der eingeklappten LM-Beine und trennen das seltsame Gefährt von der Zelle der S-IVB-Stufe ab. Kompressionsfedern an den Tragstellen entspannen sich und schieben die Raumschiffkombination und die Raketenstufe auseinander. Mit kleinen Schubimpulsen der Lagekontrolldüsen am Maschinenteil legt Collins ab und weicht in sichere Entfernung zurück. Aldrin fotografiert den Ablegevorgang und die nun nicht länger benötigte Saturnstufe. Apollo 11 befindet sich zu dieser Zeit rund 37 000 km von der Erde entfernt und rast mit einer Geschwindigkeit von über 9 km/sec durch den Raum.

Himmlischer Haushalt

»Wir sehen die Erde … «

Um 14.12 Uhr nachmittags, Bordzeit 4 h 40 m, neigt Mike Collins die Raumschiff-kombination um 75 Grad gegenüber der örtlichen Horizontalen nach unten und gibt mit dem Haupttriebwerk und Programm P40 einen Impuls von 3,4 Sekunden Dauer und 6 m/sec Stärke, der die Apollo 11 in der Flugbahnebene etwa 300 m vor und 120 m seitwärts der Raketenstufe schiebt, damit das Raumschiff durch den bevorstehenden Kurswechsel der S-IVB nicht gefährdet wird. Gleichzeitig wird durch das Manöver die Flugbahn etwas korrigiert, sodass die Mindestentfernung vom Mond bei der Ankunft dort nach vorläufigen Berechnungen nur noch 333 km betragen würde.

Um 14.23 Uhr manövriert der Saturn-Autopilot die Stufe in eine Fluglage, in der ihr Triebwerk in Flugrichtung zeigt, öffnet die Sauerstoffventile im Treibstoffleitungssystem, und die im Tank verbliebenen Tonnen flüssigen Sauerstoffs schießen schlagartig durch die Düsenglocke des Raketenmotors ins Vakuum des Weltraums. Ihr Rückstoß bremst die S-IVB um 36,5 m/sec ab – genug, um sie vom Kurs des Raumschiffs abzulenken und mit so viel Verspätung am Mond ankommen zu lassen, dass sie den Erdtrabanten weder um seinen Westrand passieren wird, wie die Apollo 11, noch auf ihm zerschellt, sondern um seinen hinteren (östlichen) Rand herumzieht und wie von einer himmlischen Schleuder getrieben aus dem Erde-Mond-System in Bahnrichtung des Mondes auf Nimmerwiedersehen hinausgeschnellt wird. Dadurch kann das mächtige Metallgebilde weder dem Raumschiff gefährlich werden noch zur Erde zurückkehren. Das Bremsmanöver dauert insgesamt etwa 50 Minuten. Die Stufe wird, wie die Flugbahnspezialisten in Huntsville mit dem vom Goddard-Institut übermittelten Ortungsvektor berechnen, am 19. Juli um 16.22 Uhr in einer Mindestentfernung von 4333 km den Mond passieren, von ihm um rund 600 m/sec beschleunigt und in eine zur Ekliptik um 0,3836 Grad geneigte heliozentrische Bahn geschleudert werden, in der sie zu einem Umlauf 342 Tage braucht. Die Sonne hat einen neuen Planetoiden.

Collins hat inzwischen aufatmend seinen Druckanzug abgelegt und verstaut. Er befindet sich nun wieder im unteren Geräteraum an seiner Navigatorstation, um eine erneute Plattformausrichtung vorzunehmen und dem Schiffscomputer damit ein Bezugssystem zu geben. Zur Justierung der Bezugsplattform visiert Mike Collins drei Gestirne an, deren astronomische Koordinaten im Rechner gespeichert sind.

28.6.1969: Kommandomodul CM-Pilot Michael Collins im Andocktunnel des CM-Simulators beim Verfahrenstraining mit den Apollo-Koppelmechanismen.

Als die Kreiselplattform, im unteren Teil der Steuermannsstation befindlich, ausgerichtet und die Winkelumrechnungsmatrize im Computer korrigiert ist, beginnt für Oberstleutnant Collins eine Serie von Navigationsmessungen, mit denen er den Ort und die Geschwindigkeit des Raumschiffs ermittelt. Sextantpeilungen ergeben die Winkel zwischen bestimmten Gestirnen und dem Horizont der Erde an zwei Stellen, dem »nahen« und dem »fernen« Horizont. Im Prinzip definiert je eine Winkelmessung zusammen mit den bekannten Koordinaten der Gestirne für den Computer einen Kegel im Raum, d. h. die Richtung seiner Hauptachse und seinen Öffnungswinkel. Der Schiffsort befindet sich an irgendeiner Stelle auf der Mantelfläche des Kegels, und erst durch die Ermittlung eines zweiten Kegels, der mit dem ersten zum Schnitt gebracht wird und eine Kurvenlinie ergibt, könnte die Wahl der unendlich vielen möglichen Schiffsorte eingeengt werden. Bringt man die erhaltene Linie schließlich mit einem dritten Kegel zum Schnitt, so lässt sich der Schiffsort fast eindeutig »festnageln«, da nur noch zwei Punkte übrig bleiben. Falls erforderlich, würde eine vierte Peilung dann endgültig Eindeutigkeit schaffen.

Während Collins mit diesen Messungen und ihren Verbesserungen mittels eines mathematischen »Kalman-Filters« beschäftigt ist, die er bis zur Ankunft am Mond insgesamt zweimal durchführen wird, können auch Neil und Buzz endlich ihre Helme, Handschuhe und Schutzanzüge ablegen und an sicherer Stelle verstauen. Wie der Steuermann ziehen sie statt dessen einen leichten Borddress an, das »Constant Wear Garment«, zu welchem weiche Schuhe mit Velcro-Haftmaterial an den Sohlen gehören. Damit beginnen sich die Mondfahrer in ihrem engen »Haushalt« nun etwas behaglicher zu fühlen.

Um 14.55 Uhr nachmittags, Bordzeit 5h 23m, als Apollo 11 rund 40 700 km von der Erde entfernt ist, tragen Armstrong, Aldrin und Collins dem Capcom in Houston schöne Geburtstagsgrüße an Dr. Georg Mueller auf, den Direktor des »Office of Manned Spaceflight« im NASA-Hauptquartier in Washington, dem von Brauns Marshall-Zentrum, Debus' Kennedy-Zentrum und Gilruths Houston-Zentrum unterstehen. Mueller befindet sich zu dieser Zeit auf der Rückreise von Cape Kennedy, wo sich jetzt ein ebenso gigantischer Exodus abspielt, wie Tage zuvor Zustrom geherrscht hatte. Nach insgesamt fünf Sätzen von Navigationsmessungen an Diphda und drei anderen Peilsternen und einer Kursberechnung mit dem Programm P23 ist Collins' Aufgabe als Steuermann vorläufig beendet. Zu seinen weiteren Aufgaben als Schiffsführer gehört das regelmäßige Auswechseln der LiOH-Filter zur Kohlendioxidbindung – das Raumschiff führt insgesamt 20 Filterpatronen mit –, die Überprüfung der Wasserverdampferanlage und das programmgemäße Öffnen und

Schließen der Batterieentlüftungs- und Abfallwasser-Auslassventile zum Weltraum. Doch damit hat es jetzt noch Zeit. Laut Flugplan beginnt für die Besatzung eine Ruhe- und Essenspause. Es ist 15.30 Uhr, sechs Stunden nach dem Start in Cape Kennedy. Die Entfernung der Apollo 11 von der Erde ist auf 59 000 km angewachsen; ihre Geschwindigkeit beträgt ungefähr 3000 m/sec.

Collins manövriert das Raumschiff in eine Fluglage, bei der die Sonne im rechten Winkel zur Längsachse des Raumschiffs steht, indem er das Schiff um 90 Grad zur Flugrichtung aufwärtskippt und den Schwenkwinkel (»Yaw«) auf Null hält. Hierauf versetzt er die Raumschiffkombination in langsame Drehung um die Längsachse. Es ist der »Passive Thermal Cycling« (PTC)- oder »Grill«-Modus, der die einseitige Erwärmung des Raumschiffs durch die Sonne verhindern soll. Dies geschieht bei einer Bordzeit von rund sieben Stunden.

Im PTC-Modus rotiert das Raumschiff mit 0,3 Grad je Sekunde oder drei Umdrehungen pro Stunde langsam und gleichmäßig im Raum, und damit wandert auch der Sonnenschein, der durch die Luken ins Kabineninnere fällt, wenn die Schutzblenden nicht vorgezogen sind. Entsprechend beschleunigt sich auch der scheinbare Ablauf von Tag und Nacht für die Astronauten – ein sehr seltsamer Effekt. Bei einer Rotation von drei Umdrehungen des Schiffs pro Stunde erleben sie drei Sonnenaufgänge und -untergänge in ihrer jeweiligen Luke, und damit drei Tage und drei Nächte in jeder Stunde. Das Raumschiff hat fünf Fenster – zwei Seitenfenster, zwei nach vorn blickende Rendezvousfenster und ein Bullauge im Lukendeckel.

Dann schaltet Collins den Autopilot ein, der alles Weitere übernimmt und die von der PTC-Rollbewegung verursachte leichte Präzession des Raumschiffs innerhalb vorgegebener Toleranzgrenzen kontrolliert. Die vom Autopilot hierbei von Zeit zu Zeit ausgelösten kleinen Schubimpulse haben bei früheren Flügen einen psychologisch und physiologisch störenden Effekt auf die Besatzung gehabt, die aus verständlichen Gründen nichts so sehr anstrebt, wie Treibstoff zu sparen, wo nur immer möglich. Den Apollo-10-Männern hat die Sorge um etwaige »Treibstoffvergeudung« während des PTC-Modus sogar anfangs die Nachtruhe geraubt – so lange, bis das Toleranzband der »erlaubten«, unkorrigierten Präzession der PTC-Rollachse erweitert wurde, sodass die Reaktionsdüsen fast kaum noch korrigierend eingreifen müssen. Das Toleranzband oder »Deadband« beträgt jetzt ± 30 Grad, und der gewünschte Effekt ist auch bei der Apollo 11 erreicht.

Collins wendet sich nun mit seinen beiden Bordkameraden der angenehmeren Tätigkeit des Essens zu. Doch wie alle anderen Astronauten vor ihm, ist auch er von der Bordnahrung der Apollo 11 nicht gerade hellauf begeistert.

Eine ausgeglichene Verpflegung der Astronauten an Bord ihres Raumschiffs, die ihnen die grundlegenden Nährstoffe und ausreichende Mengen von Wasser liefert, ist Vorbedingung eines erfolgreichen Raumfahrtunternehmens von der Dauer des Apollo-11-Fluges. Die Hauptprobleme, die die Erfüllung dieser Forderung erschweren, sind die Gewichtsbeschränkung und die Schwerelosigkeit. Die Kost der Raumschiffbesatzung muss möglichst wenig wiegen, gleichzeitig aber nahrhaft, schmackhaft und ansprechend sein. Außerdem darf sie nicht krümeln, damit die Kabinenatmosphäre nicht mit schwerelos herumtreibenden Substanzen verunreinigt wird. Flüssigkeiten können nicht ausgegossen, Speisen nicht wie üblich zubereitet und serviert und Fleisch nicht mit dem Messer zerkleinert werden.

Die ersten Versuche, die sich mit diesen Problemen befassten, führten zu Weltraumnahrungsmitteln in Püreeform, die ausdrückbar in Tuben mitgeführt wurden – zum Beispiel 1962 von John Glenn auf dem ersten Orbitflug der USA. Scott Carpenter erprobte feste Nahrung, da man nach mehr kaubaren Speisen strebte. Die von ihm mitgeführten Kekse in Würfelform zerbröckelten jedoch, und man lernte daraus, dass leicht brüchige Nahrungsmittel mit einem essbaren Gelatineüberzug oder einer besonderen Masse aus Eiweiß und Öl belegt werden müssen, wenn man sie auf Weltraumreisen mitführen will.

Gefriergetrocknete Speisen kamen erstmalig bei den Gemini-Flügen in Gebrauch. Sie erwiesen sich als recht erfolgreich und fanden vor allem auch die verhaltene Zustimmung der Astronauten, die, wie es für Testpiloten in aller Welt der Fall zu sein scheint, gute Speise und Trank zu schätzen wissen. Auch bei den Apollo-Flügen benutzt man gefriergetrocknete Speisen.

Beim Tieffrost-Trockenprozess werden die nach genauen NASA-Richtlinien zubereiteten Speisen in Formen tiefgekühlt und zunächst in 50 x 90 x 21 mm messende Stangen geschnitten, was jeweils eine Einzelportion darstellt. Die tiefgekühlten Stangen kommen dann in eine Vakuumkammer, in der der Luftdruck auf zwei Tausendstel einer Atmosphäre oder 1,5 Torr reduziert wird. Durch Erwärmung des Nahrungsmittels auf 60 bis 65 Grad C wechselt nun das zu Eis gefrorene Wasser in der Speise direkt durch Sublimation in den gasförmigen Zustand über und wird mithilfe einer Vakuumpumpe abgezogen. Der Trockenprozess ist abgeschlossen, bevor das gefrorene Produkt aufgetaut ist.

Die Bordmenüs bieten den Astronauten der Apollo 11 täglich etwa 2100 Kalorien fettarmer, kohlehydratreicher Kost. Der Speisezettel wechselt täglich und wiederholt sich in viertägigem Turnus, sodass die Menüs des fünften Tages denen des ersten Tages gleichen. Um den Besatzungsmitgliedern die Einhaltung dieses Verpflegungsplanes zu erleichtern und individuelle Essensvorlieben zu berücksichtigen, hat jeder der drei Raumfahrer eine bestimmte Erkennungsfarbe zugeschrieben bekommen, an der er seine Rationen erkennt. Die Speisen eines jeden Tages sind in einem in Kunststofffolie gehüllten Essenspaket verpackt, das mit einer farbigen Schnur gekennzeichnet ist. Der Astronaut holt das mit der »Kordel des Tages« codierte Päckchen aus dem Stauraum, öffnet die äußere Folienverpackung und erkennt dann an der Farbkennzeichnung der inneren Pakete, für wen die Mahlzeit bestimmt ist.

Die Schiffsküche enthält für jeden Mann zusammengestellte Menüs für insgesamt fünf Reisetage sowie einen Vorrat von über 100 Portionen der verschiedensten »Snacks« oder Imbisse, von Früchten und Getränken bis zu Krabbencocktails, Puddings, Süßigkeiten und Salaten, die vom Astronauten selbst nach Belieben wie ein Hors d'œuvre- oder Smörgasbord-Buffet zusammengestellt werden können. Zwei Mahlzeiten und eine kleinere Auswahl Snacks sind außerdem in der Kabine der Mondlandefähre untergebracht. Was werden Armstrong und Aldrin auf dem Mond essen? Schinkenwürfel, Hühnercremesuppe, Rindsgulasch, Zuckerkekse, Pfirsichstücke, Kaffee und Fruchtsäfte, die in Pulverform mitgeführt werden. Trockenbier gibt es leider noch nicht.

Die gefriergetrockneten Speisen und die Trockengetränke werden durch Zugabe von kaltem oder heißem Wasser (von etwa 13 bzw. 68 Grad Celsius) und Kneten rehydratisiert und dann durch einen Plastikschlauch in den Mund gesaugt. Es ist diese Prozedur, die den Astronauten generell missfällt, nicht die Qualität des Essens selbst. Happengroße Speisen wie Kekse, Sandwich, Toast und Obstwürfel brauchen nicht gewässert zu werden, sind jedoch mit dem erwähnten Schutzbelag überzogen. Als von den Raumpiloten besonders begrüßte Neuerung gehören seit dem Flug der Apollo 10 die sogenannten »Wet Packs« oder »Nassrationen« zum Bordmenü, die in normalem, nicht-getrocknetem Zustand mitgeführt werden, und die »Spoon-Bowl«-Päckchen, die nach Zugabe von heißem Wasser zu einem Brei angerührt und dann mit einem Löffel direkt aus der mit einem Plastikreißverschluss zu öffnenden Verpackung gegessen werden.

Nach dem Essen müssen Armstrong, Collins und Aldrin die im jeweiligen Behältnis verbliebenen Reste der Mahlzeit aus hygienischen Gründen desinfizieren. Eine hierzu an jedem Essenspaket außen in einer versiegelten Hülle angebrachte 1-g-Tablette 8-Hydroxychinolinsulfat wird durch das Mundstück des Beutels in die Speisereste geschoben, wo sie sich auflöst und das Verfaulen der Speisereste verhindert.

Zu ihrer persönlichen Hygiene führen die Mondfahrer trockene und angefeuchtete Papierhandtücher, je eine Zahnbürste, eine Tube essbare Zahnpasta, Rasierapparat, Rasiercreme und natürlich Kaugummi in reichlichen Mengen mit.

22.4.1969: In der Mondboden-Simulationshalle üben Aldrin (l.) und Armstrong den Einsatz und Gebrauch ihrer speziellen Gerätschaften beim Ausflug im Mare Tranquillitatis.

Wenige Wochen vor dem Start trainiert die Apollo-11-Crew den Ausstieg aus ihrer Kommandokapsel: Armstrong, Collins, Aldrin (v.l.).

Bahnvermessungen durch die Ortungsstationen in Honeysuckle und Goldstone haben mittlerweile ergeben, dass die S-IVB das TLI-Manöver mit der für Saturn-Raketen schon fast selbstverständlichen Präzision durchgeführt hat. Nach der durch das Ausweichmanöver erfolgten Bahnkorrektur ist die Apollo 11 derart exakt auf dem vorgeschriebenen Kurs zum Mond, dass das erste Kurskorrekturmanöver, MCC1 genannt (für Midcourse Correction 1), das für TLI + 9 Stunden, oder 11h 44m Bordzeit geplant war, ausfallen kann. Etwa notwendige Korrekturen können auf später verschoben werden, wenn genauere Bahnvermessungen vorliegen.

Zwar sind Korrekturmanöver, was den Treibstoffverbrauch betrifft, um so kostspieliger, je später im Flug sie ausgeführt werden, doch stehen zum einen in den frühen Phasen des Fluges zumeist noch nicht genügend Ortungswerte zur Verfügung, und zum anderen sind die bereits voraussehbaren Korrekturen im Falle der Apollo 11 so geringfügig, dass der etwas erhöhte Treibstoffverbrauch nicht von Bedeutung sein wird.

Für die Raumschiffbesatzung bedeutet der Ausfall der Kurskorrektur willkommene zusätzliche Freizeit. Ganz überraschend beschließt Neil Armstrong daher bei 10h 32m, eine erste Fernsehübertragung zur Erde zu versuchen. Da eine solche im Flugplan noch nicht vorgesehen ist – sie ist erst für 34h bis 35h Bordzeit geplant –, kommt die TV-Sendung auch für die Bodenstationen und die Flugleitzentrale unerwartet, und es dauert eine Weile, bis die nötigen Nachrichtenverbindungen mit Goldstone hergestellt sind. Die dort auf Video aufgezeichnete Sendung wird um 20.58 Uhr (Bordzeit 11h 26m) ausgestrahlt; sie dauert 16 Minuten.

Doch dann schwebt da plötzlich die Erdkugel in voller Größe und leuchtender Pracht auf dem Bildschirm rechts oben im Flugkontrollsaal in Houston. Man hat sie seit dem Flug der Apollo 8 bereits mehrmals so gesehen, doch sind ihr Anblick und das Gefühl des Sich-im-Kosmos-selbst-Sehens auch jetzt noch frisch und zutiefst beeindruckend.

Der Terminator, d. h. die Trennlinie zwischen beleuchtetem und unbeleuchtetem Gebiet, verläuft in der oberen Hälfte der Erdkugel horizontal von links nach rechts. Links liegt der Nordpol, rechts der Südpol. Das obere Drittel ist in Dunkelheit gehüllt – dort, in Europa, über dem Atlantik und entlang der Ostküste Amerikas, herrscht jetzt Nacht. Doch die Westküste ist in der Mitte der Erdscheibe klar erkennbar und darunter die weite Fläche des Pazifiks. Alaska und Kanada liegen links unten am Rand der Erdkugel, Südamerika rechts oben am Terminator.

Aus einer Entfernung von rund 85 000 km spricht Raumschiffkommandant Neil Armstrong zur Erde: »Roger, wir sehen die Mitte der Erde und den östlichen

Pazifischen Ozean wolkenfrei. Die Inselkette von Hawaii haben wir bisher nicht erkennen können, doch sehen wir deutlich die Westküste von Nordamerika, die Vereinigten Staaten, das San-Joaquin-Tal, die Hohen Sierras, Niederkalifornien und Mexiko, bis hinunter nach Acapulco und zur Yucatan-Halbinsel. Und man kann weiter durch Mittelamerika bis zur Nordküste von Südamerika sehen, etwa wo Kolumbien liegt. Ich bin nicht sicher, ob ihr dort unten das alles auf euren Schirmen seht.«

Mike Collins lässt sich klagend vernehmen: »Außer meiner Computertastatur habe ich bis jetzt noch gar nichts gesehen!«

Die Farbfernsehkamera an Bord der Apollo 11 ist von Westinghouse für NASA entwickelt worden, im Rahmen eines 7,7-Millionen-Dollar-Auftrags für Apollo-Fernsehsysteme. Man ist leicht versucht, sie als eine Selbstverständlichkeit hinzunehmen, doch stellt sie in Wirklichkeit ein kleines Wunderwerk modernster Mikrominiatur-Elektronik dar. Sie wiegt etwas weniger als sechs Kilogramm und benötigt zu ihrem Betrieb 20 Watt Stromleistung. Dabei basiert sie auf einem sehr einfachen Farbbildübertragungssystem, das schon in den 1940er-Jahren von Dr. Peter Goldmark erfunden wurde und eine rotierende Farbscheibe mit einem roten, grünen und blauen Sektor benutzt. Die Videokamera kann von den Astronauten sowohl zu Innen- als auch zu Außenaufnahmen verwendet werden, wobei zum Umschalten vom einen auf den anderen Zustand nur ein kleiner Schalter umgelegt werden muss. Sie verfügt über eine »Gummilinse«, mit der der Astronaut-Kameramann seine Bilder bis auf sechsfache Vergrößerung heranholen kann. Außerdem gehört ein winziger Monitorbildschirm mit Bedienungsknöpfen für Vertikal- und Horizontalkontrolle, Helligkeit und Kontrast zur Ausrüstung, der durch ein 10-m-Kabel mit der Kamera verbunden ist. Auf ihm können die Raumfahrer den Bildgegenstand und die Einstellung kontrollieren.

Nachdem Neil die Druckdifferenz zwischen den Atmosphären der Mutterschiffkabine und der Mondfähre sowie den Ladezustand der Bordbatterie A abgelesen und an die Flugleitzentrale gemeldet hat, beginnt für die Besatzung eine Schlafperiode. Der offizielle Beginn dieser »Nacht« ist auf 23.05 Uhr festgesetzt, d.h. 13h 33m Bordzeit, doch hat Mike Collins durch den Wegfall des Korrekturmanövers so wenig zu tun und ist innerlich so ruhig und entspannt, dass er schon zweieinhalb Stunden früher in den Schlafsack kriecht.

Die Schlafperiode dauert laut Flugplan neun Stunden, und die Besatzung verbringt eine ruhige, erholsame Nacht.

Zweiter Reisetag

Menschen zwischen Mond und Erde

»Dieses Null-G ist sehr angenehm, aber … «

Armstrong, Collins und Aldrin haben sich in der engen Kabine ihrer »Columbia« verhältnismäßig rasch an den schwerelosen Zustand gewöhnt, und die Leichtigkeit, Mühelosigkeit und Verspieltheit, mit der sie sich beim Umherschweben im Cockpit orientieren können, widerlegen aufs Neue die düsteren Prophezeiungen von Generationen von Physiologen vor dem Anbruch des Raumflugzeitalters.

Das System des menschlichen Körpers ist ständig bestrebt, den Organismus in einem Zustand des Gleichgewichts und des Wohlbefindens zu halten, der alle Organe umfasst. Dieser Zustand wird Homöostase genannt. Wird der Mensch, wie unsere drei Mondfahrer, neuen Bedingungen ausgesetzt, so versucht sein Körper, sich durch eine Reihe von physiologischen Reaktionen darauf um- und einzustellen.

Die sinnesphysiologische Anpassung an die Gewichtslosigkeit wird hauptsächlich dadurch erschwert, dass es in diesem Zustand kein klar definiertes Unten und Oben gibt, das normalerweise von der Richtung der Erdschwere bestimmt oder durch Zentrifugalkräfte vorgetäuscht wird. Dadurch wird nicht nur die Orientierungsfähigkeit des Menschen im Raum beeinträchtigt, sondern auch seine physische Koordinierung und letztlich auch die Bewegung und der Kräfteaufwand seiner Gliedmaßen.

Zur räumlichen Orientierung benutzt der menschliche Körper drei organische Systeme, die »Orientierungstriade«, deren Signale und Stimuli im Zentralnervensystem zu einem kohärenten Gesamtbild der äußeren Situation integriert werden. Da ist zunächst der visuelle Apparat, bestehend aus den Augen und ihren Verbindungen zum Zentralnervensystem; zweitens das Labyrinthsystem im inneren Ohr, bestehend aus den Bogengängen, dem Vorhof und den Otolith-Organen, und drittens das kinästhetische System, welches die Tastrezeptoren der Muskeln, Haut, Eingeweide usw. mit ihren Nervenverbindungen umfasst, kurz, der »Hosenboden« des Testpiloten.

Die Bogengänge des Labyrinthsystems – es gibt ihrer drei – sind in den drei Raumdimensionen rechtwinklig zueinander angeordnet und mit einer Flüssigkeit, der Endolymphe, gefüllt, die bei normal aufrecht gehaltenem Kopf auf die Enden der Bogengänge, wo die Sinnesendzellen des Vorhofnervs liegen, gleichen Druck ausübt. Beim Neigen des Kopfes treten winzige Druckunterschiede zwischen den Fühlorganen auf, die vom Vorhoforgan zum Gehirn gemeldet und dort analog in Winkelbeschleunigungen umgerechnet werden. Der Otolithapparat ergänzt diese Messung; er enthält einen kleinen, runden Stein, den Otolith oder Ohrstein, der in einer gallertigen Lymphsubstanz eingebettet ist und auf Fühlhärchen schwimmt. Die Härchen sind die Messwertgeber, die je nach ihrer Belastung durch den Stein mehr oder minder starke Linearbeschleunigungen feststellen. Im Ruhezustand drückt der Stein kaum auf sie, und das Gehirn registriert gewohnheitsmäßig: »Keine Beschleunigung«. Die normale Erdenschwere ist deshalb bewusst nicht fühlbar, wenn man daran gewöhnt ist.

Den Apollo-Astronauten zeigen die Stellung ihrer Sitze und die Position der Armaturentafel und Fensterrahmen im Cockpit visuell an, wo oben und unten ist. Zur genauen Lageorientierung dient ihnen der künstliche Horizont des Fluglagenindikators.

Die Muskelkoordinierung und Bewegung der Gliedmaßen bereitet im gewichtslosen Raum dann Schwierigkeiten, wenn sich der Astronaut nicht an einem festen Boden abstützen kann und nicht genügend Stützpunkte, Haltegriffe und andere Möglichkeiten des Sich-Einstemmens hat. Beträchtliche Überanstrengung und extrem gesteigerter Stoffwechsel-Grundumsatz und Bedarf an Energie haben sich bei den ersten Ausflügen von Astronauten aus ihrer Kabine in den freien Weltraum gezeigt, bis man konstruktive Lösungen der Halterung und Abstützung einführte und sorgfältige Bewegungsstudien vorangehen ließ. Während des Raumflugs der Gemini 9 am 3. Juni 1966 benötigte Astronaut Gene Cernan für seine außenbordliche Tätigkeit viermal mehr Energie als erwartet, und überlud dadurch den Kühlkreislauf seines Lebenserhaltungsgerätes.

Im Gegensatz zu den hohen Energiekosten von außenbordlichen Tätigkeiten haben der Aufenthalt und die Tätigkeiten an Bord dagegen einen überraschend niedrigen Energiebedarf, sogar und vor allem in den räumlich größeren Apollo-Kabinen. Es ist eine wichtige Beobachtung der Raummediziner, dass die Besatzungen der Apollo 7, Apollo 8, Apollo 9 und Apollo 10 während ihrer Flüge allesamt sehr wenig Bedürfnis nach Nahrung gezeigt haben und einen relativ geringen kalorischen Umsatz hatten. Dagegen – und das erscheint auf den ersten Blick paradox und vielleicht bedenklich – ermüdeten alle Raumpiloten ziemlich rasch und klagten generell über zu arbeitsreiche Bordpläne. Wenn sie der Raumflug physisch nicht anstrengte, wieso ermüdeten sie dann so rasch?

Beim Training: Neil und Buzz im Landefähren-Simulator.

Die Erklärung scheint mehr auf psychologischem Gebiet zu liegen. Die geistige Anspannung und über viele Stunden hinweg während nervliche Beanspruchung der Astronauten, der ständig bewusste Ansporn zur schnellen, richtigen Reaktion und Entscheidung, zur dauernden Aktionsbereitschaft und zur Rekapitulierung aller während der Ausbildung eingedrillten Fakten, Sollwerte, Aufträge, Methoden und Arbeiten, vielleicht sogar im Zusammenwirken mit den an sich wenig anstrengenden physischen Zuständen, erfordern von einem Weltraumfahrer zweifellos nervliche Energien, wie sie kaum ein Tun auf der Erde verschlingt. In gewissem Sinn müssen die Mondfahrer also buchstäblich Übermenschliches leisten.

Neben den sinnesphysiologischen und metabolischen Auswirkungen der Gewichtslosigkeit ist vor allem ihr Einfluss auf das Blutgefäßsystem und auf den Blutkreislauf Gegenstand langjähriger Studien gewesen. Das Auftreten einer allgemeinen Muskelerschlaffung durch Mangel an ausreichender Übung der Muskulatur ist namentlich bei den Apollo-Astronauten beobachtet worden, wie nach den Flügen durch Tests an einem fahrradähnlichen Ergometer festgestellt wurde. Außerdem treten Änderungen in den Regulationsvorgängen auf, die normalerweise dem Ausgleich der Schwerkraftwirkungen im Blutgefäßsystem dienen. Im aufrechten Zustand auf der Erde befindet sich der normale menschliche Blutkreislauf in »Orthostase«, einem Gleichgewichtszustand, der durch die Pumpkraft des Herzens und durch den auf der Spannung der Muskulatur und Venen beruhenden vaskularen Tonus der Beine unter der Steuerung eines »programmierten« Reflexmechanismus erhalten wird und zu jeder Zeit eine ausreichende, wenn auch nicht immer völlige Füllung der Herzpumpe mit Blut gewährleistet.

Im gewichtslosen Zustand kann dieser Reflexmechanismus mit der Zeit erlahmen. Außerdem können die Erschlaffung der Muskeln, die verringerte Spannung im peripheralen vaskularen Bereich, etwaige Wärmebelastungen und der Wasserentzug durch einen Regelmechanismus, der das Blutvolumen zu verringern sucht, den Blutkreislauf derart beeinträchtigen, dass nach der Rückkehr des Raumfahrers zur Erde eine orthostatische Intoleranz, d. h. Kreislaufstörungen, und vielleicht sogar ein Kollaps auftreten können. Zur Feststellung ihrer kardiovaskularen Kondition werden die drei Mondfahrer nach ihrer Rückkehr zur Erde in eine Saugvorrichtung gelegt, die ihre Beine vom Becken an abwärts einem negativen Luftdruck von stufenweise 30, 40 und 50 mmHg aussetzt. Mit dem Außendruck verändert sich die Spannung der Venen in den Beinen und damit die Belastung des Kreislaufs. Die Störungen in der Funktion des Kreislaufs, die bei den bisherigen Astronauten auf diese Weise ermittelt wurden, waren mäßig und vorübergehend, doch immerhin vorhanden. Die Raummediziner werden auf diesem Gebiet intensivere Forschungen anstellen können, sobald sie das Versuchsfeld einer Weltraumstation haben, die längere Aufenthalte in der Schwerelosigkeit erlaubt.

Die Raumkrankheit, die bei den Astronauten der Apollo-Raumschiffe bisweilen auftrat und sich in Schwindelanfällen, Übelkeit und Erbrechen äußerte, wird von Dr. Charles A. Berry, dem 45-jährigen leitenden Flugarzt in Houston, und anderen Raummedizinern damit erklärt, dass das räumliche Orientierungszentrum eines an den gewichtslosen Zustand nicht gewöhnten Gehirns durch die sich scheinbar widersprechenden Sinneseindrücke des Astronauten wenn schon nicht desorientiert, so doch zunächst etwas verwirrt wird. Während die Augen beispielsweise melden, dass der Raumfahrer in der Kabine auf dem Kopf steht, verzeichnen sein Gleichgewichtssinn im Innenohr und sein kinästhetischer Sinn, dass er schwebt und frei fällt.

Eine Methode, den Raumfahrer vor solch einem der Seekrankheit sehr verwandten Schwindelanfall zu bewahren, wurde während des Fluges der Apollo 10 mit durchschlagendem Erfolg angewandt: Unmittelbar nach Erreichen des gewichtslosen Zustandes begannen die Astronauten Stafford, Cernan und Young mit regelmäßigen Nick- und Neigeübungen des Kopfes, um das Gleichgewichtsorgan gemeinsam mit der Integrationssphäre des Gehirns an den ungewohnten Zustand zu gewöhnen und sich auf diese Weise rasch zu akklimatisieren. Auch Armstrong, Collins und Aldrin führen die Kopfübungen durch, und auch sie bleiben nicht nur von der »Raumkrankheit«, dem Space Adaptation Syndrome (SAS), verschont, sondern fühlen sich in der Tat im schwerelosen Zustand wohl wie ein Fisch im Wasser, als ob es ihre natürliche Lebensumgebung wäre.

Für den Fall, dass die Übungen doch nicht den gewünschten Erfolg gebracht hätten, führen die Mondfahrer in ihrer Bordapotheke zwölf 50-mg-Tabletten des Anti-Seekrankheitsmittels Marezin (Cyclizinhydrochlorid) mit sowie drei Injektionsspritzen mit je 45 mg Marezinlösung und – erstmalig – ein neueres Anti-Seekrankheitspräparat, das Benzedrin enthält. Die reichhaltige Bordapotheke verfügt außerdem über Darvon in Kapseln und Demeral in Injektionsspritzen als Schmerzbetäuber, Dexedrin (Dextroamphetaminsulfat) als Wachhalte- und Aufputschmittel, Aspirin- und Tylenoltabletten zur Schmerzlinderung, Lomotil (Diphenoxylathydrochlorid) gegen Diarrhoe und Magenbeschwerden, das Barbiturat Seconal als Schlafmittel, und ein ganzes Sortiment weiterer Erste-Hilfe-Mittel, wie Brandsalben, Augentropfen, Antibiotika, Wundpflaster und -binden, Thermometer und Kompressen.

Die Erde schrumpft

»Welt, halt' deinen Hut fest!«

An Bord des Raumschiffs vergehen die Stunden ohne besondere Zwischenfälle. Alles läuft wie am Schnürchen, haargenau nach Flugplan.

Im regelmäßigen Turnus wechseln die Wach- und Schlafperioden, nimmt Collins seine Plattformjustierungen – insgesamt sieben bis zum Mond – und alle zwölf Stunden den Lithiumhydroxid-Wechsel vor, führt Aldrin mit den Bodenstationen Checkouts der S-Band-Richtantenne durch und überprüft die Reserveaggregate der Luftversorgungsanlage in 24-stündigem Turnus, und manövriert Armstrong das Raumschiff gemeinsam mit Collins routinemäßig in die jeweils benötigte Fluglage, um es nach vollendeten Gestirnpeilungen in den PTC-Zustand zurückzuversetzen und wieder der Obhut des Autopiloten anzuvertrauen.

Bei 24h 30m Bordzeit, um 10.02 Uhr morgens am 17. Juli, nimmt Mike den zweiten Satz Navigationspeilungen an Gestirnen und dem Erdhorizont vor. Insgesamt führt er fünf Messungen durch; Peilsterne sind Alpheratz, Diphda und zwei andere.

Eine halbe Stunde später, um 10.30 Uhr, überschreitet die Apollo 11 die Mitte der Linie Erde-Mond und hat damit die Hälfte der Strecke zurückgelegt. Sie ist zu dieser Zeit 192 000 km von der Erde entfernt und fliegt mit einer Geschwindigkeit von 4928 km/h (1369 m/sec).

Die Brennstoffzellen im Maschinenteil durchlaufen ihre Entlüftungszyklen und laden von Zeit zu Zeit die Bordbatterien auf. Navigationsmessungen durch die großen Radarstationen des Bodennetzes bestimmen wieder und wieder Ort und Geschwindigkeit des Raumschiffs, und die Flugleiter stellen dann neue »Signalschübe« zusammen und funken sie zum fernen Raumfahrzeug, um den als Bezugsbasis dienenden Zustandsvektor im Computer »im Voraus« auf den neuesten und genauesten Stand zu bringen.

Die Fernortung wird abwechselnd von den drei 26-m-Schüsselantennen von Madrid, Honeysuckle Creek und Goldstone Lake vorgenommen. Bahnvermessungen ergeben, dass der augenblickliche Kurs der Apollo 11 den Mond in einer Entfernung von 321,6 km passieren würde statt der geplanten 111 km. Die Steuerung der S-IVB und des Raumschiffs während des Ausweichmanövers war tatsächlich von einer unglaublichen Präzision gewesen.

Zur Mittagszeit meldet Astronaut Aldrin an die Flugleitzentrale, dass er mit dem Fernglas den Sonnenuntergang über dem östlichen Mittelmeer sehen könne, ferner das Grün von England und etwas Dunst über Norditalien. Und er beruhigt die Flugkontrolleure in Houston: Die Regenwolke, die gerade über der Stadt und der Flugleitzentrale hängt, werde von kurzer Dauer sein.

Um 12.17 Uhr mittags, bei TLI + 24 Stunden und einer Bordzeit von 26 Stunden und 45 Minuten, führt die Apollo 11 eine kleine Kurskorrektur durch, das MCC2, und, wie sich herausstellen wird, die letzte auf dem ganzen Flug zum Mond. Collins steuert das Schiff mit der angekoppelten Mondlandefähre in die in Houston vom RTCC mit peinlicher Sorgfalt berechnete Raumlage, und der Computer startet das Haupttriebwerk und lässt es für drei Sekunden brennen. Seine Schubkraft von 9225 Kilopond erzeugt einen Geschwindigkeitsimpuls von 6,4 m/sec. Die am Massachusetts Institute of Technology (MIT) unter Dr. Stark Draper entwickelte Trägheitslenkanlage des Raumschiffs arbeitet so präzise, dass die Flugbahn des Raumschiffs unter dem Impuls des Manövers bis auf genau 116 km an den Mond herangeschoben wird.

Die Entfernung von der Erde beträgt jetzt 207 400 km, und die Geschwindigkeit des Raumschiffs ist auf 4400 km/h (1220 m/sec) gefallen. Dem Zug der Erdschwere nachgebend, wird sich die Apollo 11 mehr und mehr verlangsamen, bis sie am 18. Juli, nachts um 23.12 Uhr, in einer Entfernung von 345 279 km mit 911 m/sec relativ zur Erde die Äquigravisphäre überschreitet, den Gleichgewichtspunkt, an dem die Anziehungskraft der Erde und die des Mondes gleich groß sind. Nur noch rund 56 000 km von ihrem Ziel entfernt, wird sich die Apollo 11 dann wieder allmählich beschleunigen, wenn die Anziehungskraft des Mondes mehr und mehr überhandnimmt. Bei 30h 28m Bordzeit überträgt die Apollo 11 eine ursprünglich nicht geplante Fernsehsendung von 50 Minuten Dauer, die in Goldstone aufgezeichnet wird, jedoch von sehr schlechter Bildqualität ist, da das Raumschiff im PTC-Modus nur die Rundstrahlantennen benutzen kann.

Am 17. Juli um 19.32 Uhr, Bordzeit 34h, beginnt pünktlich zur festgesetzten und von allen amerikanischen Sehfunknetzen in ihrem Abendprogramm vorgesehenen Zeit die dritte Fernsehübertragung in Farbe von der Apollo 11 zur Erde. Das Raumschiff befindet sich genau 237 854 km entfernt und zieht mit einer Geschwindigkeit von 1337 m/sec durchs All, als der aquamarinblaue Erdball auf den Fernsehschirmen erscheint, klar definiert, in leuchtenden Farben, mit Wolkengruppen und -fetzen marmoriert. Zunächst schweigen die Astronauten – typisch für diese Besatzung, die während des Fluges bis jetzt nur das dringend Nötigste gesagt hat.

21.7.1969: Der Mond aus 18 000 km Entfernung. Im Zentrum das runde, dunkle Mare Crisium, darunter das Mare Foecunditatis mit Krater Langrenus, daran anschließend (westlich) das Mare Tranquillitatis.

Dann fordert sie Charles Duke, der Capcom, auf: »Elf, Houston. Die Wiedergabe hier auf unserem Monitor ist recht gut, aber die Farben sind nicht ganz klar. Könnt ihr beschreiben, was ihr gerade seht? Over.«

Neil Armstrong: »Roger. Wir sehen sie aus unserem linksseitigen Fenster ... nur wenig mehr als eine Halberde. Wir blicken auf den östlichen Pazifischen Ozean, und entlang der Nord-Süd-Achse des Bildschirms können wir Nordamerika ... Alaska, die Vereinigten Staaten, Kanada, Mexiko ... und Mittelamerika sehen. Südamerika wird allmählich unsichtbar, da es sich im Terminator befindet oder innerhalb des Schattens. Wir können die Aleuten in definitiver bläulicher Tönung sehen, mit weißen Bändern größerer Wolkenformationen quer über der Erde. Und wir erkennen die Küstenlinien und können die westlichen Vereinigten Staaten, das San-Joaquin-Tal, die Sierra-Gebirgsketten und die Halbinsel von Niederkalifornien ausmachen und die Wolkenformationen über dem südöstlichen Teil der US. Eine klar abgezeichnete milde Sturmzone liegt am Südrand des Bildschirms entlang des Äquators auf der Südhälfte – bei 4 bis 5 Grad südlicher Breite …«

Später berichtet Armstrong über die Farben der Erde aus 239 000 km Entfernung, als sich Charly Duke über die graue Färbung der Kontinente wundert: »Es stimmt, dass wir aus dieser Entfernung nicht die Tiefe der Farben haben, an der wir uns von 90 000 km aus erfreuen konnten. Nichtsdestoweniger sind die Ozeane noch immer von klarem Blau, und die Kontinente haben im Allgemeinen überall einen bräunlichen Stich. Es stimmt, dass sie jetzt mehr dem Grau zu tendieren, als sie es aus geringerer Entfernung getan haben.«

Capcom Duke: »Ah, roger, Eleven.«

Armstrong: »Okay, Welt, halt deinen Hut fest! Ich werde dich jetzt auf den Kopf stellen.«

Damit nimmt er die TV-Kamera aus ihrer Halterung am Fenster, dreht sie langsam um 360 Grad, sodass der Nordpol der Erde – zuerst oben im Bild sichtbar – nach unten wandert und dann wieder auf der anderen Seite nach oben, bis die Erde von Neuem »richtig herum« auf den Bildschirmen zu sehen ist.

Armstrong: »Unglücklicherweise haben wir nur ein Fenster hier, aus dem die Erde zur Zeit zu sehen ist, und das ist jetzt von der Fernsehkamera völlig ausgefüllt. Vermutlich ist euer Bild im Augenblick besser als unser Bild hier.« Die Besatzung sieht die Erde nur auf dem kleinen Monitorschirm ihrer TV-Colorkamera.

Duke: »Ah, roger. We copy.«

Um 19.45 Uhr, nach 13 Minuten, stellt Armstrong die Kamera auf Innenaufnahme um und beginnt Szenen aus dem Inneren der Kabine zu übertragen. Buzz Aldrin ist der Kameramann, und sein erstes »Opfer« ist ein entspannt und erfrischt aussehender Mike Collins, der langsam vor der Schaltkonsole seines Schiffes auf und ab schwebt und den schwerelosen Zustand anscheinend nicht so ganz mag.

Mike Collins: »Wir haben es hier oben sehr gemütlich – ein fröhliches Heim. Es gibt genügend Raum für uns drei, und ich glaube, jeder von uns ist gerade dabei, seinen eigenen kleinen Vorzugswinkel zu finden, in dem er sich niederlassen kann. Dieses Null-G (Schwerelosigkeit) ist sehr angenehm, aber nach einer Weile kommt man zu dem Punkt, an dem man randvoll genug davon hat, immer nur herumzurollen und gegen die Decke, den Fußboden und die Seitenwände zu stoßen. Man ist deshalb bald bestrebt, irgendwo eine kleine Ecke zu finden, in der man seine Knie unters Kinn ziehen kann, oder so etwas Ähnliches, und sich fest einstemmt. So scheint man sich dann doch mehr zu Hause zu fühlen.«

Die Farben des Fernsehbildes sind ausgezeichnet. Man sieht das fluoreszierende Grün der Leuchtsignale auf den Konsolen und die gelb blinkenden Drucktasten des Computers. Das Bild ist so scharf und deutlich, dass man die augenblickliche Uhrzeit (weniger 10–11 Sekunden Übertragungsverzögerung) auf dem elektronischen Leuchtzählwerk des Computers erkennt: Es ist genau 34 Stunden und 17 Minuten Bordzeit, und die Sekunden, die ständig hinzugezählt werden, sind klar erkennbar. Man kann seine eigene Uhr nach dieser 239 000 km entfernten Borduhr stellen, die vermutlich genauer geht als die meisten irdischen Uhren. Dass sie nach der Einstein'-schen Relativitätstheorie auch ein wenig langsamer geht als die Erduhren, macht sich bei der »geringen« Reisegeschwindigkeit der Apollo 11 nicht bemerkbar.

Später schwenkt die Kamera zu Buzz Aldrins Sternkarten, mit denen er gerade gearbeitet hat. Sie dienen zur Zeit als Sonnenblenden und sind über das rechte Fenster, Luke Nr. 5, gespannt, sodass sie von der Sonne von hinten beschienen werden. Die Sonne leuchtet durch die weißen Sterne und Markierungslinien hindurch, sodass die Gestirne in ihrer Transparenz eigenes Leben und physikalische Realität bekommen und wie in der wirklichen Natur zu strahlen scheinen – ein sehr eindrucksvoller Effekt. Die Konstellationen und die Ekliptik sind deutlich zu sehen, als Buzz die Sternkarten erklärt. Sie wurden vor dem Start sehr sorgfältig ausgearbeitet und mussten genau auf die geplante Flugbahn und Startzeit abgestellt werden, um mit dem tatsächlichen Flugablauf »in Phase« zu bleiben.

Später übernimmt Neil die TV-Kamera, während Buzz vor den Schalttafeln Streckübungen und Klimmzüge in der Schwerelosigkeit demonstriert.

Auch die Speisekammer führen die Mondfahrer den Zuschauern auf der Erde vor. Mike Collins entfernt einen mit Druckknöpfen befestigten Tuchverschluss im unteren Geräteraum und leuchtet mit einer Stablampe in den geöffneten Stauraum. Stapelweise liegen da die Plastikpäckchen mit tiefgefrosttrockneten Speisen.

Charles Duke, der Capcom: »Eleven, Houston. We see a boxful of beauties there. Over.«

Collins: »Charly, wir haben alle möglichen feinen Sachen hier. Hier oben zur Linken haben wir Kaffee und diverse Frühstücksgänge, Speck, kleine Happen und Getränke wie Fruchtsaft. Weiter unten in der Mitte gibt es … oh, eine ganze Auswahl von Dingen. Ich werde mal eines herausziehen und nachsehen, was es ist.«

Capcom: »Rog!«

Collins: »Ob ihr's glaubt oder nicht – was ihr hier seht, ist Hühnerfrikassee! Alles, was man zu tun hat, ist, drei Unzen (88,7 cm³) heißes Wasser hinzuzufügen und fünf bis zehn Minuten lang zu warten. Unser heißes Wasser zapfen wir uns von einem kleinen Hahn hier oben, der einen Filter zum Herausfiltern aller etwaigen Gase im Trinkwasser enthält. Wir brauchen bloß das Ende dieses Röhrchens in den Zapfhahn zu stecken und den Abzug dreimal für drei Unzen Heißwasser durchzudrücken und dann zu verkneten. Da habt ihr's, herrliches Hühnerfrikassee!«

Charly Duke: »Es klingt köstlich.«

Collins: »Bis jetzt war's auch ganz gut. Wir könnten damit nicht zufriedener sein.«

Duke: »Die Ärzte lassen dir dafür Dankeschön sagen.«

Weitere Aufnahmen der Konsolen und der Computertastatur folgen. Den Abschluss bilden Nahaufnahmen des Bordwappens der Apollo 11, das die Männer an der linken Brust tragen: Der Adler mit dem Ölzweig bei der Landung auf dem Mond. Die Auswahl dieser Bordabzeichen, die für jeden Flug neu entworfen werden, ist ein besonderes Vorrecht der jeweiligen Besatzung.

Um 20.07 Uhr, nach rund 35 Minuten, beendet Neil Armstrong die Sendung, indem er die Kamera ein letztes Mal mit sechsfach vergrößernder Gummilinse auf die Erde richtet und die blaue, wolkengefleckte Kugel dann langsam in die Ferne entschwinden lässt.

Duke: »Roger, Apollo 11. Thank you very much for the show. It has been a real good half hour! Appreciated it. Out.«

Es ist 22.32 Uhr am Donnerstag, den 17. Juli, als bei einer Bordzeit von 37 Stunden eine weitere zehnstündige Ruhe- und Schlafperiode für die Mondfahrer beginnt. Das Raumschiff befindet sich jetzt 250 000 km von seinem Heimatplaneten entfernt, der auf die Größe eines Apfels zusammengeschrumpft ist. Erde und Mond erscheinen aus dieser Entfernung von gleicher Größe.

Am nächsten Tag um 13.30 Uhr ist die Entfernung des Raumfahrzeugs auf 312 300 km angewachsen, die Geschwindigkeit jedoch auf 1020 m/sec abgefallen. Bordzeit: 51h 58m.

Am Nachmittag wird der Druck in der Kabine langsam von 0,34 at auf 0,38 at erhöht. Es ist 17.40 Uhr, 56 Stunden und acht Minuten nach dem Start in Cape Kennedy, als Astronaut Mike Collins zum Kriechtunnel zwischen den beiden Raumfahrzeugen emporschwebt, das Druckausgleichventil öffnet, den Lukendeckel entfernt und die Kupplungssonde des Mutterschiffs abzumontieren beginnt, nachdem er die Riegelbolzen auf ihren sicheren Sitz geprüft hat. Die Vorrichtung wiegt auf der Erde 37 Kilogramm, ist jetzt jedoch gewichtslos, wie Collins selbst, und kann von ihm mühelos aus dem Tunnel herausgezogen, an Aldrin zurückgereicht und von diesem in einem Schutzbeutel aus Glasfasertuch unter der Mittelcouch verstaut werden.

Als die Sondenvorrichtung aus dem Weg geräumt ist, schiebt sich Collins weiter in den mit Fluoreszenzröhren erleuchteten Tunnel hinein und löst den Fangtrichter von 9 kg Erdgewicht. Nachdem er auch ihn an seinen Kameraden weitergereicht hat, der ihn ebenfalls unter der Mittelcouch verstaut, öffnet Astronaut Buzz Aldrin den Lukendeckel der Mondfähre und schiebt sich vollends durch den Tunnel in die Kabine des Landungsfahrzeugs.

Der gesamte Vorgang des Druckausgleichs, des Öffnens des Tunneldurchgangs und des Überwechselns Aldrins vom Mutterschiff zur »Adler«-Kabine wird von Armstrongs Color-TV-Kamera aufgenommen und »live« zur Erde gesendet, beginnend bei 55h 08m. Es ist die vierte Fernsehsendung von der Apollo 11. Bereits zwei Stunden zuvor war in Houston die Raumlageorientierung ausgerechnet worden, die das Raumschiff für das jetzt stattfindende Manöver einnehmen musste, um nicht nur die Richtantenne zum Zweck der TV-Übertragung auf die Erde gerichtet zu halten, sondern gleichzeitig auch den Stand der Sonne und den Einfall des Sonnenlichts dergestalt einzusteuern, dass die für die Farbaufnahmen nötige Beleuchtung der »Adler«-Kabine durch den Sonnenschein geliefert wurde.

Als Collins den ersten Lukendeckel zum Tunnel öffnet, schaltet sich automatisch die Beleuchtung des Tunnels ein.

Collins: »Das ist ja ein Ding hier! Wenn wir die Klappe öffnen, wartet es hier draußen auf uns und schaltet die Lampen an.«

Charly Duke, der Capcom: »Na so was! Grad' wie im Kühlschrank!«

Es ist Aldrins erster Ausflug in den »Eagle«, um 17.47 Uhr, Bordzeit 56h 15m.

Dr. Edwin E. Aldrin, der Pilot der Mondlandefähre und Systemingenieur des Mutterschiffs während der Flugphasen Erde-Mond und Mond-Erde, ist Offizier der US-Luftwaffe im Rang eines Obersten. Der Ansatz seines schütteren hellblonden Haares ist an den Stirnecken und auf dem Scheitel weit zurückgewichen und gibt eine hohe, kahle Stirn mit tiefen Geheimratsecken frei, unter der blaue Augen in einem ausdrucksvollen, sehnigen Gesicht abschätzend und immer etwas skeptisch in die Welt blicken. Etwa 1,77 Meter groß, ist er von untersetztem, außerordentlich kraftvollem Körperbau, dem man das athletische Trai-

Buzz Aldrin und seine Familie vor dem Mondflug: Ehefrau Joan, Söhne James und Andrew, Tochter Janice und Meerschweinchen Susi.

ning des NASA-Astronauten und seine Vorliebe für Stabhochsprung ansieht. »Buzz«, wie er von seinen Kameraden genannt wird, ist am 20. Januar 1930 in Montclair im US-Staat New Jersey geboren und in Montclair in die Volksschule gegangen. Da er wie bereits sein Vater Flieger werden möchte, tritt er nach dem Schulabschluss in die Militärakademie von West Point ein, die ihm 1951 den akademischen Grad eines »Bachelor of Science« verleiht, wobei er in der Gesamtbewertung seiner Klasse unter 475 Kadetten als Dritter abschneidet.

Nach der Flugausbildung erhält er ein Jahr später in Bryan, Texas, seine Schwingen und fliegt anschließend als Mitglied des 51. Abfangjägergeschwaders insgesamt 66 Kampfeinsätze in einer F-86 an der koreanischen Front, wobei er den Abschuss zweier MIG-Jäger verbuchen kann. Später dient er am Luftwaffenstützpunkt Nellis in Nevada als Luftkampfausbilder und wird nach einem Schulungskurs im Fliegerhorst Maxwell in Alabama als Staffelführer mit dem 36. Taktischen Jäger-Geschwader nach Bitburg in der Eifel verlegt, wo er die F-100 fliegt.

In den darauf folgenden Jahren kehrt Ed Aldrin im Auftrag der Air Force in die akademische Welt zurück und studiert am Massachusetts Institute of Technology (MIT), um 1963 mit einer Dissertation über bemannte Orbitrendezvous-Technik zu promovieren und den Titel eines Doktors der Wissenschaften zu erhalten. 1967 wird er außerdem mit einem Ehrendoktortitel gewürdigt, den ihm das Gustavus-Adolphus-College verleiht.

Aldrin, der insgesamt etwa 3500 Flugstunden gesammelt hat, davon 2853 Stunden auf Düsenmaschinen und 139 Stunden in Hubschraubern, wird 1963 von der NASA für die dritte Astronautengruppe ausgewählt, nachdem ihn die US-Luftwaffe nach Houston zum Manned Spacecraft Center abgestellt hat. Am 11. November 1966 startet er mit Astronaut James Lovell zum viertägigen Flug der Gemini 12, in dessen Verlauf er über fünfeinhalb Stunden lang außerhalb der Kabine im Weltraum zubringt.

Buzz ist verheiratet und Vater dreier Kinder, von denen Sohn Andrew elf Jahre, Tochter Janice zwölf und Sohn Michael 14 Jahre alt sind. Als Air-Force-Colonel verdient Buzz Aldrin im Jahr 18 622 Dollar.

Bei einer Bordzeit von 56h 20m folgt Neil Armstrong seinem Bordkameraden nach. Die beiden Astronauten verbringen etwa 95 Minuten in der engen Kabine der Landefähre, in der sie bald zum Boden des Mondes hinunterreiten werden, und vergewissern sich, dass die zuvor unter Strom gesetzten Bordsysteme und Heizanlagen vorschriftsmäßig funktionieren und dass der »Adler« durch den Start und den Aufstieg der Saturn V keinen Schaden erlitten hat.

Auf den Farbbildschirmen der fernen Erde sehen unzählige Zuschauer das Innere des »Adlers« und die beiden Astronauten gestochen scharf und in guten, satten Farben. Armstrong und Aldrin bewegen sich so ruhig und selbstverständlich, als befänden sie sich in einem Simulator in Houston. Buzz trägt eine Sonnenbrille gegen das helle Licht, das durch die beiden Dreiecksluken hereinfällt, als er von jedem Fenster einen Blendschutz entfernt und die Plastikabdeckungen in einem Beutel aus Glasfasertuch an der Decke verstaut. Er arbeitet außerordentlich ruhig, bedächtig und wohlüberlegt. Da sitzt jeder Handgriff. Die Kamera, nur leicht befestigt, schwebt währenddessen frei im hinteren Teil des »Adlers«, und ihr langes Kabel reicht durch den Kriechgang in die Kabine der »Columbia« zurück.

Danach kehrt Buzz Aldrin als Erster ins Mutterschiff zurück, sieben Minuten später gefolgt von Armstrong, der den Lukendeckel zum »Eagle« verschließt, worauf Mike Collins nacheinander den Fangtrichter und den Sonden- und Verschlussmechanismus der Kupplung wieder einbaut, die ihm von Aldrin gereicht werden. Die TV-Kamera zeigt nun wieder das Bild der fernen Erde, die seit der Sendung vom Tag zuvor sichtlich kleiner geworden ist.

Es ist 19.32 Uhr, 58 Stunden nach dem Start, als der fast zweistündige, fotografisch und fernsehtechnisch festgehaltene Ausflug in das Mondlandegerät zu Ende geht und für die Besatzung der Apollo 11 wiederum die relativ passive Tätigkeit des Essens, Ruhens, Schlafens und Überwachens der Bordsysteme auf dem Flugplan steht.

Die gesamte vierte TV-Übertragung hat eine Stunde und 36 Minuten gedauert. Während dieser Zeit hat sich die Apollo 11 ihrem Ziel um weitere 3700 km genähert. Sie ist jetzt 320 000 km von der Erde entfernt.

Vor dem Schlafengehen teilt der Capcom in Houston dem Kommandanten mit, dass die Flugkontrolleure in der Kontrollzentrale gerade dabei wären, einen »Mond-Käse« zu probieren, der ihnen aus Wapakoneta, Ohio, Armstrongs vor Stolz fast berstendem Heimatort, zugeschickt worden sei: »Wir haben hier alle in unserer Arbeit eine kleine Ruhepause eingelegt, um an etwas ›Mond-Käse‹ zu knabbern, der uns direkt aus Wapakoneta zugesandt worden ist.« Er kann das Indianerwort nicht richtig aussprechen und ruft damit allgemeine Heiterkeit hervor.

Armstrong lacht und entgegnet dann knapp: »Bei uns zu Hause kann man das auch nicht richtig aussprechen. Ich glaube, er wird euch schmecken. Es ist eine gute Käsemarke.«

Zum Schlafen ziehen sich zwei der drei Raumfahrer in hängemattenähnliche Schlafsäcke aus Glasfasergewebe zurück, die dicht unter den beiden äußeren Liegesitzen mit zwei Längsgurten zwischen den LiOH-Kanistern einerseits und der Kabinenwand am anderen Ende befestigt sind. Der dritte Crewman schläft auf der linken Couch.

Dritter und vierter Reisetag

Über Länder und Meere

>»Madrid AOS! Madrid AOS!«

Es ist Samstag, der 19. Juli. Fast drei ganze Tage sind seit dem Start der Saturn V/506 in Cape Kennedy verstrichen.

Die Welt verfolgt den Flug der Apollo 11 mit steigender Spannung. Die Moskauer Presse nimmt in ihrer Bewunderung der drei Sendboten der Erde kein Blatt mehr vor den Mund. Neil Armstrong, dazu bestimmt, der erste Mensch auf dem Mond zu sein, nennt sie den »Zar der Astronauten«.

Als die Flugleitzentrale am Samstagvormittag den Kommandanten sprechen will, meldet sich statt dessen Mike Collins und entschuldigt Armstrong.

Collins an Zentrale: »Der Zar ist nicht zu sprechen. Er putzt sich gerade die Zähne!«

Um 7.32 Uhr morgens, Bordzeit 70h, beträgt die Entfernung zur Erde 370 400 km.

Um 8.30 Uhr ist für die Besatzung die Zeit gekommen, eine gründliche Überprüfung und Erprobung der Bordsysteme in Angriff zu nehmen, die dem Schubmanöver am Mond vorausgehen müssen.

Collins hat schon vor Stunden die in Houston errechneten Bahndaten für das »Lunar Orbit Insertion« (LOI)-Manöver per Funksprechverbindung aufgenommen, in sein Formular eingetragen und mit den in den Computer durch Fernkommando eingegebenen Daten verglichen. Weitere Zahlenkolonnen werden vom Capcom in endlos scheinender Folge »herauf«-diktiert und von Buzz Aldrin aufgezeichnet. Sie beziehen sich auf zwei mögliche Mondfluchtmanöver, TEI_1 und TEI_4, die von den endgültig erreichten Daten der Mondumlaufbahn abhängen, um auf alle Eventualitäten vorbereitet zu sein. Aldrin liest die Zahlen nach beendetem Diktat zurück.

Capcom Bruce McCandless: »Eleven, this is Houston. Readback correct. Out.«

Dann folgen die Bahndaten für den ersten Umlauf um den Mond.

Neil Armstrong, der Kommandant, überprüft währenddessen die Alarm- und Warnanlage, die Fluglagenraketen am Maschinenteil und Kommandoteil, die Bordstromanlage, das Lebenserhaltungssystem und vor allem die Haupttriebwerksanlage, die das Schubmanöver auszuführen hat.

Mike Collins nimmt seinerseits die Neujustierung der Bezugsplattform vor. Um

8.50 Uhr, bei 71h 18m Bordzeit, tritt die Apollo 11 in den Kernschatten des Mondes ein, und die Raumschiffbesatzung kann zum ersten Mal das Firmament tiefschwarz und sternenübersät sehen. Zweieinhalb Stunden später, um 11.24 Uhr mittags, verlässt sie den Mondschatten wieder.

Um 11.40 Uhr, Bordzeit 74h 08m, ist die Apollo 11 nur noch 8550 km vom Mond entfernt und hat ihre Reisegeschwindigkeit auf 1440 m/sec erhöht. Es sind noch eine Stunde und 32 Minuten, bis das Raumschiff hinter dem Westrand des Erdtrabanten verschwindet, und eine Stunde und 41 Minuten bis zur Zündung des Raketenmotors zum Einfangmanöver.

Um 12.32 Uhr, nach 75h Flugdauer, beträgt die Entfernung zum Mond noch 4140 km, und die Geschwindigkeit 1680 m/sec; bis zum Signalschwund verbleiben 41 Minuten, bis zum LOI-Manöver 49 Minuten.

Etwa 20 Minuten vor LOI steuert Collins das Raumschiff in die für das Manöver nötige Fluglage, die so berechnet ist, dass das Triebwerk bei Erreichen des Zündzeitpunktes in Fahrtrichtung weist.

Die Vorbereitungen haben fast fünf Stunden in Anspruch genommen. Es sind Stunden angestrengter Tätigkeit und angespannter Nerven sowohl in der Flugleitzentrale als auch an Bord des Kommandomoduls »Columbia«. Die kleinste Unaufmerksamkeit, das geringste Versehen beim Durchexerzieren der Checklisten kann die Genauigkeit und Funktion des bevorstehenden Schubmanövers beeinträchtigen und den Unterschied zwischen Erfolg und Abbruch des Unternehmens, zwischen Triumph und Niederlage, zwischen Leben und Tod ausmachen. Doch die Möglichkeit eines menschlichen Irrtums ist so weit wie irgend möglich einkalkuliert, und die kritischen Tests werden doppelt und dreifach durchgeführt. Die Telemetriekanäle vermitteln den Flugkontrolleuren in Houston ein genaues Bild der Betriebszustände an Bord des über 380 000 km entfernten Raumschiffs – ein besseres, umfassenderes Bild, als es die Astronauten selbst haben. Alle Messwerte sind normal.

Zwischen der Apollo 11 und der Flugleitzentrale fliegen vereinzelte Funksprüche hin und her. Wie bei den Apollo-8- und Apollo-10-Flügen wird das Einfangmanöver auf der Rückseite des Mondes stattfinden, außerhalb des Empfangsbereichs der irdischen Radiostationen. Bevor die Westkante der Mondscheibe die Radiosignale von und zu der Bordantenne unterbrechen kann und »LOS« (Loss of Signal) eintritt, muss der Checkout der Bordanlagen beendet sein.

Um 12.47 Uhr ist die Entfernung auf 2800 km zusammengeschrumpft, die Geschwindigkeit auf 1810 m/sec angestiegen.

12.58 Uhr, Bordzeit 75h 26m: Entfernung vom Mond 1780 km, Geschwindigkeit 1980 m/sec. Es sind noch 15 Minuten bis zum Signalschwund und 23 bis zum Triebwerkstart.

13 Uhr (75h 28m): Flugdirektor Cliff Charlesworth befragt die Flugkontrolleure seines »grünen« Teams nach ihren Einzelauswertungen, um darauf die »Go/No Go«-Entscheidung für das Einfangmanöver zu stützen.

13.03 Uhr (75h 31m): Das »Go« wird erteilt.

Bruce McCandless: »Apollo 11, this is Houston. Over.«

Buzz Aldrin: »Roger, go ahead, Houston. Apollo 11.«

McCandless: »Ah, Elf, hier ist Houston. Ihr seid ›Go‹ für LOI.«

Aldrin: »Roger. ›Go‹ für LOI«

McCandless: »Und wir zeigen hier etwa 10 Minuten 30 Sekunden bis LOS.«

13.10 Uhr: Noch 3 Minuten bis LOS. Entfernung 788 km, Geschwindigkeit 2235 m/sec. Das Massengewicht des Raumschiffs beträgt zur Zeit 43 550 kg.

13.11 Uhr: Noch 2 Minuten.

13.12 Uhr: Noch 1 Minute.

Bruce McCandless: »Apollo 11, hier ist Houston. Eure Systeme sehen alle gut aus. Ihr geht jetzt um die Ecke; wir sehen euch auf der anderen Seite wieder. Over.«

Neil Armstrong: »Roger.« Eine Pause, dann fast gelangweilt: »Everything looks okay up here.«

McCandless: »Roger. Out.«

Der Signalschwund kommt um 13.13 Uhr, bei einer Bordzeit von 75 Stunden und 41 Minuten, als die Apollo 11 in einer Entfernung von 573 km in einer weiten Kurve um den Westrand des Mondes herumzieht und aus der Sicht der Honeysuckle-Station und der Erde verschwindet. Die Radiosignale bleiben aus, und aus den Lautsprechern der Flugleitzentrale und der in fiebernder Erwartung verharrenden Zuhörer und Zuschauer in aller Welt dringt nur noch das Rauschen des Weltraums und der S-Band-Elektronik.

Das Einfangmanöver LOI-1 ist auf 75 Stunden und 50 Minuten Bordzeit festgesetzt, als es in Cape Kennedy 13.20 Uhr ist. Die Apollo 11 befindet sich 148 km über dem Mond, in »Rückenlage« und rückwärts fliegend, als das 10-Tonnen-Triebwerk vom Bordcomputer gestartet wird, um fünf Minuten und 62,1 Sekunden lang zu brennen. Die Geschwindigkeit der »Columbia«-/»Eagle«-Kombination wird dadurch um 889 m/sec abgebremst, genug, um sie in eine Ellipsenbahn um den Mond einschwenken zu lassen, deren Tiefpunkt 111 km und deren Hochpunkt

Im Apollo Launch Control Center (hier bei Apollo 12) erfolgt der Countdown mit der Überwachung unzähliger Parameter durch die »Flight Controllers« (Startingenieure).

315 km von der Mondoberfläche entfernt sind. So jedenfalls sehen es die Manöver-daten vor. Doch hat das Manöver planmäßig stattgefunden?

Die rund 30 spannungsgeladenen Minuten des Wartens sollten für die Flugleiter in Houston nichts Neues sein. Sie haben das nervenaufreibende Ausharren und die schier endlose Zeit voll banger Erwartung schon bei den Flügen der Apollo 8 und Apollo 10 erlebt – und doch haben sich nur die Wenigsten so weit daran gewöhnt, dass sie dem immer wieder erlösenden und befreienden Ereignis des »AOS« (Acquisition of Signal), der Signalerfassung eines Apollo-Raumschiffs, ohne Beklemmung und Herzklopfen entgegensehen können.

Im Kontrollsaal ist es still geworden. Zwei Mitglieder der Apollo-11-Ersatzmann-schaft, Bill Anders und Jim Lovell von Apollo 8, haben sich Bruce McCandless an der Capcom-Konsole beigesellt. Fred Haise, der dritte Mann der zweiten Besatzung, folgt ihnen etwas später nach. Auch Donald »Deke« Slayton, der Chef der Astro-nauten, steht an McCandless' Kontrollpult. Der Zuschauerraum hinter dem Kontrollsaal, durch Glaswände von den plötzlich arbeitslosen, schweigend verhar-renden Flugkontrolleuren getrennt, beginnt sich zu füllen. Nur ausgewählten Persönlichkeiten ist der Zutritt zum Zuschauerraum gestattet. In der vordersten Sesselreihe sieht man die Astronauten Tom Stafford, John Glenn, Gene Cernan, Dave Scott, Al Worden und Jack Swighart.

Apollo-Kontrolle Houston: »Bei einem guten LOI-Brennmanöver sollte die Madrid-Station die Apollo 11 um 76h 15m 29s erfassen. Erfassungszeit für nicht stattgefundenes Manöver wäre 76h 05m 30s.«

Rund zehn Minuten vor dem vorausberechneten Zeitpunkt der Wiedererfassung breitet sich in Houston die erste Welle der Erleichterung aus. Keine Nachricht aus dem Weltraum bedeutet in diesem Fall eine gute Nachricht. Hätte das Brems-manöver auf der Rückseite des Mondes nicht eingesetzt, so wäre die Apollo 11 jetzt wieder um den Ostrand herum im Empfangsbereich der Radiostationen er-schienen.

Ein paar Flugkontrolleure sind aufgestanden und stehen an ihren Konsolen. Die meisten sitzen jedoch in ihren Sesseln und schweigen. Alles lauscht in die Kopf-hörer.

Die restlichen Minuten sind leichter zu ertragen. Und dann ist es plötzlich nur noch eine Minute bis AOS.

Noch 45 Sekunden bis AOS!

35 Sekunden.

30 Sekunden.

20 Sekunden.

10 Sekunden.

Totenstille in der Flugzentrale.

»Madrid AOS! Madrid AOS!« Eine jubelnde Stimme ruft es im Kontrollsaal, meldet es über das dichtverzweigte Nachrichtennetz in alle Welt. Madrid-Fresnedilla hat die Trägerwelle des Raumschiffs erfasst.

Apollo-Kontrolle Houston: »Telemetrie zeigt, dass die Besatzung an den Richtwinkeln der Richtantenne arbeitet, um sie in Einsatz zu bringen.«

Durch das Rauschen des Weltraums kommen die Stimmen schwach, kaum verständlich. Noch ist nur die Rundstrahlantenne aktiv.

Apollo 11: »Houston, Apollo 11.«

Capcom: »Apollo 11, Apollo 11, this is Houston. Can you read me? Go ahead. «

Später, als die Radioverbindung auf dem S-Band über den Richtstrahler läuft und der Rauschpegel nicht länger stört, gibt Mike Collins die Brenndaten des Manövers durch. Zündzeit: Auf die Zehntelsekunde genau wie geplant. Brenndauer: 5 Minuten 57 Sekunden.

Collins: »It was like perfect!«

Das Raumschiff hat jetzt, nach dem Manöver, ein Gesamtmassengewicht von 32 660 kg.

Bruce McCandless: »Vorläufige Ortungsdaten für die ersten paar Minuten zeigen euch in einem 114 km x 314 km-Orbit. Over.«

Collins: »Ah, roger.«

McCandless: »Und Jim hier grinst.«

Jim Lovell war der Navigator der Apollo 8 gewesen, der ebenfalls einen nahezu perfekten Orbit »hingelegt« hatte.

Die Apollo 11 erscheint am Ostrand des Erdtrabanten, der Erde ihre Breitseite zuwendend, und die Sichtluken in Richtung Erde gekehrt. Kurz vor dem Beginn der Sprechverbindung hat Mike Collins sie langsam um 180 Grad um ihre Längsachse gerollt, sodass die Besatzung wieder mit den Köpfen nach »unten«, zum Mond hin gerichtet sitzt und die S-Band-Antenne der Erde zugewendet ist. Die Bodenstation in Madrid hat das Schiff erfasst und mit einem Abfragesignal das Datenspeichergerät an Bord ausgelöst, das automatisch die auf der Rückseite des Mondes gespeicherten Manöverwerte »ausschüttet«. Die technische Auswertung des Manöver-»Dump« durch die Flugkontrolleure nimmt unverzüglich ihren Anfang, während Mike Collins noch den Manöverbericht durchgibt.

Um 14.08 Uhr teilt Neil Armstrong der Bodenstation mit knappen Worten seine ersten Eindrücke vom Mond aus 235 km Höhe mit. Auf den ersten Blick sieht die Landschaft unter ihm fast genau wie in den Fernsehsendungen der Apollo 10 aus. Doch dann macht sich für den Kommandanten ein Unterschied bemerkbar, der Unterschied zwischen einem »wirklichen Fußballspiel und einer Fernsehübertragung eines Fußballspiels«, der Unterschied zwischen dem Abbild und der lebendigen Wirklichkeit.

Kurz vor 16 Uhr greift Neil Armstrong wieder zur TV-Kamera, und um 15.56 Uhr, Bordzeit 78h 24m, beginnt die fünfte Fernsehsendung von der Apollo 11 mit einer atemberaubenden Ansicht des Mondes östlich des Smyth-Meeres. Die Farben, bräunliche Gelbtöne, verleihen dem Bild eine Tiefenwirkung, die einem beim ersten Betrachten den Atem verschlägt. Da können Schwarz-Weiß-Bilder wie bei Apollo 8 nicht mithalten. Gestochen scharf zieht die Mondoberfläche jetzt etwa 189 km unter dem Raumschiff von Westen nach Osten, während Buzz Aldrin mit gesetzten Worten und wohlerwogener Bedachtsamkeit eine erste geologische Beschreibung liefert.

Ein technischer Report wird dann von Mike Collins abgegeben, während die Fernsehkamera mit ihrer sechsfachen Vergrößerung die Gebirgsketten und Krater heranholt. Mike diskutiert mehrere Minuten lang mit Bruce McCandless die Schwerkrafteffekte des Mondes auf die »Columbia«/»Eagle«-Raumschiffkombination, die nach jeder von Mike mit dem Lageregelsystem vorgenommenen Stabilisierung »von selbst« in langsamer Rotationsbewegung zu wandern beginnt, wobei die Mondlandefähre nach »unten«, zum Mond hin tendiert. Ein Flugkontrolleur bemerkt trocken, dass sie ja mit diesem Ziel gebaut worden sei. Der ganze Effekt, der durch »Mascons«, Massekonzentrationen im Mondinneren, verursacht sein könnte, ist nicht weiter von Bedeutung, doch ärgert sich Collins natürlich etwas über den ein wenig erhöhten Treibstoffverbrauch, den die Lageregelung notwendig machen könnte.

Capcom: »Apollo 11, Houston. Unsere Bahnparameter zeigen euch im Augenblick in einer Höhe von 193 km, in einem Orbit mit 315 km Apoluneum und 113,5 km Periluneum.«

Etwas später meldet sich Capcom McCandless wieder: »Okay, Elf. Hier spricht Houston. Wir haben jetzt ein ausgezeichnetes Bild von Langrenus mit seinem auffälligen Zentralkegel.«

Collins: »Das Meer der Fruchtbarkeit sieht mir nicht sehr fruchtbar aus. Ich weiß nicht, wer es so genannt hat.«

Aldrin: »Es könnte von einem Gentleman benannt worden sein, dessen Namen dieser Krater da trägt – Krater Langrenus. Langrenus war der Kartograf des Königs von Spanien, und er hat eine der frühesten vernünftigen Karten des Mondes angefertigt.«

Capcom: »Roger, das ist sehr interessant!«

Collins: »Ich muss zugeben, es klingt für unsere Zwecke besser als ›Meer der Krisen‹.«

Capcom: »Amen to that!«

Um 16.25 Uhr, bei 78h 53m, überschreitet die Apollo 11 den Terminator, und die Kamera nimmt nun die hell glühenden Bergspitzen entlang der Tag-Nacht-Grenze und die langen Schlagschatten des Morgens auf, während das Raumschiff mehr und mehr ins Dunkel der Nacht zieht. Die Landestelle im »Meer der Ruhe« liegt noch in der Dunkelheit des frühen Morgens, Ortszeit. Fünf Minuten später geht die TV-Sendung zu Ende. Es ist 16.30 Uhr, als Neil Armstrong die Kamera vor dem Ausschalten ein letztes Mal auf die nun am Horizont liegenden sonnenbeschienenen Hügelkämme richtet, die eine Durchschnittshöhe von 600 m haben.

Buzz Aldrin: »Und während der Mond langsam im Westen untergeht, verabschiedet sich die Apollo 11 von euch.«

Mit dem nächsten Schubmanöver, das für vier Stunden nach LOI-1 geplant ist und als Unterscheidung zum Einfangmanöver LOI-2 genannt wird, soll die Ellipsenbahn um den Mond auf eine angenähert kreisförmige Bahn von 100 km mal 122 km verändert werden. Der Triebwerkstart findet plangemäß um 17.43 Uhr auf der Rückseite des Mondes statt, nachdem die Besatzung die Bezugsplattform anhand der Peilsterne Antares, Nunki und Dabih justiert, Fotoaufnahmen gemacht und außerdem Gelegenheit zu einem Nickerchen gehabt hat. Die Bordzeit ist 80 Stunden, elf Minuten und 36 Sekunden, als der Raketenmotor unmittelbar vor Erreichen des Tiefpunktes von 113,5 km gestartet wird und innerhalb von rund 17 Sekunden die Reisegeschwindigkeit des Raumschiffs um 48,4 m/sec verringert.

Armstrong, Collins und Aldrin ziehen nun in ihrer »Columbia« in durchschnittlich 111 km Höhe über die Mondmeere und -kontinente. Auf der Nachtseite des Mondes ist der Schein der Halberde am Firmament so hell, dass die drei Astronauten aus ihren Kabinenfenstern die bizarren Landschaftszüge des Mondes, ja selbst kleinere Krater dreidimensional erkennen und danach navigieren können.

Erst wenn nach Sonnenuntergang für die Apollo 11 auch »Erduntergang« erfolgt, tritt für einige Minuten Dunkelheit auf dem Mond ein, die nur noch vom Sternenlicht gemildert wird. Der Mond-Tag dauert für die Apollo-11-Männer etwa 72 Minuten, die Mond-Nacht nur 46 Minuten.

Die Parkbahn der Apollo 11 zieht sich von Osten nach Westen über die Mond-scheibe und weicht kaum vom Äquator nach Nord oder Süd ab, da ihre Neigung gegenüber dem Mondäquator nur 1,25 Grad beträgt. Zehn Jahre zuvor noch wurden Osten und Westen auf Mondkarten im entgegengesetzten Sinn gebraucht wie auf der Erde. Die Richtungen Norden, Osten, Süden und Westen folgten entgegen dem Uhrzeigersinn aufeinander. Diese selenografische Konvention galt seit drei Jahrhunderten als Standard. Sie war durchaus logisch, da der Ostpunkt auf dem Mond in diesem System mit der Ostrichtung der Erde und des Firma-ments übereinstimmt, wenn der Betrachter, den Rücken der Erde zugewandt, zum Mond blickt.

Im Jahr 1961 beschloss die Internationale Astronomische Union, der Fachwelt den Vorschlag zu unterbreiten, dass astronautische Karten des Mondes fortan mit den Himmelsrichtungen auf irdischen Landkarten übereinstimmen sollten, d. h. Wes-ten links, Osten rechts und Norden oben. Die neue Betrachtungsweise bürgerte sich bei den Weltraumwissenschaftlern rasch ein, und heute benützt die Astronautik ausschließlich das neue System.

In diesem System ist die östliche Hälfte der Mondscheibe im Sonnenlicht und die Westhälfte im Dunkeln, wenn sich der Mond im ersten Viertel befindet. Für einen Astronauten auf der Mondoberfläche geht dann die Sonne im Osten auf und ver-schwindet im Westen wie auf der Erde. Außerdem zeigen astronautische Mond-karten heute durchweg den Nordpol oben und den Südpol unten, im Gegensatz zur Praxis vor noch wenigen Jahren, die der Ansicht der Mondscheibe im gewöhn-lichen (verkehrt herum abbildenden) Teleskop entsprach.

Für eine Umkreisung des Mondes benötigt die Apollo 11 in ihrer Flughöhe von durchschnittlich 111 km fast genau zwei Stunden, tatsächlich eine Stunde und 58,2 Minuten. Diese Periode ist um 20 bis 30 Minuten länger, als eine Umkreisung der Erde in einem Orbit unmittelbar außerhalb der Lufthülle dauern würde, obgleich der Umfang des Mondes nur ein Viertel des Erdumfangs beträgt. Das Schwerefeld des Mondes ist jedoch wesentlich schwächer als das der Erde – um 5/6 an der Ober-fläche –, und die Energie, die aufgebracht werden muss, um eine Umlaufbahn da-rin zu ermöglichen, braucht deshalb nicht so groß zu sein wie im Schwerefeld der Erde. Dadurch ist auch die Fortbewegungsgeschwindigkeit des Raumschiffs im Mondorbit geringer.

Pfadfinder, Vorboten und Fernaufklärer

>»Was wir da sehen, könnten Lavaströme sein!«

Wenn die Mondkarten von Armstrong, Collins und Aldrin ihren Landungsort in einem Detail wiedergeben, das ihnen ihre außerirdische Umgebung fast so vertraut macht, als wären sie schon einmal hier gewesen, so liegt das an der gewissenhaften Planung und Vorarbeit für das Unternehmen Apollo. In der Tat hat die Suche nach geeigneten Landestellen für die Apollo-Mondfähre schon Jahre vor der Landung begonnen.

Die Suche war dadurch kompliziert worden, dass zunächst nicht nur sehr wenig über den Mond und seine Oberflächenbeschaffenheit bekannt war, sondern dass auch die existierenden Theorien darüber einander aufs Äußerste widersprachen und die Verfechter dieser Theorien in der Regel hoch angesehene, eminente Gelehrte ihres Fachs waren und sind.

Auf dem Gebiet wissenschaftlicher Mondstudien unterscheidet man drei Hauptdisziplinen: die Selenografie, die Selenodäsie und die Selenologie. Selenografie ist das Studium der Oberflächenmerkmale des Mondes durch topografische Beschreibung, Kartografie und Fotografie. Selenodäsie ist ein Sammelbegriff für vermessungstechnische und größenbestimmende Studien des Mondes, wie z. B. die Untersuchung der Rotation und Libration des Mondes, die Bestimmung der Positionen der Oberflächenmerkmale und die Messung der Höhen, Durchmesser und Böschungswinkel dieser Charakteristiken. Mit Selenologie bezeichnet man schließlich das Studium des Werdegangs des Mondes, seiner Entstehung und Formwerdung im Rahmen der von den anderen Wissensdisziplinen gelieferten Daten und Informationen.

Zunächst hatten sich die Bemühungen der Selenografen um eine Deutung des Mondes zum Zweck der bemannten Landung auf die Auswertung von Fotografien der Mondoberfläche beschränkt, die mithilfe starker, doch erdgebundener Teleskope gewonnen worden waren.

Das optische Auflösungsvermögen bei der visuellen und fotografischen Beobachtung der Mondoberfläche mit Teleskopen genügt, um das topologische Relief des Mondes bis auf Bruchteile eines Kilometers genau zu zeigen. Der 24-Zoll-Refraktor auf dem Pic du Midi in Frankreich zum Beispiel kann unter günstigsten Sichtverhältnissen auf dem Mond Einzelheiten erkennen lassen, die nicht kleiner sind als 400 Meter. Mit dem großen 43-Zoll-Teleskop des Pic du Midi, einem Instru-

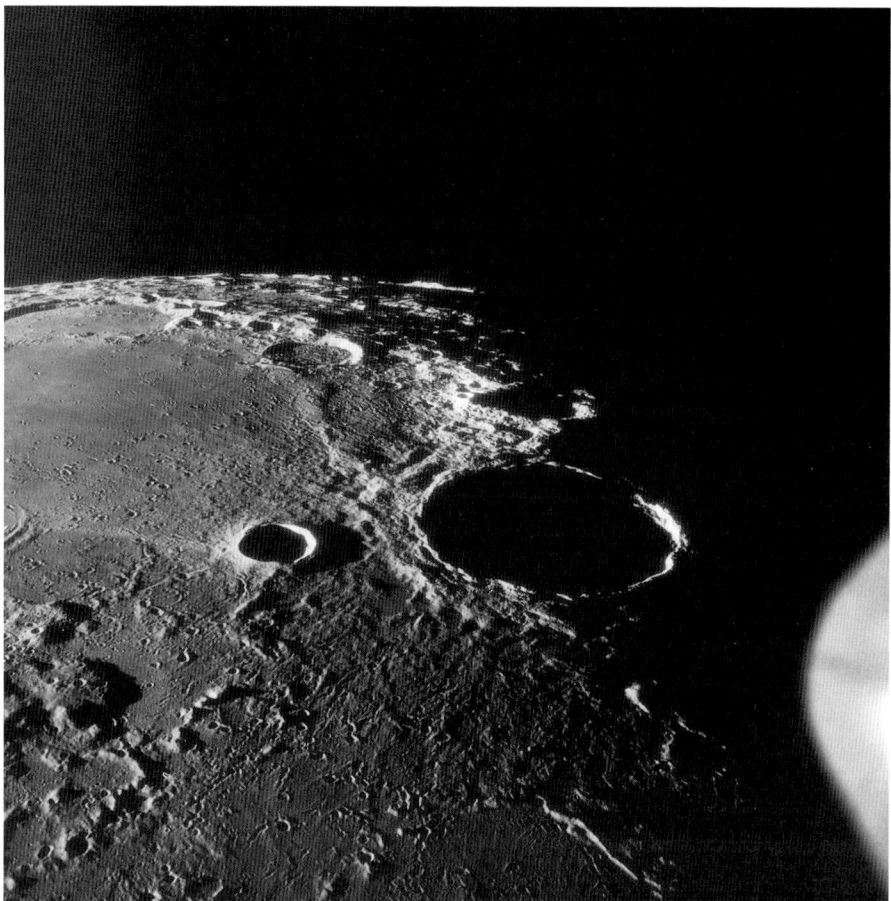

Am Nordwest-Rand des Mare Nectaris der große Krater Theophilus, ca. 96 km breit. Links (östlich) von ihm der Krater Mädler (22 km), darüber (südlich) Fracastorius und Beaumont.

ment mit einer Öffnung von etwas mehr als einem Meter, kann man diese Auflösungsgrenze auf rund 200 Meter herunterdrücken. Unterhalb dieser Grenze jedoch verschwimmen die Umrisse der Oberflächenmerkmale in einem milchigen Schleier, der auf einer Kombination von optischen Streuungsphänomenen, Korngröße der Fotoplatte und unstetigem Sehen beruht, und nur bei sehr tief stehender Sonne, die lange Schlagschatten wirft, kann man noch Unebenheiten sehen, die zehn- bis 100-mal kleiner sind, als es für die direkte Auflösung erforderlich wäre.

Im Bereich unterhalb der optischen Sehgrenze mussten sich alle erdgebundenen Studien der Struktur der Mondoberfläche auf indirekte Methoden beschränken, bei denen die Reflexion des Mondbodens für Strahlung verschiedener Wellenlängen, die Polarisierung des Mondlichts und die Wärmestrahlung des Mondes gemessen und interpretiert werden. Mit Radar und Laser sind neue Methoden hinzugekommen, mit denen die Feinstruktur der Mondoberfläche studiert werden kann. Besonders Radarmessungen im 10- bis 300-Zentimeter-Bereich zeigten schon 1962, dass die Mondoberfläche sanft gewellt, doch im Allgemeinen flach ist und dass im Durchschnitt nur etwa zehn Prozent der Oberfläche mit Trümmerstücken bedeckt sind, deren räumliche Ausdehnung kleiner ist als die Auflösungsgrenze des Mikrowellenstrahls (d. h. kleiner als 10 cm im Durchmesser). Da man jedoch nicht wusste, ob die Radarwellen tatsächlich von der eigentlichen Oberfläche des Mondes reflektiert worden waren oder ob sie vielleicht in diesen eingedrungen und erst von einer dielektrischen Schicht, d. h. einer Schicht geringer elektromagnetischer Absorption, in ungewisser Tiefe zurückgeworfen worden waren, konnte man diesen Fernmessungen nicht das hundertprozentige Vertrauen schenken, das zur Planung einer sicheren Mondlandung Voraussetzung war.

Angesichts dieser Beschränkung unseres Erkennungsvermögens von der Erdoberfläche aus war es den Apollo-Planern der NASA schon frühzeitig klar, dass die zur erfolgreichen Landung eines bemannten Geräts unerlässliche geologisch-topografische Erkundung der Landestelle aus viel geringerer Entfernung erfolgen musste. Besondere Sorgen machten die Ergebnisse der erwähnten Radarversuche und fotogrammetrischer Messungen der Lichtstreuung des Mondbodens, die auf ein weiches, lockeres Material von sehr geringer Dichte und einer nur im Vakuum und Schwerefeld des Mondes möglichen filigranartigen »Märchenschloss«-Struktur hindeuteten und eine Reihe von schwerwiegenden Fragen aufwarfen. War die Mondoberfläche von einer starken Staubschicht bedeckt, in der Mensch und Maschine auf Nimmerwiedersehen versinken würden? War der Mondboden brüchig, spröde, zu zerbrechlich, um dem Aufprall der Teleskopbeine des »Adlers« standzuhalten? War er zu dicht mit Miniaturkratern übersät, um eine aufrechte, weiche Landung des Raumfahrzeuges zu gewährleisten?

Nur entsprechend instrumentierte Robotsonden konnten auf diese Fragen Antwort verschaffen. Für die Apollo-Planer traf es sich äußerst günstig, dass andere Entwicklungsteams der NASA bereits in den Jahren 1960/61 zwei Mondlandeprogramme für unbemannte Raumsonden geplant und in Angriff genommen hatten, die zunächst rein wissenschaftlicher Forschung zugedacht waren und mit der Apollo-Mondlandung – im Mai 1961 von Präsident Kennedy zur nationalen Aufgabe erklärt – wenig zu tun hatten: Ranger und Surveyor. Man fackelte nicht lange.

Die beiden Projekte wurden umdirigiert und zu Pfadfindern Apollos gemacht. Ihre Hauptaufgabe wurde die Fernaufklärung des Mondes für bemannte Landungen. Nach einer wahren Unglücksserie von Fehlschüssen, während der zwei Robotsonden der Ranger-Familie zur Erde zurückfielen, zwei weitere auf dem Mond zerschellten und zwei andere auf und davon flogen, um künstliche Planetoiden der Sonne zu werden, brachte Ranger 7 endlich im Juli 1964 den gewünschten Erfolg. Vor dem Aufschlag auf den Mondboden übermittelte der Fotorobot 4308 Bilder zur Erde. Ranger 8 lieferte im Februar 1965 eine Ausbeute von 7137 Nahaufnahmen des Mondbodens, gefolgt von Ranger 9 im März 1965 mit 5814 Fotos.

Für die Astronomen, die in ihrer Suche nach einer Erklärung der Entstehung und allgemeinen Struktur der Mondoberfläche auf teleskopische Beobachtungen angewiesen gewesen waren, bedeutete diese Lawine detaillierter Daten den Anbruch einer neuen Ära in der Erforschung des Mondes.

Die Ranger-Nahaufnahmen waren alle von hoher Auflösung. Sie zeigten in erster Linie, dass die topografische Struktur des Mondbodens auch mit wachsendem Maßstab, d. h. aus näherer und nächster Entfernung im Wesentlichen unverändert bleibt. Selbst im kleinsten fotografierten Geviert sind noch Krater sichtbar, unzählige von ihnen nur Zentimeter oder gar Millimeter im Durchmesser. Die Auswertung der Ranger-Bilder ergab weiter, dass die Häufigkeit des Auftretens einer bestimmten Kratergröße umgekehrt proportional dem Quadrat des Kraterdurchmessers ist. Im Mare Tranquillitatis zum Beispiel, in welchem sich die Landestelle des »Adlers« befindet, gibt es auf 100 km^2 durchschnittlich nur einen Krater mit mehr als einem Kilometer Durchmesser, jedoch rund eine Million Krater von einem Meter Durchmesser oder weniger. Diese Zahlen zeigen auch, dass gerade das Mare Tranquillitatis eine verhältnismäßig glatte, ebene Fläche darstellt, die für die Landebeine der Mondfähre geeigneter erscheint als die Hangböschungen größerer Krater oder gar die zerklüfteten Gebiete der Gebirge und Hochlande.

Auch über den Ursprung der »Mini-Krater« verschafften die Nahaufnahmen der Ranger-Sonden Aufklärung: Die zahlreichen kleinen, kreisrunden und nicht sehr tiefen Krater, deren Verteilung auf den Fotos eine auffallende Regelmäßigkeit zeigt, sind in der Meinung der meisten Selenografen meteorischen Ursprungs, d. h., sie sind die Folgen eines Einschlags eines Meteors oder Planetoiden. Die Mehrzahl von ihnen sind ohne Zweifel primäre Einschlagkrater; andere, wie zum Beispiel solche, die von der Erde aus im Schleier der Auflösungsgrenze wie Rillen oder Strahlen ausgesehen hatten und sich nun als ganze Ketten oder »Perlenschnüre« zusammenhängender Kleinkrater entpuppten und die wie die Kraterfor-

mationen auf den vom Ringgebirge Tycho ausgehenden »Strahlen« mit einem großen Einschlagkessel in Zusammenhang stehen, können sekundär durch die nie-
derregnenden Bruchstücke des zerschmetterten Meteors und Mondbodens erzeugt
worden sein, oder laut Professor Zdenek Kopal gar nur, wie die erwähnten Tycho-
Formationen, durch plötzliche Senkungen und Einbrüche des Bodens als Folge
seismischer Beben, die vom Einschlagort des Meteors ausgegangen sind. Man
schätzt, dass zur Erzeugung des 90 km weiten Strahlenkraters Tycho eine Einschlag-
energie von rund zehn Trilliarden Meterkilogramm erforderlich gewesen ist – eine
Zahl, die das Begriffsvermögen bei Weitem übersteigt. Auch wenn nur ein einzi-
ges Prozent dieser Energie in seismische Wellen umgewandelt worden ist, muss das
Resultat ein Mondbeben von einer Gewalt gewesen sein, wie sie selbst das verhee-
rendste Erdbeben in der Geschichte der Menschheit nicht hervorgekehrt hat. Die
Aufschlaggeschwindigkeit des Supermeteors wird von Fachleuten auf etwa 30
km/s geschätzt. Tycho zeigt als Folge dieses kataklysmischen Geschehens ein Zen-
tralgebirge innerhalb seines runden Ringwalls und einen rauen Kraterboden.

Dass vulkanische Tätigkeit die kleinen Sekundärkrater erzeugt haben soll, erscheint vielen Fachleuten als kaum wahrscheinlich. Vulkanische Eruptionen aus
großer Tiefe können gewiss große, kreisförmige Krater- und Kesselformationen
hervorrufen, wie sie auch auf der Erde häufig anzutreffen sind, und zweifellos sind
zahlreiche der größeren Formationen dieser Art auf dem Mond auch so entstanden, doch lassen sich die Folgen eines Vulkanismus nicht proportional verkleinern
wie beim Einschlagphänomen. Eruptionen geringerer Ausmaße erzeugen nicht
automatisch entsprechend kleinere Krater, sondern eher Risse und Sprünge im
Boden, unregelmäßige Rillen und zusammengebrochene Vulkanschlote und Aus-
bläser oder »Lochkrater«.

Die Fotos zeigten den NASA-Auswertern deutlich, dass sich auf dem Mond im
Laufe der Jahrmillionen entgegen früheren Vermutungen keine Schicht kosmischen
Staubes angesammelt hat. Die Maria, deren Entstehung und Topografie eines der
größten Rätsel des Mondes dargestellt hatten, konnten den Bildern nach als Lavaströme oder Kombinationen mehrerer Lavaströme gedeutet werden. Allein im
Mare Imbrium konnten aus den Ranger-Fotos die Fließformen von sieben verschiedenen erstarrten Lavaflüssen identifiziert werden, die zwischen 20 und 200
Meter dick sind und Längen bis zu 200 km erreichen. Wie die glutflüssige Gesteins-
masse allerdings entstanden und dorthin gekommen ist, ist eine andere Frage, die
auch bei der Landung der Apollo-11-Astronauten noch umstritten ist. Darüber
wird etwas weiter unten noch mehr zu sagen sein.

Die Bilder belegten weiter, dass es auf dem Mond nur sehr wenige große Felsblöcke oder Gesteinsbrocken gibt. Den Wissenschaftlern, die unter Dr. Gerald
Kuiper von der Universität von Arizona in Tucson die Ranger-Fotos auswerteten,
schien dafür die Erklärung am plausibelsten, dass der Mondboden nicht genügend
stabil sein könnte, um darauffallende Steine zu tragen, wenn sie eine bestimmte
Masse und Aufprallgeschwindigkeit überschreiten.

Die Ranger-Fotos zeigten außerdem eine Mondlandschaft, die keine scharfen
Kanten und Ecken aufwies, sondern mehr wellige, abgerundete Züge hatte.
Obwohl eine vorher postulierte Schicht kosmischen Staubes nicht gefunden worden war, schien diese Beobachtung der Robotsonden nahezulegen, dass die
Mondoberfläche zumindest von einer feinkörnigen Pulver- und Geröllschicht
bedeckt ist. Es konnte nun kaum noch ein Zweifel daran bestehen, dass das
Antlitz des Mondes, wie das der Erde, im Laufe der Jahrmillionen in starkem Maß
von Erosionsprozessen geformt worden ist. Freies Wasser allerdings hatte daran
keinen Anteil gehabt, doch wird diese Ausschließung von manchen Selenografen
in Frage gestellt.

Während die drei erfolgreichen Ranger-Mondboten auf ihren »Kamikaze-Flügen«
insgesamt fast 18 000 Bilder zur Erde funkten und die Formationen der Mondoberfläche bis zu 2000 Mal schärfer auflösten als die besten Aufnahmen der irdischen
Teleskope, ergaben sich den Fachwissenschaftlern bei der Auswertung der Aufnahmen bald mehr neue Fragen, als sie Antworten auf alte erhielten. Ein wichtiger
Punkt für Neil Armstrong und Buzz Aldrin z. B. war die tatsächliche Dicke und
Tragfähigkeit der oberen Pulverschicht. Wie tief würden die Landebeine der
Mondfähre darin einsinken? Und könnte es Armstrong überhaupt wagen, den Fuß
auf den Mondboden zu setzen, ohne wie in Treibsand darin zu verschwinden? Nur
die sorgfältig beobachtete Landung eines ferngesteuerten Geräts unter ähnlichen
Verhältnissen konnte den Apollo-Konstrukteuren diese Fragen beantworten und
ihnen die Gewissheit verschaffen, dass ihr spinnenförmiger Mondlander, der immerhin bereits gebaut war, bei der Landung keine üblen Überraschungen erleben
würde. Glücklicherweise existierte bereits ein Entwicklungsprogramm, das auf
diese Mondlandeversuche umgestellt werden konnte: Surveyor.

Doch war es nicht einem dieser dreibeinigen Instrumententräger der NASA be-
schieden, als erster Robot eine weiche Landung auf dem Erdtrabanten auszuführen. Vier Monate vor dem ersten Surveyor-Flug landete der russische Mondbote
Luna 9 als erster von Menschenhand geschaffener Körper am 3. Februar 1966
weich auf dem Mond, nachdem vier vorherige Versuche, Luna 5 bis 8, misslungen

waren. Der Landeort des kugelförmigen Gerätes befand sich am Rande des Oceanus Procellarum, des »Ozeans der Stürme«, etwa 100 km vom Krater Cavalerius
entfernt. Luna 9 sandte Fernsehbilder und nahm Messungen der Radioaktivität des
Mondbodens vor. Man erfuhr, dass der Boden an der Landestelle von Luna 9 keine
Staubschicht hatte und eine Tragfähigkeit von etwa 10 kg/cm^2 besaß. Die Radioaktivität in Bodennähe war nur sehr gering. Andere Luna-Sonden der UdSSR fanden heraus, dass der Mond weder ein Magnetfeld noch Strahlungsgürtel wie die
Van-Allen-Gürtel der Erde besitzt, und dass die Häufigkeit von Mikrometeoriten
im cislunaren Raum relativ hoch ist.

Von insgesamt sieben amerikanischen Surveyor-Flügen gelang bei fünf eine
weiche Landung. Surveyor 1, am 2. Juni 1966, und Surveyor 3 (Nr. 2 zerschellte
steuerlos südöstlich von Kopernikus) landeten im Oceanus Procellarum, auf der
Westseite der sichtbaren Mondhälfte, der erste beim Krater Flamsteed, der andere
südwestlich des Kraters Lansberg. Zusammen funkten sie rund 17 500 Fotos zur
Erde.*

Surveyor 4 hatte Pech. Zweieinhalb Minuten vor der Landung verstummte plötzlich sein Radiosignal, und bis heute weiß man nicht, ob der dreibeinige Mondbote
sanft gelandet oder unrühmlich am Boden zerschellt ist. Surveyor 5 setzte im Mare
Tranquillitatis auf, dicht bei Armstrongs und Aldrins Landestelle, Surveyor 6 landete im Sinus Medii, fast genau im Zentrum der Mondscheibe, und Surveyor 7,
der letzte der Serie und der einzige, der nicht in den Apollo-Regionen auf der Höhe
des Äquators niederging, führte am Nordrand des Ringgebirges Tycho, auf der
Südhalbkugel des Mondes, in schwierigem Gelände eine halsbrecherische Landung
erfolgreich aus.

Die Surveyor-Sonden sendeten nicht nur Fernsehbilder der unmittelbaren Umgebung ihres Landeortes zur Erde, sondern untersuchten auch den Mondboden mit
ferngesteuerten Baggerschaufeln, kleinen Magneten und einem hutschachtelgro-
ßen »Chemielabor«, einem Alpha-Streustrahler, mit dem die Zusammensetzung
des Mondmaterials an Ort und Stelle analysiert werden konnte. Dieses diagnos-
tische Instrument befand sich an Bord von Surveyor 5, 6 und 7 und wurde auf
Fernkommando von der Erde an einem kleinen Kran auf den Mondboden nieder-
gelassen. Das zylinderförmige Gerät enthielt sechs Kapseln mit radioaktivem
Curium-242, die durch eine Öffnung im Boden des Zylinders die Mondoberflä-

---

* Surveyor 3 wird zwei Jahre und sieben Monate später, am 19.11.1969, von Charles Conrad und
Alan Bean, der Crew des Apollo-12-Landers »Intrepid«, besucht und inspiziert werden.

che mit Alphateilchen bombardierten. Ein Alphateilchen ist ein Heliumkern, d. h. ein Heliumatom, dem seine beiden normalerweise vorhandenen Hüllenelektronen abgestreift worden sind. Die Alphateilchen dringen bei der Bodenanalyse um zwei bis drei Hundertstel eines Millimeters in den Mondboden ein und werden entweder von den atomaren Teilchen der getroffenen schwereren Elemente in das Instrument zurückgeworfen, wo sie von zwei Alphateilchen-Detektoren aufgefangen werden, oder sie zertrümmern die Atome der leichteren Elemente, sodass deren Bruchstücke, Protonen, ins Instrument zurückgeschleudert werden, wo sie von vier großen Protonen-Detektoren registriert werden. Anhand der Energie und Zahl der eintreffenden Alphateilchen und Protonen lassen sich die getroffen Atome des Mondbodenmaterials und damit dessen Elemente identifizieren. Aus den Ergebnissen dieser radiochemischen Fernanalyse konnten die prozentualen Anteile der Elemente Kohlenstoff, Sauerstoff, Natrium, Magnesium, Aluminium, Silicium, einer Kaliumgruppe mit Phosphor, Schwefel, Kalium und Calcium, und einer Eisengruppe mit Chrom, Eisen, Kobalt und Nickel geschätzt werden. Es zeigte sich, dass das Mondmaterial offenbar nicht sonderlich exotisch ist, sondern für uns Erdenbürger beinahe als alltäglich gelten kann, auch wenn die Erde selbst weitaus weniger monoton zusammengesetzt zu sein scheint als der Mond: in seiner Komposition kommt der von den Surveyor-Sonden analysierte Mondboden unserem Basalt am nächsten. In den Maregebieten enthält das Gestein auffallend mehr Anteile der Elemente der schweren Eisengruppe als in den Festlandgebieten. Andererseits hat das Material in den Festlandgebieten (auch Terrae oder Kontinente genannt, in Analogie zu den »Meeren«) sowohl an als auch unter der Oberfläche eine höhere Albedo (Reflexionsvermögen für einfallendes Licht) als das der Maria, d. h., es ist heller.

Die Entdeckung, dass das Material des Mondbodens zumindest an der Oberfläche im Messbereich der Alpha-Streustrahler, vermutlich aber auch in größeren Tiefen basaltartig ist, stellte einen großen Teil der Selenografen und Selenologen vor ein Dilemma. Basalt und basaltähnliche Materialien sind auf der Erde durch Lavaströme, d. h. in vulkanisch-magmatischen Prozessen erzeugt worden, und es liegt nahe, dass man Gleiches für das Basaltgestein des Mondes annehmen sollte. Das aber würde bedeuten, dass Vulkanismus bei der Entstehung der Mondoberfläche eine sehr große Rolle gespielt hat und dass der Mond in seiner »Jugend« ein heißer, im Innern glutflüssiger Körper gewesen sein muss, es vielleicht sogar noch ist. Denn wenn die Lava, die die Maria geformt hat, aus dem Mondinneren gekommen ist, unabhängig von irgendwelchen Meteoreinschlägen oder Krater erzeugen-

»Hinter dem Mond«: Schrägansicht des Kraters Daedalus (früher Nr. 308), Durchmesser 80 km. Ein typisches Bild der zerklüfteten, von der Erde nie sichtbaren Mondrückseite.

den Vulkanausbrüchen, so muss dies vor nicht mehr als etwa zwei Milliarden Jahren geschehen sein. Seither kann sich das Mondinnere jedoch nicht sehr stark abgekühlt haben und müsste demnach auch heute noch heiß sein. Harold Urey, Professor für Chemie an der Universität von Kalifornien in San Diego, der 1934 für seine Entdeckung des Deuteriums den Nobelpreis für Chemie erhielt, und andere Fachwissenschaftler lehnen diese Auffassung entschieden ab. Ihrer Meinung nach war das Mondinnere schon immer kalt und starr – eine Ansicht, für die hauptsächlich die Tatsache zu sprechen scheint, dass die heutige Figur des Mondes ganz erheblich von der Gestalt abweicht, die ein im Inneren heißer und plastischer Weltkörper im Lauf der Zeit in seinem Drang nach innerem, isostatischem Gleichgewicht angenommen hätte. Ein weiteres Argument in diesem Sinn scheinen die Unregelmäßigkeiten in der inneren Masseverteilung des Mondes zu sein, die erst kürzlich entdeckt wurden und den Namen »Mascons« tragen.

Die Gegenhypothese, deren Hauptverfechter John O'Keefe vom Goddard-Raumflugzentrum der NASA war, der Entdecker der »Birnengestalt« der Erde, hält äußerst überzeugend dagegen, dass es fraglich sei, ob die heutige Gestalt des Mondes tatsächlich nur die Erklärung offen lässt, die Urey anführt, nämlich die des »kalten« Mondes. Schließlich, so folgert O'Keefe, könnte man das gleiche Argument auf die Erde anwenden, bei der die Ungleichheit der drei Trägheitsmomente und damit die Unregelmäßigkeit der Gestalt durchaus nicht mit dem Fehlen vulkanischer Tätigkeit erklärt werden kann, denn nach modernen Schätzungen befinden sich bis zu 1,5 Prozent des Erdmantels in schmelzflüssigem Zustand.

Die Diskrepanz zwischen den beiden Mondtheorien ist erheblich. Doch scheinen die Verfechter des »kalten« und des »heißen« Mondes wenigstens soweit einer Meinung zu sein, dass im Lauf der Entstehung des Mondes zumindest *etwas* Vulkanismus an der Bildung der Oberfläche mitgearbeitet haben muss. Die Fließformen ehemaliger Lavaströme auf den Mondfotos, die dunkel geränderten Lochkrater, die auf vulkanische Asche schließen lassen und von denen Ranger 9 gleich drei im Krater Alphonsus gefunden und die Apollo-10-Crew eine ganze Anzahl gesehen hat, wie auch die gestreckten Linienzüge und die thermischen Variationen der Mondoberfläche stellen diese Erkenntnis nahezu außer Frage.

Die genannten thermischen Variationen, die erstmalig von den Boeing-Wissenschaftlern Shorthill und Saari mithilfe eines 74-Zoll-Reflektors vom Helwan-Observatorium in Ägypten anlässlich der Mondfinsternis 1964 entdeckt worden waren, sind inzwischen von Bruce Murray von Caltech und anderen zu Hunderten gefunden und kartografisch registriert worden. Es handelt sich um Temperaturanomalien, wärmere Stellen auf der Nachtseite also, die auf der ganzen Mondoberfläche – soweit von der Erde aus sichtbar – verteilt sind, besonders aber an den Ringgebirgen Kopernikus und Tycho auftreten.

Untersuchungen des Mondbodens durch Messung der Radiostrahlung des Mondes im Wellenlängenbereich zwischen 3 und 70 cm durch Troitskiy und andere sowjetische Astronomen zeigten außerdem, dass die Temperatur des Mondbodens mit wachsender Tiefe ansteigt. Die Intensität der Radioemissionen in diesem Wellenlängenbereich ist abhängig von der Temperatur, und die effektive Tiefe des Mondbodens, von der die Strahlung ausgeht, ist etwa zwanzigmal so groß wie die Wellenlänge. Eine Wellenlänge von 30 cm entspricht also einer Tiefe von sechs

Metern. Auch diese Beobachtung sprach für einen »heißen« Mond. Doch alles in allem dürften die Schlüsse, die aus den erwähnten Erkenntnissen im Hinblick auf die Mondentstehung gezogen werden, zur Zeit der Landung der Apollo 11 noch verfrüht sein, und es müssen weitere Messergebnisse abgewartet werden.

In allen Gebieten, in denen die Baggerschaufeln der Surveyor-Robots gewühlt hatten, war das Basaltmaterial im Allgemeinen sehr feinkörnig und kohäsiv (d. h. etwas »klebrig«), wie feuchter Strandsand oder frisch gepflügte Erde. Die Ursache hierfür ist noch nicht geklärt. Das Kohäsionsvermögen kann auf eine Bombardierung durch Mikrometeoriten, auf eine elektrostatische Aufladung oder auch auf die Auswirkungen intensiver Sonnenbestrahlung, vielleicht in Verbindung mit einem durch das Vakuum gegebenen Kontaktschweißeffekt, zurückzuführen sein.

Was schon die Ranger-Bilder gezeigt hatten, wurde nun durch die Botschaften der Surveyor-Dreibeiner bestätigt: Der Mond kann auf eine lange Geschichte chemischer Vorgänge und Differentiationen zurückblicken. Irgendwann während dieser bewegten Vergangenheit sind vermutlich basaltische Lavaströme an die Oberfläche getreten und haben deren Gestaltung entscheidend beeinflusst. Unter einem andauernden Bombardement von Meteoriten aus dem Weltall wird diese Oberfläche seit ihrer Festigung pulverisiert, aufgewühlt und umgegraben, und die Tiefe der pulverisierten Oberschicht, die man heute nach Shoemaker allgemein Regolith nennt, hängt vom Alter der betreffenden Oberfläche ab. Irgendwelche Einflüsse, vermutlich die Einwirkung von Licht und kosmischer Strahlung, haben ein Ausbleichen des Regoliths bewirkt, den »lunaren Lackeffekt«, sodass er an der Oberfläche von einem hellerem Grau ist und unter der Oberfläche dunkler wird.

Das wichtigste Ergebnis des Surveyor-Programms für die Apollo-Planer war jedoch die Tatsache, dass die dreibeinigen Lander nicht in bodenlosen Treibsandabgründen voller feiner »fließender« vulkanischer Flugasche versunken waren, wie manche Unheilpropheten, darunter selbst der eminente Astronom Professor Thomas Gold von der Cornell-Universität, vorausgesagt hatten. Im Gegenteil: Die Tragfähigkeit des Regoliths im Bereich der untersuchten Landeorte reicht von etwa 10 g/cm^2 für die ersten paar Millimeter an der Oberfläche bis etwa 600 g/cm^2 fünf Zentimeter unter der Oberfläche. Die Apollo-Mondlandefähre hat bei der Landung ein Massengewicht von etwa 7,6 Tonnen, von dem sich nur ein Sechstel als Kräfte auf die Landebeine auswirkt, da die Anziehungskraft des Mondes rund ein Sechstel der Anziehungskraft der Erde ist. Das heißt, auf jedes der vier Beine des »Eagle« entfällt eine statische Last

von etwa 320 kg. Die Teleskopbeine haben je einen runden, tellerförmigen »Platt-
fuß« von 90 cm Durchmesser, d. h. eine Auflagefläche von etwa 6400 cm^2. Dividiert
man die Last pro Bein durch die Fläche des Fußtellers, so ergibt sich eine spezifische
Flächenpressung von 50 g/cm^2. Ein Vergleich mit den Surveyor-Messergebnissen für
die Tragfähigkeit des Regoliths zeigt nun sofort, dass der »Adler« beim Aufsetzen unter Vernachlässigung zusätzlicher dynamischer Effekte nur etwa einen Zentimeter tief
in die Mondoberfläche einsinken dürfte, vorausgesetzt, die von den Surveyor-
Landern gemessenen Bodenfestigkeitswerte gelten auch für den Landeort der beiden Astronauten. Da die Mondfähre jedoch die letzten ein bis zwei Meter frei fallend
zurücklegt und mit etwa 3 m/sec Geschwindigkeit aufsetzt, werden die Fußteller aufgrund der dynamischen Kräfte tiefer einsinken, etwa 5 bis 7 cm.

Und wie steht es mit den Astronauten? Die Bodenpressung eines Menschen im
Apollo-Raumanzug auf dem Mond liegt zwischen 30 und 70 g/cm^2, d. h., im
Durchschnitt ist sie genauso groß wie die der Mondfähre. Hat der Boden um die
Apollo-Landungsstelle die Tragfähigkeit, die Surveyor vorgefunden hat, so werden
Armstrong und Aldrin deutliche Fußabdrücke im Mondboden hinterlassen. So
jedenfalls ermittelten wir es lange vor dem Start der Apollo 11.

Die Nachrichten, die von den Radiogeräten der Surveyor-Lander zurückgefunkt
wurden, waren für uns NASA-Ingenieure höchst erfreulich. Menschen konnten auf
dem Mond landen und auf seiner Oberfläche laufen. Die Konstruktion der Mondfähre war genau richtig. Doch diese Erkenntnis genügte noch nicht, um eine sichere Landung der Mondfähre zu gewährleisten. Drei weitere Voraussetzungen
mussten erfüllt sein, bevor man sich an die eigentliche Landung heranwagen
konnte: Die Sichtverhältnisse bei der Landung mussten es den beiden Astronauten gestatten, die Landestelle vor dem Niedersetzen sorgfältig zu inspizieren und
das Landefahrzeug den Bodenformationen entsprechend zu steuern. Das bedeutete in erster Linie, dass sich die Sonne zur Zeit der Landung im Rücken der
Astronauten befinden musste, das heißt im Osten, um sie nicht zu blenden, und
außerdem nicht tiefer als rund sieben Grad und nicht höher als 20 Grad über dem
Horizont, damit die Schatten ein optimal plastisches Bild der Mondbodenstruk-
tur vermittelten.

Als weiteres durfte die ausgewählte Landestelle natürlich nur in einem Gebiet liegen, das von den von der Erde aus möglichen Flugbahnen im Rahmen des »Startfensters« erreicht werden konnte. Dieses Gebiet beschränkte sich auf ein etwa 4500
km langes Rechteck, zwischen 45 Grad östlicher und 45 Grad westlicher Länge entlang des Äquators.

Die dritte Voraussetzung beruhte auf der Ziel- und Landegenauigkeit der Bordinstrumente des »Adlers«. Die Regeltechniker, die die Navigations- und Steueranlage entwickelt hatten, rechneten damit, dass das Raumfahrzeug beim Landeanflug nicht haargenau der vorgeschriebenen oder »nominellen« Flugbahn folgen, sondern aufgrund von unvermeidlichen Ungenauigkeiten während der Abstiegsmanöver mehr oder weniger davon abweichen würde. Statistisch ließ sich voraussagen, wie groß diese Abweichungen ungefähr sein konnten und wie groß demgemäß der Spielraum bei der Landung und letztEndes die Form und räumliche Ausdehnung des Landeorts selbst wenigstens sein mussten. So hatte man berechnet, dass man, um ganz sicher zu sein, nur Landeplätze in die engere Wahl ziehen durfte, auf denen eine Ellipse von etwa 8 km Länge und 5 km Breite, mit der Längsachse in Ost-West-Richtung, Platz fand, denn das war der »Spielraum«, den der »Eagle« brauchte.

Doch genügte auch das noch nicht. Die Landestelle musste zudem über eine Einflugschneise von Osten her erreichbar sein, auf der das mittlere Gefälle des Mondbodens auf den letzten 60 km den Wert von ± 2 Grad nicht überstieg. Der Grund für diese Einschränkung war das Landeradar der Mondfähre, dessen Antennensystem an der Außenseite der Mondfähre bei der Landung stets so geschwenkt wird, dass die Achse der Radar-Strahlungsbüschel senkrecht zur Mondoberfläche steht. Hätte die Einflugschneise auf den letzten 60 km, auf denen das Radar in Betrieb ist, stärker abfallende Hangböschungen, so würde das Radar sie als ebene Erde ansehen und das Raumfahrzeug zu übergroßen Pendelbewegungen und Drosselkommandos an das Landetriebwerk veranlassen und damit seine Flugstabilität gefährden. Doch so weit sind wir noch nicht.

Alle diese Bedingungen mussten erfüllt sein. Aber die Bilder der Ranger und Surveyor boten mit ihrer extrem hohen Auflösung und gerade wegen ihrer Menge an Details nicht die Möglichkeit, die Landeorte nach den genannten Gesichtspunkten zu erkunden. Was die NASA-Planer brauchten, waren Großfotos mittlerer Auflösung, die einen größeren Überblick über die Topografie und Geologie der Landestellen und ihrer Einflugschneisen verschafften. Diesem Zweck, der kartografischen Aufklärung aus dem Weltraum, diente das Programm der »Lunar Orbiter«-Raumsonden.

Die »Lunar Orbiter«-Fotosonden wurden entwickelt, um den Mond auf stark exzentrischen Umlaufbahnen zu umkreisen, fotografische Aufnahmen von den möglichen Apollo-Landestellen zu machen und Informationen über charakteristische Umweltbedingungen in unmittelbarer Mondnähe zu sammeln.

Orbiter 1 wurde am 10. August 1966 zum Mond gesandt, wo er sich der russischen Luna 10 friedlich beigesellte, die schon seit April des gleichen Jahres den Erdtrabanten umkreiste. Hauptmission der Fotosonde war es, neun mögliche Apollo-Landeorte zu rekognoszieren. An Bord befand sich ein Kamerasystem von Kodak, mit einem 80-mm-Xenotar-Weitwinkelobjektiv für Aufnahmen mittlerer Auflösung, das mit Blende 5,6 und Verschlusszeiten von $^1/_{25}$, $^1/_{50}$ und $^1/_{100}$ arbeitete, und ein Paxoramic-Teleobjektiv von 60 cm Brennweite, Blende 5,6. Aufnahmen wurden auf Eastman-Luftbildfilm SO-243 von 70 mm Breite gemacht, der aufgrund seiner relativen Unempfindlichkeit gegenüber radioaktiver Strahlung ausgewählt worden war, gleich an Bord entwickelt und durch ein RCA-Fernsehsystem zur Erde übertragen.

Die Auswertung der Bilder erfolgte durch eine Gruppe von Spezialisten der Fachgebiete Geologie, Fotointerpretation, Fotowissenschaft und Fotogrammetrie, die sich aus Vertretern der NASA, des US-Geological Survey, des Lunar-Orbiter-Projektbüros, des Aeronautical Chart and Information Centers (ACIC) und des Kartografischen Dienstes der US-Armee zusammensetzte. Als Resultat ihrer Auswertung wurden 13 mögliche Apollo-Landestellen auf dem Mond ausgewählt, die von weiteren Orbiter-Sonden erkundet werden sollten.

Ende 1966 befanden sich fünf Raumfahrzeuge in Umlaufbahnen um den Mond: die russischen Luna 10, 11 und 12, und Amerikas Lunar Orbiter 1 und 2. Von den 13 Landestellen, die Orbiter 2 aufklärte, befanden sich fünf im Mare Tranquillitatis, eine an der Aridaeus-Rille, zwei im Sinus Medii, eine beim Krater Gambart, zwei bei Lansberg und zwei bei Encke. Die Auswertung der Fotoausbeute der nächsten beiden Orbiter-Sonden führte zur Eliminierung mehrerer Kandidaten, sodass NASA zunächst neun, dann nur noch acht mögliche Landeorte in die Planung einbezog.

Orbiter 5 war das letzte Gerät der überaus erfolgreichen Serie von Fotoaufklärern aus dem Hause Boeing. Als es am 26. August 1967 das letzte Foto zur Erde übermittelt hatte, war das Material des Auswertungsteams um weitere 212 Bilder von höchster Qualität angewachsen. Nun konnten Mondkarten von nie zuvor erreichter Genauigkeit hergestellt werden, die sowohl die Vorder- als auch die Rückseite des Mondes fast vollständig umfassten, einschließlich der Polgebiete (zu über 99 Prozent).

Im Laufe des Jahres 1968 wählte das »Site Selection Board« der NASA aus den acht vorgeschlagenen Landestellen fünf endgültige Landeorte aus, die der Flugauftragsplanung für die Apollo-Flüge der Jahre 1969/70 zugrunde gelegt wurden. Aufgrund des sich am 16. Juli 1969 öffnenden Juli-»Startfensters« ist Landestelle Nr. 1 im südöstlichen Teil des Mare Tranquillitatis, im Dezember 1968 von den Apollo-8-Astronauten für spätere Landungen fotografiert, für die erste bemannte Apollo-Mondlandung durch Armstrong und Aldrin nicht in Betracht gezogen worden. Ihr Hauptlandeplatz ist Landestelle Nr. 2 im südwestlichen Mare Tranquillitatis dicht über dem Äquator, etwa 300 km westlich von Nr. 1.

Neben ihrer Bedeutung für das eigentliche Apollo-Programm wurden die Orbiter-Fernaufklärer für die Mondwissenschaftler noch aus anderen Gründen zu wertvollen Sendboten, die neue Entdeckungen machten und zum Teil ganz neue Gesichtspunkte eröffneten.

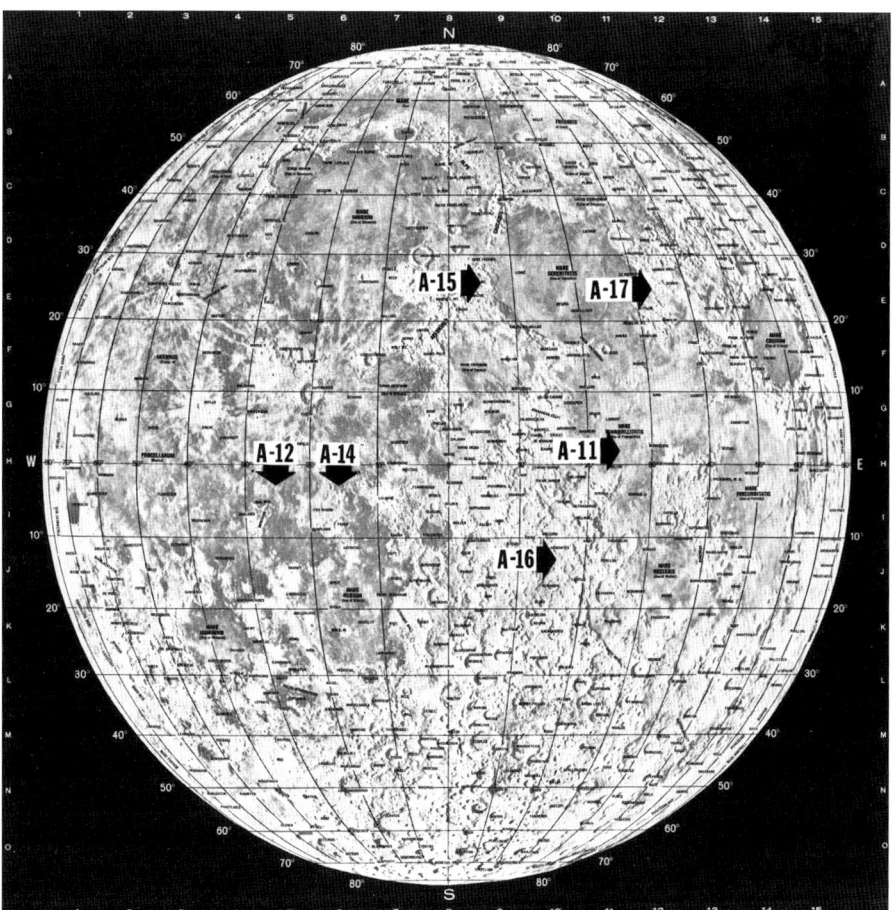

Die stets erdwärts gerichtete Seite des Mondes mit den sechs Apollo-Landestellen in Maria und Terrae, doch aus Bahnmechanik- und Energiegründen alle nahe dem Äquator.

105

Schon die Fotografien der russischen Mondsonde Lunik 3, die 1959 den Trabanten auf einem »Bumerangflug« umrundete, und der Tiefraumsonde Sond 3 im
Jahre 1965 hatten gezeigt, was nun die Orbiter-Kameras in weitaus genauerem
Detail bestätigten: Die Rückseite des Mondes ist von sehr viel mehr Kratern übersät als die Vorderseite. Große Maria, wie sie auf der der Erde zugekehrten Seite in
reichlicher Fülle als dunkle Flächen, als Augen und Gesichtszüge des »Mannes im
Mond« zu sehen sind, zwischen denen die helleren Festländer oder Terrae liegen,
gibt es auf der abgekehrten Seite fast gar nicht. Statt dessen zeigten die Fotos ei-
genartige ringförmige Senkungen, die ein wenig wie Maria aussehen und Thalassoide genannt werden. Sie können einen Durchmesser bis zu 500 km haben und
gleichen den »Meeren« zwar in Größe und Gestalt, doch fehlt ihnen die charakteristische dunkle Färbung der Maria, und ihre Ebenen sind von auffallend vielen
Kratern übersät. Manche Astrogeologen glauben, dass die Thalassoide und Maria
einen ähnlichen Ursprung haben und endogen entstanden sind, d. h. aus Prozessen des Mondinneren hervorgegangen sind. Auf der erdwärts liegenden Seite
haben sich diese Senkungen und Einbrüche mit Lava gefüllt, während auf der
Rückseite aus irgendeinem Grund keine größeren Lavaflüsse auftraten. Thalassoid-
ähnliche Formationen scheinen auch auf dem Mars vorzukommen, wie Bild 10
und 11 der Mariner-4-Fotos zu erkennen geben. Auch auf der Erde treten Thalassoide in den höheren Kontinentalmassen auf, zum Beispiel die Kalahari-Senkung
in Südafrika und die Kashgar-Senkung in Zentralasien.

Für viele Astronomen und Astrodynamiker, vor allem für die Geodäten und Geologen im wissenschaftlichen Stab der NASA, lag die überragende Bedeutung der
Orbiter-Raumsonden jedoch nicht so sehr in ihrer Fotomission als in der durch
sie erstmalig gegebenen Möglichkeit, das Schwerefeld des Mondes und damit
seine Figur und innere Dichteverteilung zu erforschen. Sehr genaue Werte des Gra-
vitationsfeldes des Trabanten konnten durch Radarverfolgung der Fotosonden
über längere Zeiträume hinweg gewonnen werden. Hierzu diente ein Zweiweg-
Dopplerfrequenzsystem, mit dem sich die Relativgeschwindigkeit zwischen dem
Raumfahrzeug und der jeweils aktiven NASA-Tiefraumstation in Australien, Spanien oder Kalifornien ermitteln ließ. Aus den Abweichungen der so gemessenen
Geschwindigkeitsvariationen von den theoretisch aufgrund einer angenommenen
Mondfigur berechneten Geschwindigkeitsschwankungen konnte dann festgestellt
werden, ob und wo das lunare Schwerefeld Unregelmäßigkeiten aufwies.

Aus rund 9000 Punkten, an denen die Geschwindigkeit einer Orbiter-Sonde so
gemessen worden war, konnten Wissenschaftler des Jet Propulsion Laboratoriums

1968 eine Karte von den Ungleichförmigkeiten im Schwerefeld des Mondes ableiten, da eine Beschleunigung der Umlaufgeschwindigkeit am überflogenen Ort auf mehr Schwere, eine Verlangsamung auf weniger Schwere hindeutete. Auf diese Weise wurden zunächst in rascher Folge unter sechs großen tektonisch umgrenzten Marebecken der Vorderseite Massekonzentrationen gefunden, zu denen sich 1969 sieben weitere Dichteanhäufungen unter anderen Maria gesellten. Die 13 damit bekannten Anomalien, Mascons genannt (von »Mass Concentrations«), liegen unter den Marebecken Imbrium, Serenitatis, Crisium, Nectaris, Humorum, Orientale, Grimaldi, Humboldtianum, Smythii, zwischen Sinus Aestuum und Sinus Medii, unter zwei namenlosen Maregebieten und unter einem auf Orbiter- und Apollo-8-Fotos entdeckten sehr alten Mare auf der Rückseite des Mondes, das den Namen »Mare Occultum«, das »Verborgene Meer«, erhalten hat. Mit rund sieben Millionen Milliarden Tonnen Masse oder rund zwei Zehntel Promille der Gesamtmasse des Mondes, ist das letztere Mascon bei Weitem das größte der bekannten 13 Anomalien.

Da die Mascons zu fast sprunghaft wechselnden Unregelmäßigkeiten im Schwerefeld des Mondes führen, beeinflussen sie die Umlaufbahn eines Raumfahrzeuges vom Apollo-Typ ebenso, wie sie die unbemannten Orbiter-Fotosonden beeinflusst haben. Nur eine genaue Kenntnis dieser Schwereschwankungen kann gewährleisten, dass die Parkbahn des Apollo-Raumschiffs um den Mond von der Erde aus in ihren Bahndaten richtig bestimmt wird und dass die dem Landemanöver zugrunde gelegte und auf Flugabweichungen beruhende »Lande-Ellipse« der Mondfähre tatsächlich realistisch ist und nicht wieder wie bei der Apollo 10 zu Kursungenauigkeiten von bis zu 7 km von der Landestelle führt. Es war eines der Hauptziele der zweiten bemannten Mondumkreisung durch die Apollo 10, lange genug in der Mondumlaufbahn zu verweilen, um eine hinreichend genaue Messung der lunaren Schwerkraftvariationen durch die irdischen Bahnverfolgungsstationen zu gestatten.

Fünfter Reisetag

Gipfelsturm

»Der Adler hat Flügel!«

Es ist Samstag, der 19. Juli, 19.02 Uhr und etwa anderthalb Stunden nach dem LOI-2-Manöver, als sich die Apollo 11 wieder auf der Vorderseite des Mondes befindet. Eine Überprüfung der Bordsysteme hat ergeben, dass sich das Raumschiff und seine Anlagen in tadellosem Zustand befinden. Das Unternehmen kann eine weitere Wegstation hinter sich lassen und voranschreiten.

Buzz Aldrin und Mike Collins machen sich daran, die Tunnelluke im Kabinenvorderteil zu öffnen und den Koppelungsmechanismus auszubauen, wie sie es schon so oft geübt haben. Nachdem auch der Lukendeckel der Mondfähre entfernt ist, beginnt Aldrins zweite Exkursion in das spinnenbeinige Gefährt »Adler«, auf dem die ganze Hoffnung der Besatzung, der NASA und der anteilnehmenden Menschheit ruht.

Noch immer in seinen eng anliegenden, leichten Borddress gekleidet, schiebt sich Buzz Aldrin schwerelos schwebend durch den Kriechgang in die Kabine des Mondlanders. Der Tunnel hat eine Länge von 45 cm und eine Weite von 80 cm, durch die sich der Pilot kopfvoran mit den Armen zieht. Die Luke, durch die er in den »Adler« kommt, befindet sich in der »Decke« der Kabine, so dass er über sich den Fußboden sieht und zunächst »umdenken« muss. Langsam aus der Tunnelluke hervorgleitend, hält er sich mit den Händen an der Kabinenwand fest und schlägt im Zeitlupentempo einen Purzelbaum, um die Beine nach »unten«, auf den Fußboden, zu bekommen.

Wie die Hauptkabine der »Columbia« ist auch das »Eagle«-Cockpit mit Velcro-Material ausgestattet, einem samtartigen Klettverschluss-Kunststoff, der zur Haftung dient. Insgesamt enthält der Mondlander etwa einen Quadratmeter dieses Materials, das in parallelen Streifen auf dem Metalldeck des Fußbodens angebracht ist. Es besteht aus zwei Strukturen, einem Flor aus Teflon in geätzten Glasfaserstreifen, der unter dem Vergrößerungsglas unzählige winzige Schlaufen erkennen lässt, und einer Gegenstruktur mit ebenso vielen, ebenso winzigen Widerhäkchen aus Polyester in Glasfaserband, die sich beim Andrücken an den Flor mit den Ösen verketten und dem Astronauten eine Bodenhaftung verschaffen, die sich etwas »klebrig« anfühlt. Das Hakenmaterial befindet sich an den Schuhsohlen der

Besatzung, außerdem an allen Gerätschaften, z. B. den Kameras, die von Zeit zu Zeit aus der Hand gelegt werden, während das Flormaterial an den Wänden und auf dem Fußboden befestigt ist. Der Quadratmeter Velcro in der Mondlandefähre wiegt nur anderthalb Pfund. Halb so viel Velcro befindet sich an Bord des Mutterschiffes.

Aldrin sieht sich in der Zweimannkabine des »Eagle« um. Sie ist etwa so breit, aber nicht so lang wie ein Autobus. Die Kabine ist zum größten Teil aus Aluminium und Titanbeschlägen hergestellt und durchgehend fusionsgeschweißt, wo immer möglich, um Leckverluste gering zu halten, nominell auf etwas weniger als 100 Gramm Luft pro Stunde. Die Druckzelle umfasst einen Raum von 6,5 Kubikmeter und ist in zwei Sektionen unterteilt: das eigentliche Cockpit mit den beiden Pilotenständen, und dahinter einen Mittelraum von 1,37 Meter Tiefe, in den der obere Teil des Aufstiegsmotors in einem Schutzgehäuse von unten hineinragt. Der frei zugängliche Raum oberhalb des Triebwerkgehäuses ist 1,50 Meter hoch.

Eine Unzahl von Instrumenten und Schaltern bedeckt die Wände und Decke des Cockpits an jeder nur irgendwie erreichbaren Stelle, doch am dichtesten gruppieren sie sich an der Vorderseite, wo sich die beiden nebeneinanderliegenden Astronautenstationen befinden. Vor jedem Platz – es sind Stehplätze, da man aus Gründen der Gewichts- und Raumersparnis auf Sitze verzichten musste – bietet ein dreieckiges Fenster Ausblick in den Weltraum. Zwischen den beiden Fensterluken, zur Rechten des Kommandantenplatzes und zur Linken der Pilotenstation, liegen Reihen über Reihen von Fluginstrumenten und Bedienungsgeräten auf dem breiten Armaturenbrett. Je ein Blendschutzschirm am linken und rechten Rand der mittleren Kontrolltafel hält das Sonnenlicht aus den Luken von den Instrumentenskalen ab. Am oberen Rand der Mitteltafel ragt von der Kabinendecke das Okularende des optischen Richtfernrohrs wie ein U-Boot-Sehrohr herunter, durch einen Schutzkäfig gegen versehentliche Anstöße gesichert. Weiter unten ragt links und rechts je eine Armstütze für den jeweils innenliegenden Arm der Astronauten hervor. Dazwischen hat die Tastatur und Ausgabevorrichtung des Bordcomputers ihren Platz. Jeder Astronaut verfügt über einen eigenen kugelförmigen Fluglagenanzeiger, auf der mittleren Tafel nebeneinanderliegend angeordnet, wie auch die meisten anderen Instrumente und Kontrollen doppelt vorhanden sind. Nur der Notknopf ist eine einmalige Ausführung. In der Mitte von Armstrongs Schalttafel nicht zu übersehen oder gar zu verfehlen, ist er dazu bestimmt, im Notfall den augenblicklichen Abbruch des Landemanövers auszulösen und ein Ausweichflugprogramm im Computer zu aktivieren, das die Aufstiegsstufe inner-

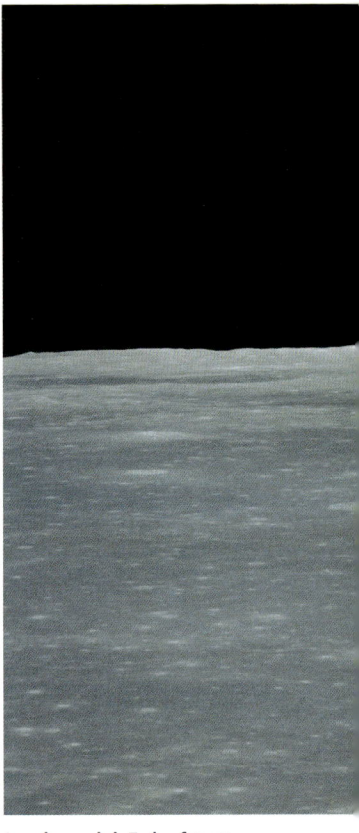

Aufgenommen vom »Columbia«-Mutterschiff mit noch angedocktem Landemodul: Erdaufgang über dem Mare Smythii (Smyth-Meer) auf der uns stets zugewandten Seite des Mondes (links). Die Erde steigt höher. Blickrichtung Westen vom Apollo-11-Mutterschiff. Der ungefähre Bild-

halb von Sekundenbruchteilen von der Landestufe absprengen und in eine Aufstiegsbahn zum Orbit überführen würde.

Aldrins Aufgaben während seines zweiten Besuchs im Cockpit des »Eagle« bestehen darin, Ausrüstungsgegenstände aus ihren Stauräumen zu holen und auszupacken, die Bordsysteme einer ersten Funktionsprüfung zu unterziehen und die Nachrichtengeräte, die Luftversorgungs- und Klimaanlage und andere Aggregate durch Inbetriebnahme von dafür vorgesehenen Stromschaltkreisen für den späteren Betrieb aufzuheizen. Dann kehrt Aldrin ins Mutterschiff zurück und verschließt die Luke zum Tunnel. Sein Ausflug hat zwei Stunden gedauert. Nachdem Collins die Luke des Mutterschiffs eingesetzt hat, tritt an Bord der »Columbia« um 22.32 Uhr wieder eine längere Ruhe- und Erholungspause ein, für die neun Stunden angesetzt sind.

maßstab beträgt 1:1300000. 250mm Teleobjektiv (Mitte). Bei jeder Mondumkreisung erlebt Mike in der »Columbia« einen neuen Erdaufgang, hier über dem Smyth-Meer kurz vor der Abtrennung des Landemoduls mit Armstrong und Aldrin (rechts).

Am 20. Juli 1969, einem Sonntag, werden die Mondfahrer kurz nach 7 Uhr von Houston per Radio geweckt. Als die genauen Bahndaten der Mondumlaufbahn sowohl durch die Landmarkenpeilungen des Schiffsführers Collins als auch durch ausgedehnte und sich über insgesamt zehn Umläufe erstreckende Bahnvermessungen durch die 26-m-Radarantennen der Tiefraumstationen bei Madrid, in Goldstone Lake und in Honeysuckle Creek bei Canberra und durch die 64-m-Superstrahler von Goldstone und Parkes ermittelt worden sind, ist endlich für Armstrong und Aldrin die Zeit gekommen, von ihrem Bordkameraden Collins Abschied zu nehmen und den endgültigen Sturm auf den Gipfel anzutreten.

Um 8.00 Uhr morgens legen die beiden Expeditionsteilnehmer ihre wassergekühlten Untergarnituren an.

Um 8.52 Uhr vormittags, bei einer Bordzeit von 95 Stunden und 20 Minuten, als die Apollo 11 wieder auf der Rückseite des Mondes entlangzieht, schiebt sich Buzz Aldrin zum dritten Mal durch den von Collins im Schutzanzug wiederum freigeräumten Tunnel in die Zweimannkabine des spinnenbeinigen »Beibootes«. Aldrin ist noch immer in seinen Borddress gekleidet, doch Neil Armstrong, der ihm 20 Minuten später um 9.12 Uhr folgt, hat sich bereits »in Schale geworfen« und trägt die volle Raummontur mit wassergekühlter Unterkleidung, jedoch noch ohne Helm und Handschuhe, und das Kühlwasser zirkuliert noch nicht.

Aldrins Aufgabe während der nächsten Stunden besteht darin, das primäre Flugführungs- und Navigationssystem der Landefähre in Betrieb zu nehmen und auf seine Funktion und Genauigkeit zu überprüfen. Die Steueranlage mit ihrem Trägheitslenksystem und Computer ist fast die gleiche wie die der »Columbia«. Aldrin liest an einem Skalenring am Verbindungstunnel zwischen den beiden Raumfahrzeugen die relative Verdrehung des Körperachsensystems des Mondlanders ab und gibt den Wert +2,05 Grad in die Rechenanlage ein, die damit die Kreiselplattform des Landers genau parallel und gleichwinklig zu der des Kommandoteils aufrichtet und justiert. So wird gewährleistet, dass beide Raumfahrzeuge auch nach ihrer Trennung ihre Kursberechnungen auf das gleiche Koordinatensystem beziehen und Collins z. B. im Notfall dem Beiboot ohne Zeitverlust zu Hilfe eilen kann.

Als Nächstes aktiviert Aldrin, der Pilot des Landers, die schwenkbare S-Band-Richtantenne und prüft sie mit den Erdstationen durch. Schließlich schaltet er das sekundäre oder Reserve-Steuersystem ein, das im Notfall die Flugführung des »Eagle« übernehmen kann, einen eigenen Computer besitzt und seine Lagebezugssignale von drei schiffsfesten (»strapdown«) Kreiseln und drei ebensolchen Akzelerometern erhält.

Kommandant Armstrong ist währenddessen dabei, die Luftversorgungs- und Klimaanlage zu überprüfen und die Schläuche seines Schutzanzuges an die Konsole der Bordanlage anzuschließen. Etwa anderthalb Stunden nach seinem Überwechseln in die Fährenkabine kehrt Buzz Aldrin ins Mutterschiff zurück und legt dort seine wassergekühlte Untergarnitur und den Raumanzug an. Nachdem er zu Armstrong zurückgekehrt ist und den Lukendeckel zum Tunnel verschlossen hat, setzen beide Mondforscher ihre Schutzhelme auf, ziehen die Handschuhe an und machen die Anzüge dicht. Luft und Kühlung beziehen sie nun durch die Schläuche der Bordanlage.

Mike Collins, sicherheitshalber ebenfalls in voller Raummontur, ist währenddessen bemüht, die beiden Bauteile des Kopplungsmechanismus in den Kriechtunnel einzubauen und dann den Druckdeckel seiner eigenen Luke hermetisch zu verschließen. Alles verläuft wie Dutzende Male auf der Erde geübt. Es ist 11.27 Uhr, Bordzeit 97h 55m.

An ihren Plätzen angelangt, wo jeder eines der beiden dreieckigen Lukenfenster und seine eigene Schalttafel vor Augen hat, schnallen sich Armstrong und Aldrin an der linken und rechten Hüfte ihres Raumanzuges an einem Gurt- und Kabelzugsystem fest, das ihnen während des Fluges Halt bietet. Zwei Armstützen und zwei Handgriffe vervollständigen den Kommandanten- und Pilotenstand. Vom Kabelzugsystem, dessen Rollen- und Federmechanismus konstante Seilkraft gewährleistet und mehrere verriegelbare und mit Druckknöpfen einstellbare Körperpositionen gestattet, werden sie nach vorne und unten gezogen, sodass sie, auf Ellbogen und Vorderarmen gestützt, bequem die Steuerkontrollen der Landefähre bedienen können. Zwischen ihnen befinden sich Tastatur und Leuchtanzeigefensterchen des Computers.

Zur rechten Hand, neben dem festen Handgriff und direkt in der Verlängerung der rechten Armstütze, ragt auf jeder Astronautenstation ein handgerecht geformter Steuerknüppel empor, mit welchem die Fluglage des »Eagle« um alle drei Achsen geregelt werden kann. Eine darin eingelassene Drucktaste, mit dem Zeigefinger zu betätigen, schaltet die Sprechfunkverbindung ein und aus. Zur linken Hand, in der Verlängerung der linken Armstütze und ebenfalls direkt neben einem Haltegriff, hat der T-förmige Schubkontrollhebel seinen Platz, der in sechs Richtungen bewegt werden kann und sowohl die Fluglagenraketen an den vier Ecken des Mondlanders regelt als auch zur manuellen Drosselung des Landetriebwerks dient. Zwei unabhängige, parallele Systeme von Lagekontrollraketen, System A und System B, steuern die Raumlage und den Vortrieb des Mondlanders. jedes System hat acht Reaktionsdüsen; die insgesamt 16 Steuerraketen sind in Bündeln zu je vier an langen Auslegern in vier Quadranten an den Ecken des Mondlanders angebracht, sodass ein genügend langer Hebelarm gegeben ist.

Um 99 Stunden und fünf Minuten Bordzeit drückt Neil Armstrong auf einen Kontakt und zündet damit vier Sprengpatronen am unteren Umfang der achteckigen Landestufe. Vier Guillotinemesser schnellen vor und trennen ebenso viele Haltebänder durch, sodass acht vorgespannte Federn an den Hauptstreben der vier Landebeine freigegeben werden und die Beine an ihren Gelenken auswärts schleudern. Jedes Bein schwingt durch einen Winkel von 45 Grad und löst einen Riegelmechanismus aus, der automatisch einklinkt und eine starre Verriegelung des Beines herstellt. Der ganze Vorgang nimmt nicht mehr als 1,3 Sekunden in Anspruch.

Das Fahrwerk besteht aus den vier Landebeinen, die dem »Adler« sein spinnen-artiges Aussehen geben. Die gegliederten Beine tragen je einen Fußteller von 90 cm Durchmesser und wiegen auf der Erde nur knapp 60 kg. Sie können teleskopartig um etwa 80 cm zusammengeschoben werden und stauchen dabei spezielle Waben-strukturelemente aus Aluminium zusammen, die die Stoßenergie der Landung durch ihre Stauchverformung absorbieren. An jedem Fußteller, außer dem vorde-ren, ist eine herausklappbare Fühlsonde angebracht, die um 172 cm weiter senk-recht nach unten ragt und bei der Landung die erste Bodenberührung signalisiert. Dadurch wird dem Kommandanten das Signal zum Abstellen des Triebwerkes ge-geben, worauf die Fühlsonden nach erfüllter Pflicht an den Tellern abbrechen.

Neil Armstrong schaltet die Druckbelüftung der Fluglagenregelanlage ein und aktiviert das Rendezvousradar der Mondfähre.

Um 12.54 Uhr, fünf Minuten vor LOS im zwölften Umlauf um den Mond, erteilt Capcom Charly Duke den Mondfahrern das »Go for Undocking«, die Erlaubnis zur Raumschifftrennung.

Fast eine Stunde später, um 13.45 Uhr mittags, gibt Mike Collins vom Mutterschiff aus das Signal, das die Trennung der beiden Raumfahrzeuge auslöst. Von Federn ge-trieben, schwebt die wundersame »Mondspinne« langsam von der konischen Apollo-Kommandokapsel weg, 111 km hoch über der zerklüfteten, zerborstenen, kraterüber-säten Rückseite des Mondes, als die Apollo 11 ihren zwölften Umlauf beendet hat. Armstrong gibt mit dem Handkontrollknüppel etwas »Gas« und dreht das Gefährt um 120 Grad nach Steuerbord, kippt es dann um 90 Grad nach oben und dreht es schließlich durch weitere 360 Grad, sodass Collins von der »Columbia« aus die Landefähre aus 10 bis 15 m Entfernung von allen Seiten inspizieren kann.

Noch während sie bei dieser letzten Überprüfung vor dem Abstiegsmanöver sind, erscheinen beide Raumfahrzeuge wieder im Erfassungsbereich der Erdstation von Madrid-Fresnedilla.

13.50 Uhr mittags. Apollo-Kontrolle Houston: »Wir stehen 55 Sekunden vor der Wiedererfassung der Apollo 11 in ihrem 13. Umlauf. Im Verlauf dieser Umkrei-sung werden wir das Trennmanöver durchgeführt haben, außerdem werden wir der Fährenbesatzung das ›Go/No Go‹ für das Abstiegsmanöver geben. Wir warten jetzt auf Wiedererfassung des Raumfahrzeugs.«

Flugdirektor in Houston während des gesamten kritischen Landemanövers des »Adlers« ist Eugene Kranz.

13.55 Uhr. Apollo-Kontrolle Houston: »Wir haben Bestätigung der Signalerfas-sung! Wir warten auf den ersten Sprechkontakt mit der Crew.«

20.7.1969, 13.45 Uhr: Der »Eagle« dreht seine Unterseite zu Collins zur Inspektion. Zu erkennen sind die Beine mit drei Kontaktsonden und der Sprossenleiter.

Capcom Charly Duke: »Apollo-Eagle, Houston. Wir stehen bereit.«

Lange Sekunden verstreichen.

Charly Duke: »Adler, Houston. Wir ›sehen‹ euch über den Richtstrahler.«

Da kommen plötzlich die knappen Worte Neil Armstrongs aus dem Weltraum: »Roger, Adler ist abgetrennt.«

Duke: »Roger, wie sieht es aus?«

Armstrong: »Der Adler hat Flügel!«

Duke: »Rog!«

In den folgenden Minuten nimmt der »Adler«-Pilot Buzz Aldrin die Brenndaten für das Abstiegsmanöver und für eventuell erforderliche Notmanöver entgegen und liest sie dann zur Bestätigung zurück. Zur gleichen Zeit findet eine Kommandoaufladung des Computers vom Boden aus statt.

Mike Collins: »Ihr habt eine feine Flugmaschine dort, obwohl ihr auf dem Kopf steht.«

Mike Collins hat sich im linken Sitz der »Columbia« angeschnallt und gibt nun, um 14.12 Uhr mittags und bei einer Bordzeit von 100h 39m 50s mit den Lageregeldüsen des Maschinenteils einen nach unten gerichteten, acht Sekunden langen Schubimpuls von 0,76 m/sec. Seine Umlaufbahn bleibt fast völlig kreisförmig, verschiebt sich jedoch geringfügig, sodass sie dem Mond am Tiefpunkt auf 102 km, am Hochpunkt auf 120 km nahekommt. Von der Fensterluke der »Columbia« aus gesehen, bleibt das Mondlandegefährt langsam zurück und steigt gleichzeitig 9 km höher, um sich dann nach einer halben Stunde wieder auf die Bahnhöhe des Mutterschiffs herabzusenken, wodurch es sich allerdings so viel verspätet, dass es sich um fast 4 km hinter Collins wiederfindet – genau, wie es der Flugplan für dieses »Separation«-Manöver vorsieht.

Etwa zehn Minuten vor Erreichen dieses Punktes sind die Raumfahrzeuge wiederum hinter dem Westhorizont untergegangen und aus der Sicht der Erde verschwunden, kurz nachdem der »Adler« um 14.50 Uhr aus Houston das »Go« für das Bremsmanöver auf der Mondrückseite erhalten hat. In der Flugleitzentrale und in Millionen von Wohnungen in aller Welt, vor den Schaufenstern von Rundfunk- und Fernsehläden, in Kneipen, Bars und Hotelhallen tritt nun von Neuem das atemlose, beklommene, herzklopfende Warten nach einem LOS ein – einem LOS, dem diesmal eine besondere Bedeutung zukommt. Jedermann weiß: Wenn die wagemutige Besatzung der Apollo 11 über dem Osthorizont wieder »aufgeht«, wird sich der »Adler« bereits auf der Abstiegsbahn zur Landung befinden.

Das Landetriebwerk in der unteren Stufe des zweistufigen »Eagle« heißt im Astronautenjargon der »Dips-Motor«, ein weiteres der NASA-Akronyme, an denen die Weltraumsprache so unglaublich reich ist. Es ist aus »Descent Propulsion System« oder DPS entstanden.

Die Zündung dieses Triebwerks kann entweder automatisch durch den Steuercomputer oder manuell durch die Astronauten über den Autopilot erfolgen, der mit dem Triebwerkskontrollsystem gekoppelt ist.

Zunächst muss Armstrong den bis zu diesem Moment »versiegelten« Raketenmotor »scharf« machen, indem er einen entsprechenden Schalter auf seinem Armaturenbrett auf »DESCENT« stellt. Ein Sprengventil gibt auf einen weiteren Knopfdruck hochgespanntem Heliumgas den Weg zu den Treibstoffbehältern mit Stickstofftetroxid und dem Gemisch Hydrazin/unsymmetrisches Dimethylhydrazin frei, sodass sie erstmalig unter vollen Betriebsdruck gesetzt werden. Der

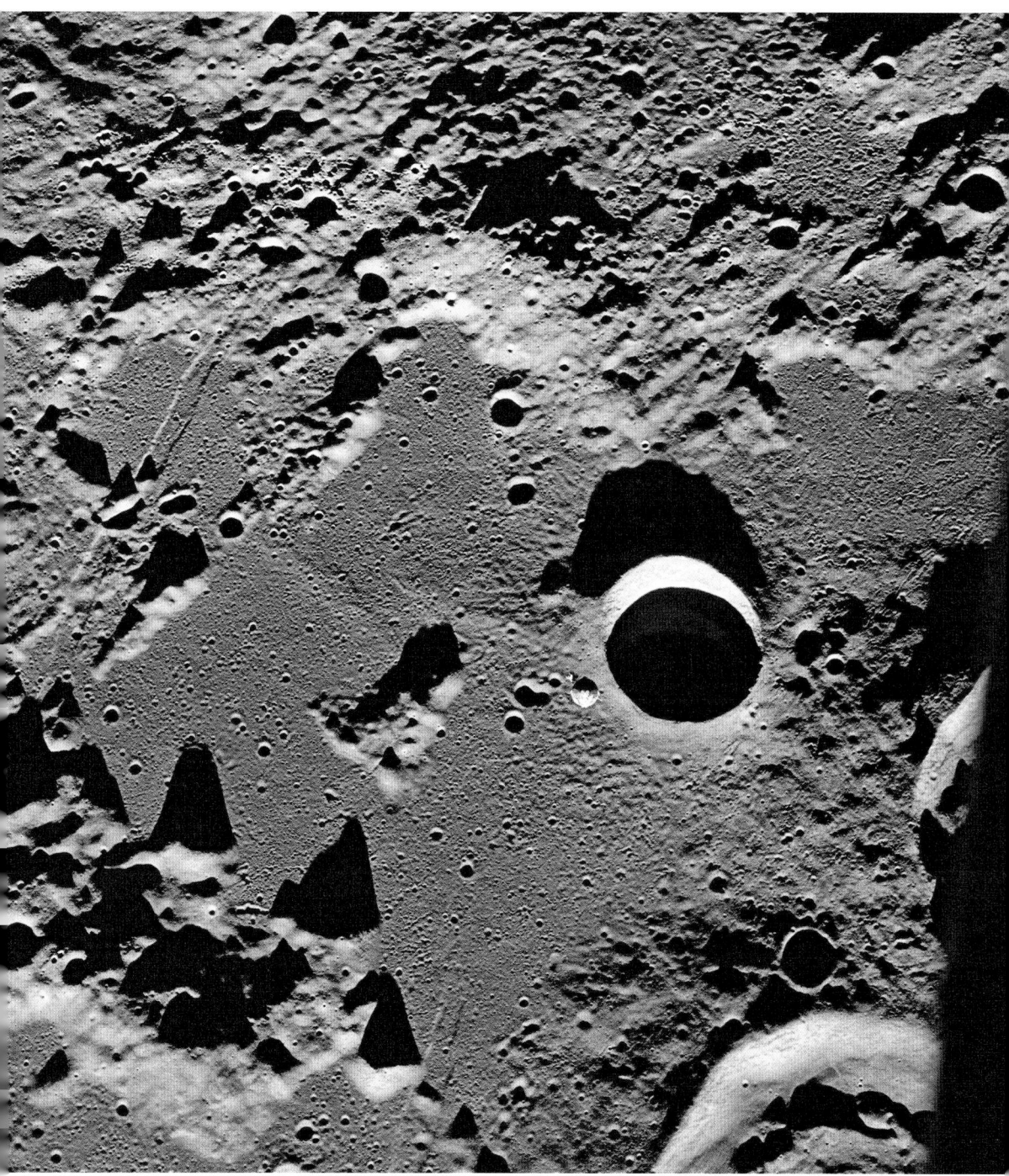

Das Apollo-Raumschiff über dem Mare Tranquillitatis (kleiner Punkt nahe dem runden Krater Schmidt im Zentrum), aufgenommen von Bord des Landemoduls über »Columbia«.

Kommandant kann das Triebwerk nun durch Drücken eines »START«-Knopfes starten und mit einem »STOP«-Druckknopf wieder abstellen. Buzz Aldrin heißt zwar »Pilot der Mondfähre«, verfügt jedoch auf seiner Seite nur über einen »STOP«-Knopf.

Neil Armstrong hat als Kommandant außerdem die Möglichkeit, das Landemanöver jederzeit abzubrechen, wenn er sieht, dass Gefahr im Verzug ist. Er würde hierzu einen Knopf mit der Bezeichnung »ABORT STAGE« drücken, der augenblicklich das Triebwerk abstellt und die Druckbelüftung der Tanks der Aufstiegsstufe in die Wege leitet. In Sekundenschnelle würde dann der Raketenmotor der Oberstufe zum Leben erwachen, gefolgt von der explosiven Trennung der beiden Stufen. Während die nunmehr abgetrennte Landestufe mit dem Fahrwerk auf den Mond hinabstürzt, würden die Astronauten im oberen Teil zum Orbit und späteren Rendezvous mit der »Columbia« aufsteigen.

Landeerlaubnis für Mondausflügler

»Play it cool!«

Das Abstiegsmanöver aus der Umlaufbahn beginnt auf der Rückseite des Mondes, um 15.08 Uhr nachmittags am Sonntag, den 20. Juli, nach einer Gesamtflugzeit von 101 Stunden und 36 Minuten, als sich das Raumschiff auf ungefähr 141 Grad westlicher Länge in der Dunkelheit des Mondschattens befindet.

Armstrong und Aldrin steuern ihr Raumfahrzeug in die horizontale Lage, sodass es mit dem Triebwerk in Flugrichtung zeigt. Zwei Fluglagenkontrolldüsen verleihen dem Treibstoff in den Tanks genügend Andruck, um das Haupttriebwerk starten zu lassen, und etwa sieben Sekunden danach zündet das Dips-Triebwerk unter Computerkontrolle und bremst die Geschwindigkeit des Landers etwa 29,8 Sekunden lang um 23 m/sec ab. Das seltsame Gefährt wird dadurch nun in eine Ellipsenbahn geschoben, die sich dem Mond mehr und mehr nähert und ihren tiefsten Punkt, das sogenannte Perikynthion oder auch Periselenum, von rund 15,7 km auf der Vorderseite des Erdtrabanten erreichen wird.

Das erste Viertel der elliptischen Flugbahn legt »Eagle« noch in der Dunkelheit der Mondrückseite zurück. Die Krater und Wallebenen tief unter ihm tragen hier nur Nummern: 317, 244, 315, 266, XV, XVIII usw.

Doch etwa 28 Minuten nach dem Manöver erhellt sich der Horizont vor den drei Astronauten – den beiden in der Landefähre und dem einzelnen im Mutterschiff »Columbia« – und die Sonne geht auf, als sie bei ungefähr 136 Grad östlicher Länge, noch immer auf der erdabgewandten Seite des Mondes, den Abend-Terminator überfliegen.

Der Reichtum an Farbnuancen und die Mannigfaltigkeit der Terrain-Formationen, die sich dem Blick der staunenden Astronauten aus den Lukenfenstern des »Eagle« darbieten, sind auch schon der Apollo-10-Besatzung aufgefallen, die ganz im Gegensatz zu den Apollo-8-Piloten verschiedene Braunfärbungen und Ockergelbtöne gesehen und mit ihrer Farbfernsehkamera auch zur Erde übermittelt hatten. Bräunliche Färbung könnte auf chemische Aktivität in der geologischen Vergangenheit des Mondes hindeuten.

Riesige Felsblöcke liegen auf dem Mondboden verstreut, der unter Armstrong und Aldrin dahinzieht und allmählich näherrückt, manche davon bis zu zwanzig, ja, fünfzig Stockwerke hoch, abgelöst von Mondschluchten und Canyons von über einer Meile Tiefe. Die Landschaft blitzt von brillantem Weiß, das sich in scharf

Blick von Basis Tranquillitatis: Übersät von unzähligen kleinen Kratern und Steintrümmern erstreckt sich das Meer der Stille nach Südosten.

abgezeichnetem Kontrast vor regellos geformten Stellen tiefsten Schwarzes abhebt, härter, krasser und intensiver, als Fotografien zu zeigen vermögen. Dagegen bilden die gedämpften Brauntöne der Ebenen eine willkommene Abwechslung für das Auge. Was den beiden Astronauten besonders auffällt, ist der harte Kontrast zwischen den sanft gerundeten Bergen, Klippen und Kraterrändern auf der Rückseite des Mondes und den weitaus schärfer und kantiger erscheinenden Graten und Rändern, Spitzen und Zacken auf seiner Vorderseite. Drücken sich in diesem Gegensatz Altersunterschiede aus?

Etwa dreißig Minuten nach Tagesanbruch wird der Radiokontakt mit der Erde hergestellt: Signalerfassung durch die Tiefraumstation in Goldstone. Der Mond-

lander kommt langsam um den Ostrand des Erdtrabanten herum in den Sichtbereich der Erde, dabei stetig an Höhe verlierend. 48 km über ihm schwebt wie eine
besorgte Glucke das Mutterschiff »Columbia«, auf seiner langsameren Kreisbahn
nach und nach etwas zurückfallend. Vor den Raumfahrern in den beiden silbern
blitzenden Fluggeräten spielt sich am Horizont zum vierzehnten Mal seit ihrer
Ankunft am Mond ein himmlisches Ereignis ab, an dem sie sich nicht sattsehen
können: Die Erde erscheint.

Der Erdaufgang ist ein Erlebnis, wie es auch für die »abgebrühten« Astronauten,
deren Augen von Minute zu Minute neue Wunder schauen, einzigartig in ihrer Ent-
deckungsreise dasteht. Er verläuft mit abrupter Plötzlichkeit. Im Gegensatz zu einem Sonnen- oder Mondaufgang auf der Erde kündet er sich nicht lange Minuten vorher durch Lichtbrechung in der Atmosphäre an. Wie auf einer gigantischen
himmlischen Bühne, auf der die kraterübersäte, zerklüftete Mondlandschaft das
Proszenium und den Bühnenboden bildet, schiebt sich die Halberde in strahlendem Türkis- und Königsblau, Ockerbraun und schneeigem Weiß am schwarzen
Bühnenprospekt jäh hinter den scharf abgezeichneten Kulissen des luftlosen West-
horizonts des Mondes hervor, sich vor dem kosmischen Bühnenhimmel in har-
tem Kontrast abhebend. Vom Schnürboden, außerhalb des durch den dreieckigen
Lukenrand gegebenen Bühnenrahmens, strahlt die blendende Lichtfülle der Sonne
und erhellt den Erdball und den Vordergrund gleichermaßen. Der amerikanische
Kontinent liegt im vollen Sonnenschein; der subsolare Punkt befindet sich auf der
Länge Kaliforniens. Dort ist gerade Mittag. Der Terminator durchzieht den Atlantik von Nord nach Süd, und Europa liegt in der Dunkelheit der Nachtseite.

Und dann ist da auch plötzlich das Rufsignal in den Kopfhörern, und die letzte
Phase beginnt: »Eagle, Houston. Over.«

Aldrin: »Houston, Eagle. How do you read?«

Duke: »Adler, wir erwarten einen Manöverreport.«

Aldrin: »Roger. The burn was on time.« Es folgt eine lange Liste von technischen
Daten.

Die parabolförmige S-Band-Antenne auf dem »Dach« der Mondfähre ist, wenn
auch leider mit einigen Unterbrechungen, auf »Auto-Track« eingestellt, eine
Automatik, die sie während des Fluges des Mondlanders auf die Erde gerichtet hält.
Die Empfangsantenne ist der große 64-m-»Dish« in Goldstone. Für Michael
Collins im Mutterschiff ist der absteigende Mondhüpfer währenddessen nur noch
ein strahlender Lichtpunkt, der sich vor dem Hintergrund der Felsklüfte und
Basaltbrocken rasch bewegt.

Apollo-Kontrolle Houston: »Flugführung sagt, wir sind ›Go‹.«

Etwas später: »Noch zwölf Minuten und 54 Sekunden bis zur Zündung.«

Tief unter dem »Adler« ziehen nun, zwölf Minuten nach der Signalerfassung durch Goldstone, zur rechten Hand in der Ferne der 139 km weite Krater Neper und zur Linken, im Süden, die ausgedehnte dunkle Tafelebene des Smyth-Meeres vorbei. Die Astronauten lassen den Blick zwischen den Fenstern und ihren Instrumenten hin und her springen. Es sind noch elf Minuten bis zum Beginn des Bremsmanövers. Der unglaubliche Abstieg des »Adlers« zum Mond wird auch fotografisch festgehalten. Aldrin arbeitet mit der 70-mm-Hasselblad, der er ein Objektiv von 80 mm Brennweite aufgesetzt hat, und »schießt« Bilder der Mondoberfläche auf Panatomic-X-Schwarz/Weiß-Film von 80 ASA (DIN 21) Empfindlichkeit. Außerdem läuft in der Kabine zeitweise die am Fenster montierte, elektrisch betriebene Maurer-Filmkamera von 16 mm Format, die den Landeanflug auf Ektachrome-SO-168-Farbfilm in Magazinen aufnimmt.

Zur Linken kommen nun der Krater Schubert, zur Rechten Condorcet F und die sanft gewellte Fläche des Mare Undarum ins Blickfeld. Fünf Minuten sind seit der Oberfliegung des Mare Smythii verstrichen, als der Mondlander in 18 km Höhe über das Schäumende Meer auf 65 Grad ö. L. hinwegzieht, jetzt nur noch acht Minuten vom Perikynthion oder mondnahen Punkt und dem Bremsmanöver entfernt. Käme es zu Letzterem nicht, so würde das Landegefährt der zweiten Hälfte der Ellipsenbahn folgen und sich wieder von der Mondoberfläche entfernen, um eine Stunde später auf der Rückseite von Neuem mit der »Columbia« zusammenzutreffen.

Apollo-Kontrolle Houston: »Gene Kranz hat soeben seinen Flugkontrolleuren gesagt: ›We are off to a good start. Play it cool!‹«

Rechts der Flugbahn sieht Dr. Aldrin nun den Krater Apollonius vorübergleiten, zur Linken erkennt Kommandant Armstrong den Krater Webb, und am fernen Horizont sieht er die terrassenförmig abgestuften Hänge des majestätischen Kraters Langrenus mit seinem Durchmesser von 150 km. Die Geschwindigkeit des Landegefährts ist auf rund 1400 m/sec oder 5040 Stundenkilometer angewachsen. Bis zur Erreichung des Perikynthions wird sie noch weiter klettern, bis auf über 6000 Stundenkilometer.

15.58 Uhr. Apollo-Kontrolle Houston: »Adler ist jetzt auf 19,8 km herunter, sieben Minuten und 37 Sekunden vor Zündung.«

Im Norden ziehen der Krater Taruntius, auf Backbord Messier, Messier A und Secchi K tief unter den Raumfahrern vorüber. Der Mondlander überfliegt das Meer der Fruchtbarkeit, überquert den 22 km weiten Krater Secchi und tritt in 16 km Höhe ins Mare Tranquillitatis ein.

16.00 Uhr nachmittags. Apollo-Kontrolle Houston: »Noch fünf Minuten bis Zündung. Gene Kranz sammelt Go/No Go's für Landung.«

Unmittelbar danach meldet sich Charly Duke: »Adler, Houston. Wenn ihr versteht, ihr seid ›Go‹ für Landemanöver. Over.«

Rauschen aus den Lautsprechern …

Mike Collins aus Orbithöhen: »Eagle, hier spricht Columbia. Ihr seid ›Go‹ für Landemanöver!«

Duke: »Columbia, Houston. Wir haben ihn schon wieder aus dem Richtstrahler verloren. Würdest du bitte … ah … wir empfehlen Schwenkung nach rechts zehn Grad … «

Einen Moment später dringt Aldrins ruhige Stimme durch das nervenzermürbende Rauschen: »Bei meinem Mark sind es noch 3.30 bis Zündung.« Dann liest er mit knappen, raschen Worten für Armstrong an der Steuerung die Checkliste herunter.

Apollo-Kontrolle Houston: »Noch eine Minute bis Zündung.«

Endlich, auf etwa 39 Grad ö. L. und nach rund einer Stunde Flugzeit seit dem Abstiegsmanöver, ist der mondnahe Punkt erreicht: 15700 m hoch. Es ist 16.05 Uhr nachmittags. Die Strecke zum Landeplatz beträgt von hier aus noch rund 480 km. In Houston beginnen die Herzen stärker zu klopfen.

Armstrong: »Da … Lämpchen an … eins … zwei … Zündung … zehn Prozent.«

Damit setzt das Brems- und Landemanöver ein. Es besteht aus drei aufeinanderfolgenden Flugphasen, die sich in ihren Steuer- und Navigationsanforderungen klar voneinander unterscheiden: die Bremsphase, die Einschwebephase und die Landephase. Der Punkt zwischen der Bremsphase und der Einschwebephase heißt in der Fachsprache »High Gate«, der zwischen der Einschwebephase und der Landephase »Low Gate«.

Der Computer der Landefähre führt in seinem Inneren eine komplette Simulierung des bevorstehenden Bremsmanövers durch, noch bevor dieses überhaupt begonnen hat. Er integriert hierbei die zukünftige Flugbahn fortwährend aufgrund der im Augenblick gerade vorliegenden Position und Geschwindigkeit des »Eagle« und bestimmt damit Punkt für Punkt die vorhergesagte Position und Geschwindigkeit, d.h. den Zustandsvektor des Landers. Gleichzeitig berechnet er fortlaufend die Schubstärke, die zur Einleitung der Bremsphase benötigt würde, um am vorausgesagten Ende des Bremsmanövers, bei »High Gate«, ganz bestimmte geforderte

Werte für Position und Geschwindigkeit zu erzielen. Dieser in der mathematischen Simulierung der Bremsphase ermittelte Schubwert ändert sich ständig mit fortschreitender Integration, da sich ja auch der gegenwärtige Flugzustand des Fluggeräts ändert. Wenn er schließlich den Wert erreicht, den das Bremstriebwerk bei der Zündung in der unteren Drosselstellung erzeugen würde, legt der Computer den entsprechenden Zeitpunkt in der Simulierung als Zeit der wirklichen Triebwerkszündung fest. Dann wartet der Rechner, bis die Borduhr diesen Moment erreicht, und sendet daraufhin, wenn die Piloten das »Go« erteilen, das Startsignal zum Raketenmotor. Aufgrund seiner Simulierung, bei der er das ganze Bremsmanöver bereits »geflogen« hat, weiß er und wissen auch die Astronauten genau, wie die Bremsphase im idealen Fall verlaufen wird, falls nicht etwas Unvorhergesehenes, d. h. im mathematischen Modell nicht Berücksichtigtes, dazwischenkommt (wie etwa ein neuer Mascon). Durch ständigen Vergleich der Ist-Flugbahn mit dieser Soll-Flugbahn kann der Computer dann die Regel- oder Korrektursignale für das automatische Steuersystem erzeugen und die etwaigen Abweichungen auf einem Minimum halten.

Das Landefahrzeug ist beim Start des Dips-Motors um etwa 93 Grad von der Vertikalen nach hinten geneigt und liegt somit völlig »auf dem Bauch«. Dadurch ist der Schubvektor zur Erzielung eines maximalen Bremseffekts fast genau in Flugrichtung ausgerichtet und weicht nur um drei Grad von der zur Zeit zum Mondboden genau parallel laufenden Flugbahn ab. Armstrong und Aldrin können das Terrain, oder wohl richtiger »Lunain«, unter sich aus den nach unten weiser den Fenstern gut sehen. Ihr Hauptaugenmerk gilt den Instrumenten und Bedienungsgeräten ihres Gefährts, doch halten sie auch nach dem Krater »Maskelyne W«, dem sogenannten Waschbecken, Ausschau, der ihnen als eine grobe Navigationshilfe für das bevorstehende Rollmanöver dient.

Die Zündung des Triebwerks erfolgt bei Bordzeit 102h 33m 05s und einer Drosselstellung von 30 %, die nach drei Sekunden auf 10 %, d. h. auf eine Schubkraft von 476 Kilopond verringert und rund 28 Sekunden lang beibehalten wird, um dem Autopiloten des »Adlers« Zeit zu geben, den Schubvektor durch Schwenken des Triebwerks ordnungsgemäß durch den Schwerpunkt des Fahrzeugs zu trimmen, ohne dass größere Störmomente auftreten. Dann wird die Drossel völlig geöffnet und der volle Schub von 4477 Kilopond zur Wirkung gebracht. Die Geschwindigkeit ist in der vergangenen halben Minute trotz des Bremsens noch etwas angestiegen, beginnt jetzt jedoch allmählich abzufallen. Der Andruck des voll arbeitenden Triebwerks verleiht den beiden Astronauten ein Gewicht von rund einem Drittel ihres Erdgewichts.

Bis zur Landung sind es noch zwölf Minuten.

Eine Rolle von ganz überragender Wichtigkeit spielt bei der Landung das Lande-Radargerät der Mondfähre. Bis zu einer Höhe von 8 km über der Mondoberflä-che erhält der »Eagle« seine Navigationsinformationen von seinem eigenen Träg-heits-Lenksystem, das die augenblickliche Höhe über dem Boden als Schätzwert errechnet, nicht aber misst. Etwa gleichzeitig mit der Zündung des Dips-Triebwerks für den Bremsvorgang wird das Radargerät eingeschaltet, das zunächst die vom Trägheitssystem gelieferten Schätzwerte zur Vermeidung von »Sprüngen« im glei-tenden Übergang verbessert und dann schließlich völlig die Führung des Lande-fahrzeugs bis zur eigentlichen Landung übernimmt.

Das Radargerät ist mit zwei Sendern und vier ovalen Antennen ausgerüstet, wel-che zu einem Bündel von der Größe eines Reisekoffers zusammengefasst sind und unten aus dem Boden der Landestufe herausragen. Sie bestehen aus Magnesium und sind zur Wärmeisolierung mit 0,7 mm starker Aluminiumfolie verkleidet.

Das Antennenaggregat kann durch einen Schwenkmechanismus an einem Schar-nier in zwei Positionen gebracht werden – einmal um 43 Grad gegenüber der Schubachse des Landers geneigt, zum anderen genau parallel zu dieser, so dass die vier HF-Strahlungsbüschel sowohl beim Anflug der Landestelle in Schräglage als auch beim Schwebeflug kurz vor der Landung senkrecht nach unten gesendet wer-den. Die Strahlen sind von ovalem Querschnitt und umfassen einen Öffnungswin-kel von 4 Grad x 7,5 Grad. Die Mikrowellenbüschel verlassen die Antennen mit ei-ner Leistung von je 50 Milliwatt und einer Schwingungsfrequenz von 9580 Megahertz, werden vom Mondboden reflektiert und kehren mit einer geringen Frequenzverschiebung zu den Antennen zurück. Drei der vier Strahlenbüschel die-nen zur Bestimmung der Geschwindigkeitskomponenten der Landefähre in den betreffenden Richtungen aus den gemessenen Dopplerfrequenzdifferenzen. Der vierte Sendekanal wird zur eigentlichen Höhenmessung benutzt, die ebenfalls aus der Frequenzverschiebung errechnet wird; seine Strahlenrichtung liegt zwischen zweien der drei anderen. Das ganze Gerät enthält nur Festkörper-Bauelemente und hat eine Meßgenauigkeit von 1 %. Außerdem verfügt das Instrument über elektro-nische Schaltkreise und Filter, mit deren Hilfe es sich selbst testen kann. Die vom Radar ermittelten Höhen- und Geschwindigkeitswerte werden automatisch ins primäre Flugsteuer- und Navigationssystem des »Eagle« gefüttert und vom Com-puter zur selbsttätigen Lenkung des Landefahrzeugs und entsprechenden Drosse-lung des Landetriebwerks benützt. Das Radargerät liefert jedoch nur dann exakte Messungen, wenn sein Vier-Strahlen-Bündel angenähert rechtwinklig auf dem

Mondboden auftrifft. Stärker abfallende Hangböschungen würden das im Computer gespeicherte logische Lenkprogramm verwirren, und das Raumfahrzeug könnte durch die daraus eventuell resultierenden Korrekturkommandos zu übergroßen Pendelbewegungen und Drosselkommandos an das Dips-Triebwerk veranlasst werden, die seine Flugstabilität gefährden würden. Aus diesem Grund galt bei der Auswahl der Apollo-Landestellen – wie bereits erwähnt – die Bedingung, dass die Landestelle von Osten her auf einer Einflugschneise erreichbar sein muss, deren mittlerer Gefälle- oder Böschungswinkel auf den letzten 60 km vor der Landestelle den Wert ± 2 Grad nicht übersteigt.

Landung an fremden Gestaden

»Hier ist Basis Tranquillitatis: Der Adler ist gelandet!«

Noch immer etwa 14 km unter dem wundersamen Gefährt von der fernen Erde bleiben mittlerweile die Krater Taruntius F und Taruntius E, etwa 110 km rechtsab liegend, hinter den Astronauten zurück, deren Blick von Osten nach Westen über die fremdartigen Züge der neuen Welt gleitet.

Nach anderthalb Minuten stetigen Bremsens des Raketenmotors folgen auf der Steuerbordseite des Raumschiffs die flache Ebene der Landestelle Nr. 1 und auf Backbord die abgerundeten Bergzüge von Censorinus C und Censorinus A, dessen Kraterrand sowohl auf den Innen- wie auch auf den Außenhängen mit riesigen Steinblöcken gesprenkelt ist. Dahinter tut sich jetzt eine dunkle, flache Ebene auf, die sich über viele hundert Kilometer erstreckt und bereits zum Mare Tranquillitatis, dem Ziel der Apollo 11, gehört. Fast drei Minuten nach der Triebwerkszündung taucht in der monotonen Lavafläche der Krater Maskelyne auf, gefolgt vom kleinen Maskelyne B, etwa 75 km nördlich der Einflugbahn. Nun kommt unter dem herabsinkenden Mond-»Adler« bis zur Landestelle nur noch eintönige Ebene, die stellenweise von flachen Hügelketten, Steinfeldern und schlangenförmig gewundenen »Flussläufen« durchzogen wird.

Jack Riley, Apollo-Kontrolle Houston: »Zwei Minuten, 20 Sekunden. Alles sieht noch gut aus. Wir haben eine Höhe von 14 300 m.«

Aldrin: »Ah. Houston. Ich kriege jetzt Schwankungen in der Wechselspannung. Könnte vielleicht am Instrument liegen, eh?« (Bordzeit 102h 35m 43s)

Duke: »Moment. Sieht bei uns gut aus. Ihr seid noch immer völlig in Ordnung, nach drei Minuten.«

Jetzt, kurz nach dem Passieren des als »Position-Check« dienenden Maskelyne W, drei Minuten und 39 Sekunden nach dem Beginn des Bremsmanövers, als sie noch 213 km von der Landestelle entfernt und 14 km hoch sind, rollt Neil Armstrong den »Adler« langsam rechts herum um 174 Grad, sodass er nun »auf dem Rücken« liegt und aus seinen Fensterluken den Blick in den schwarzen Weltraum und fast genau im Zenith auf die blaue Erde eröffnet. Das Manöver hat den Zweck, die Antenne des Landeradars zur Mondoberfläche zu drehen. Beim Überfliegen des Checkpunktes stellt Armstrong fest, dass der »Adler« aufgrund flugmechanischer Abweichungen zwei bis drei Sekunden früher dran ist, als es die Soll-Bahn vorschreibt, und dass sie daher wahrscheinlich bei der Landung um ein relativ kurzes Stück über den geplanten Landeort hinausgetragen werden würden.

Während der ganzen Zeit des Bremsvorgangs berechnet der Computer die Stärke des Schubes, die nötig ist, um möglichst wenig Treibstoff zu verbrauchen. Da das Dips-Triebwerk jedoch nur unterhalb etwa 2860 Kilopond drosselbar ist, wird die Schubkraft erst dann auf Kommando des Rechengeräts reduziert, wenn die befohlene Drosselstellung diesen Wert unterschreitet. Bis zu diesem Zeitpunkt der »throttle recovery«, der sechs Minuten und 26 Sekunden nach Beginn des Bremsmanövers eintritt, arbeitet der Raketenmotor mit weit offener Drossel.

Duke: »Adler, Houston. Ihr seid ›Go‹ für Fortführung des Landemanövers! Nach vier Minuten.«

Armstrong: »Roger.«

Jack Riley, Apollo-Kontrolle Houston: »Höhe 12 200 m.«

Capcom Duke: »Und, Adler, wir haben Telemetrieausfall. Ihr seht noch immer gut aus.« Bei einer Höhe von etwa 12 km beginnt das Landeradar anzusprechen und Höhenwerte zu liefern, später, ab 7,6 km, auch Geschwindigkeitswerte.

Buzz Aldrin: »Die Erde steht direkt vor unseren Fenstern.« (Bordzeit 102h 38m 12s)

Apollo-Kontrolle Houston: »Gute Radarwerte. Höhe jetzt 10 200 m.«

Apollo-Kontrolle Houston: »Wir sind noch immer ›Go‹. Höhe 8230 m.«

Auf den Konsolen der Mondfähre flackern jetzt (Bordzeit 102h 38m 22s) erstmalig gelbe Alarmlämpchen auf, die zwar nicht zu einem normalen Ablauf des Landemanövers gehören, jedoch noch Wochen später von einem Teil der Weltpresse überbewertet werden sollen. Aldrin hat bei Beginn des Bremsmanövers dem Bordcomputer Programm P20 eingetastet (was freilich nicht im Flugplan steht). Er erteilt damit der Rechenanlage die zusätzliche Aufgabe, während des Landeanflugs die am Firmament davonziehende »Columbia« mit der Rendezvous-Radar-Antenne des »Adlers« zu erfassen und zu verfolgen, um diesen sog. »Auto-Track«-Modus für den Fall eines Abbruchs des Landeanflugs zu erproben. Die Rechenanforderungen des P20-Radarprogramms belasten den Computer – was vor dem Flug nicht genau bekannt war – zu etwa 14 % seiner Kapazität. Als die Verarbeitung der Meßwerte des Landeradars und die Lösung der Landesteuerungsaufgabe in den letzten Minuten und Sekunden vor der Bodenberührung den Computer vereinzelte Male bis zu 90 % in Anspruch nehmen, löst die Rechenanlage auf Aldrins Konsolen gelb flackernde »Programmalarme« aus, die für solche Fälle vorgesehen und durchaus nicht im Rahmen des Unerwarteten sind.

Effektiv besagen sie: »Das Rendezvousradar muss seine Rechenanforderungen einstellen, da sie von untergeordneter Prioritätsstufe sind. Andernfalls müssen die gesamten Flugsteuerungsberechnungen abgebrochen und von vorne begonnen werden.« Der Computer-Fachjargon kennt sie als »1201«- und »1202-Alarme«.

Insgesamt fünf Programmalarme werden während der kritischen Landephase ausgelöst, doch ist die Gefahr, die den Astronauten und der Landemission durch die Warnungen des Computers droht, weitaus weniger dramatisch, als es der Wirbel in manchen Organen der Weltpresse wahrhaben will, der nach der Rückkehr der Apollo-11-Astronauten um diese Frage einsetzen wird. Obgleich die flackernden Programmalarme psychologisch zweifellos überaus störend sind und Druck auf Aldrin ausüben, lässt er sich in seiner kühlen Assistenz Armstrongs nicht aus der Ruhe bringen, vor allem, als ihm aus dem Kontrollzentrum in Houston bestätigt wird, dass sie ignoriert werden können. Der Flugführungsspezialist, der dies sofort erkennt und an ihn durchgibt, ist Stephen Bales, ein 26-jähriger Ingenieur, der später, am 13. August, von NASA und Präsident Richard Nixon während eines Gala-Staatsdiners in Los Angeles für seine Geistesgegenwart und stellvertretend für das gesamte Flugkontrollteam ausgezeichnet werden wird.

Beim Ablesen seiner Flugmesswerte beachtet Buzz Aldrin nun nicht mehr die Digitalausgabe des Rechengeräts, sondern konzentriert sich nur noch auf die Fluginstrumente, die ihm dieselben Werte anzeigen.

Armstrong: »Drossel 'runter! Genau zur richtigen Zeit.« (Bordzeit 102h 39m 31s)

Aldrin: »Besser als im Simulator!« (Bordzeit 102h 39m 35s)

Im weiteren Verlauf der Landung wird nun die Schubkraft vom Autopilot zwischen 10 % und 65 % des vollen Schubes variiert.

Apollo-Kontrolle Houston, Jack Riley: »Höhe jetzt 6400 m. Noch immer alles in Ordnung.«

Apollo-Kontrolle Houston: »Geschwindigkeit jetzt auf 366 m/sec herunter.«

Charly Duke: »You're looking great to us, Eagle!«

Apollo-Kontrolle Houston: »Sieben Minuten 30 Sekunden seit Brennbeginn. Höhe 4970 m.«

Inzwischen hat der »Eagle« zwei schlangenförmige Rillenformationen oder »Mondflüsse« in der Nähe von Maskelyne hinter sich gelassen, die im Apollo-Erkennungskode bezeichnenderweise die Schlangennamen »Sidewinder« und »Diamondback« tragen, von Tom Stafford, dem Apollo-10-Kommandanten, so getauft. Andere Formationen, die den Astronauten zur Orientierung beim Landeanflug dienen, sind »Boothill«, »Dry Gulch« und der »Bärenrücken« – Namen, bei denen sich die klassischen »Namengeber« des Mondes des 17. Jahrhunderts, Johannes Höwelcke (Hevelius) aus Danzig und Giovanni Riccioli aus Ferrara, gewiss im Grabe herumdrehen würden.

Apollo-Kontrolle Houston: »Höhe 3964 m. Geschwindigkeit 274 m/sec.«

Als das Radar eine Höhe von 3000 m anzeigt, beträgt die Schubkraft noch 2700 Kilopond, und der »Adler« ist nur noch um 67 Grad nach hinten geneigt. Wenige Sekunden später ist die Höhe auf 2950 m verringert und der Schub auf 2540 kp zurückgedrosselt. Das Raumfahrzeug hat sich dabei auf 46 Grad aufgerichtet, und das Landeradar schwenkt nun in seine zweite Position (Bordzeit 102h 41m 37s). Entfernung zum Landeort: 9,6 km.

Nach insgesamt etwa acht Minuten und 24 Sekunden seit Brennbeginn des Dips-Motors ermittelt das Rechengerät mithilfe des Bordradars, dass die Werte für Position und Geschwindigkeit, die das eigentliche Bremsmanöver abschließen, erreicht sind. Damit ist die »High Gate«-Position erreicht, von der aus, wie es in der Welt der Flugzeugtestpiloten Brauch ist, ein landender Pilot erstmalig seine Landestelle visuell ausfindig machen und erkunden kann. Die Geschwindigkeit des Mondlanders ist durch das Bremsmanöver auf rund 180 m/sec reduziert worden, seine Flughöhe beträgt nur noch etwa 2300 m, und die Entfernung zur Landestelle 8 km – fast genau die Werte, die für die »High Gate«-Position gefordert waren.

Apollo-Kontrolle Houston: »Sinkgeschwindigkeit 39 m/sec.«

Nun beginnt die zweite Phase, das Einschwebemanöver, das sich über die letzten 8 km bis zur Landestelle erstreckt und mit einer um etwa 40 Grad nach hinten geneigten Raumlage und einem gleitend auf 1270 kp reduzierten Schub »gefahren« wird, sodass einerseits die Astronauten durch ihre Fenster den Boden und die herauf- und herankommende Landestelle inspizieren und ansteuern können und andererseits der Flug in Fahrtrichtung weiter abgebremst wird. Während der nächsten anderthalb Minuten wird das spinnenbeinige Fluggerät dabei durch seine Lagekontrollraketen langsam aufgerichtet, sodass die Astronauten beim Erreichen der »Low Gate«-Position nur noch etwa zehn Grad rücklings geneigt sind. Mit dem stetigen Aufrichten des Landers schiebt sich der Mondboden mehr und mehr von unten herauf in ihr Blickfeld. Um 102h 41m Bordzeit sieht Armstrong erstmalig das Gebiet der Landestelle in sein Blickfeld heraufsteigen.

Der Schub wird auch weiterhin in den unteren Drosselbereichen variiert, um den Treibstoffverbrauch auf einem Minimum zu halten und um zur gleichen Zeit im Notfall den Flug abbrechen und die Landestufe mit dem Dips-Motor durch Zündung des weitaus schwächeren Aufstiegstriebwerkes abwerfen zu können, ohne dass sie unter dem Schub ihres eigenen Motors so rasch wieder hochgetragen wird, dass sie mit der davonstrebenden Aufstiegsstufe zusammenstößt. Das kann jedoch nur dadurch verhindert werden, dass die Triebwerksbeschleunigung der unteren Stufe niedriger gehalten wird, als die Beschleunigung der oberen Stufe im Falle eines Notaufstiegs wäre.

Armstrong und Aldrin inspizieren die herannahende Landestelle mit steigender Spannung durch die Lukenfenster.

Der »Adler« verfügt über insgesamt drei Fensteröffnungen, doch dienen nur zwei davon, die dreieckigen Luken vor den Astronautenstationen, zum direkten Ausblick auf die Mondlandschaft. Das dritte ist ein ovales Fensterchen in der Decke der Kabine; es ist mit einer Peilskala zum Schätzen der Entfernung versehen und ermöglicht dem Kommandanten, beim Rendezvous- und Anlegemanöver nach dem Aufstieg vom Mond die herantreibende »Columbia« im Auge zu behalten, indem er den Kopf in den Nacken legt.

Die beiden anderen Fenster messen 56 x 58 x 61 cm und sind schräg auswärts und seitwärts geneigt, um den Blick senkrecht nach unten und zu den Seiten zu gestatten. Jedes von ihnen besteht aus zwei Scheiben, von denen die innere aus Corning-Chemcor-0312-Glas von fünf Millimetern Stärke, die äußere aus drei Millimeter dickem Corning-Vycor-Silicaglas hergestellt ist. Die äußeren Scheiben sind fest mit der Zellenstruktur des Raumfahrzeugs verbunden und dienen als Mikrometeoritenschild und Schutzblende gegen zu starke Sonnenerwärmung. Der Zwischenraum zwischen den Scheiben ist ins Weltraumvakuum entlüftet.

Die inneren Scheiben aller drei Fenster tragen auf ihrer nach außen gerichteten Fläche einen elektrisch leitenden Belag, der unter Strom gesetzt werden kann und dann als Enteisungs- und Entschleierungsanlage bei beschlagenen Scheiben wirkt. Die inneren Oberflächen sind mit einem Antireflexfilm überzogen, der Spiegelungen und Lichthöfe von Bord- und Außenbordlichtquellen verhindert. Ein Spezialbelag aus 59 Schichten von Metalloxiden auf den äußeren Glasscheiben weist ultraviolette und infrarote Strahlungen ab, bevor sie in die Kabine eindringen können; außerdem sind auch die äußeren Scheiben mit einem Antireflexfilm zur Kompensation der bei Doppelscheiben sonst unvermeidlichen Spiegelungen und Brechungen versehen.

Auf Armstrongs Fenster ist ein Peil- und Visiersystem, ähnlich einem Fadenkreuz mit Entfernungsskala, eingeätzt, der LPD oder »Landing-Point Designator«, mit dem er bei der Landung die Fluglage des Mondlanders gegenüber dem Horizont auch optisch verfolgen und die erstrebte Landestelle anvisieren und notfalls durch

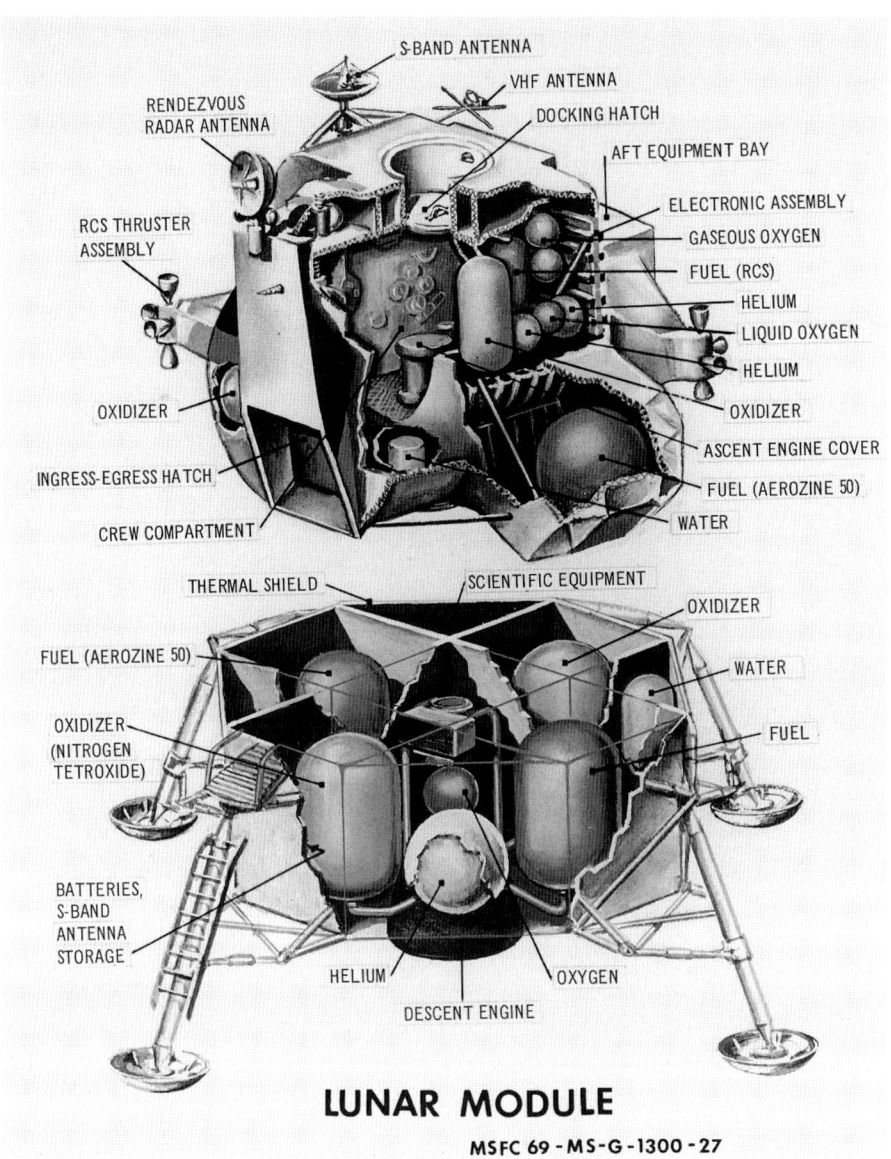

S-BAND ANTENNA
VHF ANTENNA
RENDEZVOUS RADAR ANTENNA
DOCKING HATCH
AFT EQUIPMENT BAY
ELECTRONIC ASSEMBLY
GASEOUS OXYGEN
RCS THRUSTER ASSEMBLY
FUEL (RCS)
HELIUM
LIQUID OXYGEN
HELIUM
OXIDIZER
OXIDIZER
ASCENT ENGINE COVER
INGRESS-EGRESS HATCH
FUEL (AEROZINE 50)
CREW COMPARTMENT
WATER

THERMAL SHIELD
SCIENTIFIC EQUIPMENT
OXIDIZER
FUEL (AEROZINE 50)
WATER
OXIDIZER (NITROGEN TETROXIDE)
FUEL
BATTERIES, S-BAND ANTENNA STORAGE
HELIUM
OXYGEN
DESCENT ENGINE

LUNAR MODULE

MSFC 69 - MS-G -1300 - 27

Schematische Rissdarstellung der Mondfähre »Adler« (und aller späteren LMs): Landestufe
(unten) und Aufstiegstufe mit Crewkabine.

die mit der Fensterskala gekoppelte halbautomatische Steuerung umdisponieren
kann, wenn sie ihm bei näherer Inspektion nicht gefällt. Bei Tageslicht erscheinen
die Bezugsstriche der Visierskala als schwarze Linien; auf der Schattenseite und im
Dunkeln reagieren sie auf ultraviolettes Licht und werden dann als grün und
orange fluoreszierende Striche sichtbar.

Bei »High Gate« ist der »Adler« genau 46 Grad nach hinten geneigt, als die Lande-stelle acht Minuten und 28 Sekunden nach Manöverbeginn erstmalig in der un-teren Ecke des dreieckigen Fensters sichtbar wird, 63 Grad unter der Z-Achse der Fähre, die nach vorne zeigt und senkrecht auf der Hochachse des Fahrzeugs steht. Armstrong tastet Programm P64 ein (102h 41m 32s), mit dessen Hilfe er dem Träg-heitslenksystem etwaige »Umdisponierungen« der Landestelle kommandieren kann. Der Computer teilt ihm mit seinem numerischen Anzeigegerät den Sicht-winkel zur Landestelle mit, an der die Fähre unter den zur Zeit herrschenden Flug-bedingungen landen würde, und Armstrong blickt durch den entsprechenden Winkelwert an der Fensterskala und inspiziert die Bodenstelle, die dahinter sicht-bar ist. Was er dort sieht, kommt ihm auf den ersten Blick verdächtig vor. Ein großer Krater schiebt sich langsam ins Sichtfeld. Will er das Ziel verändern und anderswo landen, so steuert er die Fähre mit kleinen Einzelimpulsen seines Hand-griffs, wobei jeder Schubimpuls einer Entfernungsänderung von 0,5 Grad in Flug-richtung und zwei Grad quer zur Flugrichtung entspricht. Die jeweils neue Lande-stelle wird hierauf von Neuem vom Computer in seinen Leuchtfensterchen angezeigt. Doch wegen der Computeralarme hat er zum genaueren Inspizieren der angezeigten Landestelle vorerst noch keine Zeit.

Die Mondfähre »Adler« ist nun auf 1500 m herunter und sinkt mit 42 m/sec. Auf Steuerbord hat sie bereits den Krater Sabine E hinter sich gelassen. 40 km entfernt ist am Horizont im Süden der emporragende Kraterwall Moltke zu sehen, doch haben die beiden Mondforscher keine Augen für ihre Umgebung. Die Landung droht äußerst kritisch zu werden. Jetzt überquert die Landefähre eine breite, fla-che, viele hundert Kilometer lange Hügelkette, der die Astronauten im internen Sprachgebrauch den Namen »Apollo-Rücken« gegeben haben. Im Süden ist jen-seits des Kraters Moltke eine weite, wie mit einem Spachtel gezogene flache und grabenförmige Rille sichtbar, eher ein Tal, das nördlich der Krater Hypatia und Tor-ricelli dicht an einem weit ausladenden und ins Mare Tranquillitatis hineinragen-den Gebirgszug, den »Oklahoma-Hügeln« im Apollo-Code, vorbeizieht. Es ist die Hypatia-Rille, den Astronauten unter dem Namen »Autobahn US 1« besser be-kannt, und der kleine Krater Moltke AC, der mitten in der Rille gähnt, trägt in zwingender Logik denn auch den Rufnamen »Das Schlagloch«.

Buzz Aldrin: »Alarm! Wir sind Go. Festhalten! Wir sind Go. 600 m … 600 m … 47 Grad.«

Armstrong: »Roger.«

Aldrin: »37 Grad.«

Duke: »Eagle, you're looking great. You're ›Go‹.«

Apollo-Kontrolle Houston: »Höhe 487 m.«

Apollo-Kontrolle Houston: »427 m. Noch immer sehr gut.«

Aldrin: »35 Grad … 35 Grad … 229 m … 213 m … 33 Grad … 164 m … 15 Grad.«

In 150 m Höhe erreicht das einschwebende Landefahrzeug die »Low Gate«-Position, ungefähr 600 m vom Landeplatz entfernt, und tritt damit in die letzte Phase der Landung ein. Die Sinkgeschwindigkeit ist bis auf 30 km/h (8 m/sec) abgebremst worden; die Geschwindigkeit in horizontaler Richtung beträgt nur noch etwa 50 Stundenkilometer (14 m/sec). Nun übernimmt Neil Armstrong mit Programm P66 die manuelle Lagesteuerung, um den »Adler« zur Landung zu bringen, wie er es in Houston mit dem Landetrainer unzählige Male geübt – allein achtmal noch wenige Tage vor dem Start – und in Cape Kennedy mit dem Hubschrauber simuliert hat. Obwohl Armstrongs Pilotenkönnen phänomenal ist, stehen ihm zur Steuerung außerdem ein vollautomatisches und ein halbautomatisches Lenksystem zur Verfügung. Das spinnenbeinige Gefährt fliegt sich wie ein Hubschrauber, wenn es in »Manual« ist, mit dem Unterschied, dass der Auftrieb nicht von einer Rotorschraube, sondern von dem nach unten brennenden Dips-Landetriebwerk geliefert wird. Etwas anderes wäre es im halbautomatischen Modus, denn da würde Neil im Gegensatz zur Helikoptersteuerung nur die Sinkgeschwindigkeit regulieren. Bei der Übernahme der manuellen Lagesteuerung sind es bis zur völligen Tankentleerung noch 185 Sekunden.

Die Augen dicht am Glas des Lukenfensters, blickt der Kommandant angestrengt nach vorne und unten, auf der Suche nach dem bestmöglichen Landeplatz, dann wieder streift der Blick aus seinen kühlen Augen blitzschnell die Instrumente, während Buzz Aldrin mit ausdrucksloser Stimme im Maschinengewehrtempo die Anzeigen der Instrumente ausruft. … Sinkgeschwindigkeit … Vorwärtsgeschwindigkeit … Höhe. Aus dieser geringen Höhe sieht der Mondboden doch ein wenig anders aus als auf den Fotos der Apollo-8- und Apollo-10-Besatzung. Die große Zahl der sichtbaren Felsblöcke bestürzt Armstrong.

Mit der linken Hand kontrolliert er mittels des T-Griffs die Schubstärke und die horizontale Verschiebung durch die Lagekontrolldüsen, mit der rechten die Fluglage um die drei Körperachsen. Er atmet schneller, und sein Herzschlag hat sich in den letzten Sekunden auf 110 beschleunigt, steigt noch weiter … Er weiß: Dies sind die kritischsten Sekunden des ganzen Fluges! Dies ist die einzige Flugphase, die noch auf keinem anderen Weltraumflug zuvor durchgeprobt wurde. Und er hat nur wenige Augenblicke Zeit, genau: 85 Sekunden, um die Landestelle zu inspizieren und notfalls noch »umzudisponieren«, d.h. ein Ausweichmanöver zu einer benachbarten Stelle zu unternehmen, wenn ihm der Boden für die Fußteller des »Eagle« nicht sicher genug erscheint. Er weiß all dies, aber er denkt nicht. Er ist in diesen denkwürdigen Momenten völlig in seinem Element. NASAs Wahl eines der besten Piloten der Welt als Kommandant der Apollo 11 erweist sich in diesen Augenblicken als richtig.

Armstrong sieht, dass die Landebahn den »Adler« mitten in den Krater führt, den er bereits zuvor gesehen hat, und der seinen späteren Worten nach von der Größe eines »Fußballplatzes« ist. Spätere Fotoanalysen werden ergeben, dass es sich um den sogenannten West-Krater handelt, der einen Durchmesser von etwa 180 m hat und auf Lunar-Orbiter-Fotos zu finden ist. Bei der Übernahme der manuellen Steuerung hat er bereits Programm P66 in den Computer gejagt (Bordzeit 102h 43m 22s), das ihm die vollmanuelle Steuerung ermöglicht, und dann reagiert er blitzschnell und mit Testpiloteninstinkt, indem er etwas »Gas« gibt und den Lander, 70 bis 80 Meter über dem steinübersäten Boden schwebend, durch Vorwärtskippen jäh nach vorne schiebt und mit der außerplanmäßig hohen Horizontalgeschwindigkeit von mehr als 20 m/sec (80 km/h) über den Krater hinwegschießen lässt. Die Leistung, die er in diesen Minuten vollbringt, ist enorm. Zum Manövrieren stehen ihm nur Treibstoffreserven für 85 Sekunden Flugverlängerung zur Verfügung. Neil Armstrong behält die Nerven und sucht ruhig nach einem besseren Landeplatz, noch während auf seiner Konsole und in der Flugleitzentrale vor den zu Salzsäulen erstarrten und sprachlosen Flugkontrolleuren und Besuchern die Sekunden verticken. Wenn je ein Mensch eiserne Selbstbeherrschung und überlegene Geistesgegenwart, verbunden mit superber Fliegerei gezeigt hat, dann ist es Neil Armstrong in diesen 47 Sekunden, die uns allen zur Ewigkeit werden. Nicht zuletzt hat Buzz Aldrins ruhige, professionelle Stimme mit ihrer ermutigenden Wirkung auf den jungen Kommandanten einen erheblichen Anteil am Erfolg der Landung. Aldrin beobachtet angespannt die Radaranzeigeskalen und den Ball des Fluglagenanzeigers auf der Schalttafel, der ihm die Raumlage des Landegefährts und seine Winkelgeschwindigkeit um die drei Achsen angibt. Sollten die Werte bestimmte Sicherheitsgrenzwerte überschreiten und dadurch anzeigen, dass die Mondfähre zu stark hin und her pendelt, um nicht ohne Gefahr des Umkippens zu landen, so müsste der Landevorgang sofort abgebrochen und die Aufstiegsstufe notgestartet werden. Nur Sekunden würden dann den Unterschied zwischen Leben und Tod ausmachen.

Während der vergangenen Sekunden hat sich der Lander aus der um rund zehn Grad nach hinten geneigten Rückenlage völlig in die Vertikale aufgerichtet, als Armstrong nach und nach mit dem Näherkommen der von ihm mithilfe der doppelten Strichskala auf den beiden Fensterscheiben ausgewählten neuen Landestelle jenseits des gefährlichen Kraters die Horizontalgeschwindigkeit »nullt«, wie es die Astronauten nennen. Dabei lauscht er auf Aldrins Meldungen und auf die erste Treibstoffwarnung vom Flugkontrollzentrum, die ihm beim Erreichen des »Low Level«, eines Treibstoffstandes von 5 % der ursprünglichen Menge von 8182 kg, zugehen wird und ihm bis zur völligen Tankentleerung noch 110 bis 114 Sekunden (eingerechnet 20 Sekunden Reserve im Falle eines Flugabbruchs zur Nullung der Sinkgeschwindigkeit) gewährte.* Laut Flugplan sollte 25 Sekunden später eigentlich die Landung erfolgen, sodass nach Brennschluss noch für 85 Sekunden Treibstoff in den Tanks verblieben wäre. Doch der geplante Zeitpunkt der Landung kommt und vergeht, und noch immer schwebt der »Adler« hoch über dem Mondboden und »frisst« in die verbleibenden 85 Sekunden. Damit beginnt im Kontrollzentrum der wohl dramatischste Countdown der Raumfahrtgeschichte. Zwei weitere Treibstoffwarnungen ergehen in der Folge an Aldrin und Armstrong, eine bei 80 Sekunden (»60 Sekunden«, plus 20 Sekunden Fluchtreserve), die zweite bei 50 Sekunden (»30 Sekunden«) bis zur völligen Tankentleerung. Beim letzten Warnruf enthalten die Tanks noch etwa 2 % Treibstoff.
Aldrin: »122 Meter … Sinkgeschwindigkeit 2,7 m/sec … nach vorne … 106,7 Meter … abwärts 1,2 m/sec … 1,05 … 14 vorwärts … 0,5 abwärts … 20 m/sec … 15 m/sec bei 0,5 … 5,8 vorwärts … Höhen- und Geschwindigkeitslicht … 67 Meter … 4,8 vorwärts … 3,4 vorwärts … kommt richtig herunter … 60 Meter … 1,4 abwärts … 1,7 abwärts … 1,98 abwärts … 1,7 abwärts … 2,7 vorwärts … schaut gut aus … 30 Meter … 1,1 abwärts … 2,7 vorwärts … 5 Prozent! (Treibstoffwarnung) … 22,8 Meter … noch immer gut … 0,2 abwärts … 1,8 vorwärts … 60 Sekunden … Licht ist an … 0,76 abwärts … vorwärts … vorwärts … 9 Meter … 0,76 abwärts … wirbeln etwas Staub auf … 1,2 vorwärts … 1,2 vorwärts … treiben etwas nach rechts … 0,2 abwärts … 30 Sekunden … gut, gut … Kontaktlicht! … Okay … Triebwerk aus …«

---

* Erst viele Monate später, Anfang 1970, zeigen minutiöse Auswertungen der Telemetriedaten, dass der 5 %-Alarm vermutlich um einige Sekunden zu früh, d. h. vor Erreichen der 5 %-Grenze, ergangen ist. Als Ursache wird Schwappen des Treibstoffs im Tank vermutet, das den Entleerungssensor kurzzeitig freigab und damit das Signal auslöste.

Armstrongs Herzschlag ist in den letzten Sekunden auf 156 Schläge pro Minute emporgeschnellt.

In einer Höhe von 1,70 Meter haben die Fühlsonden der Fußteller den Mondboden berührt, und auf den Armaturenbrettern sind zwei blaue Signallämpchen mit der Bezeichnung »LUNAR CONTACT« aufgeleuchtet, die dem Kommandanten den kritischen Moment anzeigen. Noch bevor mehr als eine Sekunde verstreichen kann, hat er mit dem schon bereitgehaltenen Finger auf den Triebwerksabstellknopf gedrückt. Seine Reaktionszeit bestimmt nicht nur die endgültige Landegeschwindigkeit, d. h. den Aufprall der Beine auf dem Boden (der nicht zu schwach sein darf, damit die Teleskopbeine weit genug zusammengedrückt werden, um die unterste Leitersprosse nahe genug an den Mondboden heranzubringen), sondern auch die Möglichkeit, dass das Triebwerk bei der Landung noch Schub erzeugen und damit bei einer etwaigen Bodenberührung und Stauchung seiner langen Düsenglocke das Landefahrzeug doch noch in die Gefahr des Kippens bringen könnte. Außerdem soll verhindert werden, dass der Abgasstrahl einen Krater in den Mondboden gräbt und Material auswirft.

Doch alles verläuft gut.

Rund eine Sekunde nach dem Abstellsignal ist das Dips-Triebwerk erloschen. Knapp eine Sekunde später setzt der »Adler« mit einem überraschend sanften Ruck auf und kommt zum Stillstand. Sein Neigewinkel gegenüber der Horizontalen beträgt nur 4,5 Grad. Das vordere Landebein mit der Sprossenleiter weist nicht genau nach Westen, sondern ist um 13 Grad in südlicher Richtung gedreht. Das auf dem Mond gelandete (Erd-)Gewicht beträgt 7211 kg. Die Brenndauer des Landetriebwerks belief sich auf insgesamt 756,3 Sekunden, entsprechend einer Geschwindigkeitsänderung (»delta-V«) von 2065 m/sec.

Armstrong: »Houston. Hier ist Basis Tranquillitatis. Der Adler ist gelandet.«

Von den 85 Sekunden Flugverlängerung hat er rund 47 Sekunden verbraucht. Noch 38 Sekunden, und das Triebwerk wäre aus Treibstoffmangel erloschen.

Capcom Charly Duke: »Roger, Tranquillitatis. Wir haben alles mitverfolgt. Die ganze Bande hier ist blau angelaufen. Jetzt holen wir wieder Luft. Danke vielmals!«

Aldrin: »Wir sind ›Go‹.«

Duke: »Ihr schaut von hier aus gut aus.«

Armstrong: »Okay, wir werden jetzt eine Minute lang beschäftigt sein.«

Später meldet sich auch Collins aus der Höhe: »Ich habe die ganze Sache gehört. Fantastisch!«

Der Mensch ist auf dem Mond gelandet. Es ist 16.17 Uhr und 40 Sekunden ostamerikanischer Zeit, am Sonntag, den 20. Juli 1969. Seit dem Start von der Erde sind genau 102 Stunden, 45 Minuten und 40 Sekunden vergangen.

Die Erleichterung über die geglückte Landung war selbst der kühlen Stimme Neil Armstrongs anzuhören gewesen. Sein Herzschlag geht nun rasch wieder auf 90 zurück. Späteren Schätzungen nach verfolgen zu Hause auf der Erde eine halbe Milliarde Menschen die Landung am Fernsehgerät.

Die stählernen Nerven der beiden Astronauten und ihre Entschlossenheit, den »Adler« zur Landung zu bringen, werden durch die in der Landestufe nach dem Aufsetzen verbliebenen Treibstoffmengen illustriert. Bei einer »normalen« Landung wären noch rund 508 kg Treibstoff übrig gewesen. Statt dessen landet der »Adler« mit knappen 150 bis 160 kg – gerade genug, um bei 25 % Schub noch 18 Sekunden zu schweben, bevor die 20 Sekunden Fluchtreserve hätten herangezogen werden müssen und Armstrongs letzte Gelegenheit zum Abbruch der Landung verstrichen wäre. (Je Sekunde Schwebezeit verbraucht der »Adler« etwa 4 kg Treibstoff.) Man muss sich das einmal in seiner ganzen Tragweite vorstellen, um die Leistung der beiden Pioniere voll würdigen zu können.

Mit einem raschen, geübten Blick über die Anzeigeinstrumente vergewissern sich die beiden Raumfahrer, dass alle Bordsysteme »nominell« sind und keine kritischen Werte zeigen. Das Landetriebwerk wird »entschärft«, d. h. von der Stromversorgung abgeschaltet, und die Treibstoff- und Heliumdruckgasbehälter der Landestufe werden von Armstrong durch Auslösung zweier Sprengventile gelüftet, damit sich in ihnen kein Überdruck durch Sonnenerwärmung bilden kann. Die Tanks haben zwar Sicherheitsventile, die sich bei zu hohem Druck automatisch öffnen würden, doch bestünde die Gefahr, dass ein Ventil gerade dann entlüftet, wenn einer der Astronauten im Freien danebensteht.

Noch könnte die Notwendigkeit eines fluchtartigen Abbruchs des Unternehmens und eines außerplanmäßigen Rückflugs zum Orbit des Mutterschiffs eintreten, zum Beispiel durch ein lokales Einbrechen der Gerölldecke, auf der die Mondlandefähre zum Stehen gekommen ist. Das Mutterschiff befindet sich zur Zeit etwa 14 Grad oder 440 km weiter westlich; es hatte den Lander während der Bremsphase eingeholt, überholt und hinter sich gelassen. Die Position, in der es sich jetzt befindet, wäre außer in den ersten 180 Sekunden nach der Landung auch für ein außerplanmäßiges Rendezvous ungünstig. Armstrong und Aldrin müssten in eine konzentrische Zwischen- oder Wartebahn emporsteigen, und Michael Collins müsste mit dem Triebwerk der »Columbia« eine Reihe von Manövern unternehmen, um die beiden Astronauten an Bord zu holen und zu retten. Besonders günstige Zeiten für einen Notstart wären die ersten drei Minuten nach der Landung, die neunte Minute danach und dann natürlich alle zwei Stunden.

Die Erregung, welche die Astronauten unmittelbar vor der Landung in voller Stärke erfasst hat, lässt noch nicht nach, doch vorerst haben sie keine Zeit, sich die Bedeutung der geglückten Landung bewusst durch den Kopf gehen zu lassen und ihre neue Umgebung in Augenschein zu nehmen. Etwa sieben Minuten lang bleiben sie nach dem Aufsetzen in Alarmbereitschaft, die Hand auf dem »ABORT STAGE«-Knopf. Doch nichts rührt sich. Die Treibstofftanks der Aufstiegsstufe haben kein Leck, die Stromversorgung funktioniert ohne Leistungsabfall. Das Landegerät steht stabil, und die Bordsysteme verhalten sich normal. Dann kommt die »Stay/No Stay«-Entscheidung aus Houston; sie stimmt mit der des Kommandanten überein.

Charly Duke: »Adler, ihr seid ›Stay‹ für T-1. Over. Adler, ihr seid ›Stay‹ für T-1.« Das bedeutet, dass sie bis zur nächsten günstigen außerplanmäßigen Rückkehrzeit auf dem Mond verweilen können. Später wird das »Stay« periodisch verlängert, im Rhythmus mit dem Erscheinen und Verschwinden der »Columbia« hoch über dem »Meer der Stille«.

Dann schaltet Buzz Aldrin den Strom zum Aufstiegsmotor ab, in der NASA-Sprache der »Aps-Motor«, von »Ascent Propulsion System«, und stoppt die 16-mm-Kamera, die das verwegene Landemanöver gefilmt hat. Die Trägheitsbezugsplattform wird für den Fall eines Notstarts in der lokalen Vertikalen ausgerichtet und in den Zustand der Dauerbereitschaft, auf »Standby«, gebracht. Alle Bordsysteme, die während des Aufenthaltes auf der Mondoberfläche nicht gebraucht werden, werden abgeschaltet und stillgelegt. Die Sonnenblenden werden vor die Fenster gezogen und die Helme und Handschuhe abgelegt.

Dann liefert Neil Armstrong den ersten Lagebericht zur Erde.

Armstrong: »Houston, das mag euch wie eine sehr lange Landephase vorgekommen sein. Der Autopilot war im Begriff, uns mitten in einen fußballplatzgroßen Krater hineinzubringen, der auf ein bis zwei Kraterdurchmesser mit einer sehr großen Zahl mächtiger Felsblöcke und Steine umgeben ist. Das machte es erforderlich, die Steuerung zu übernehmen und manuell über das Steinfeld hinwegzufliegen, um ein hinlänglich gutes Landegebiet zu finden.«

Frank McGee, NBC-TV-Starkommentator, ruft aus: »Mann, entschuldige dich doch nicht!«

Charly Duke: »Roger, we copy. It was beautiful from here, Tranquillity. Over.«

Frank McGee: »Magnificent job!«

Buzz Aldrin: »Wir werden später auf die Einzelheiten unserer Umgebung eingehen, aber sie sieht aus wie eine Sammlung von so ungefähr jeder Variation an Form, Eckigkeit, Körnigkeit … Jede Art von Stein, die sich definieren lässt. Die Farbe ist … nun … sie ist sehr veränderlich und hängt ganz davon ab, wie man seinen Blick in Bezug auf die Null-Phasenebene (= Sonne im Rücken, Verf.) richtet. Eine allgemein verbreitete Farbe scheint es nicht zu geben, doch sieht es so aus, als ob einige Steine und Felsen, von denen es in der Nähe eine ganze Menge gibt, ein paar sehr interessante Farben aufweisen. Over.«

Duke: »Roger, copy. Hört sich gut an.«

Aldrin: »Dieses Sechstel ›G‹ ist genau wie im Flugzeug.«

Duke: »Roger, Tranquillitatis. Zu eurer Unterrichtung: Hier gibt es massenweise strahlende Gesichter in diesem Saal, und überall auf der Welt auch. Over. «

Armstrong: »Und zwei davon sind hier oben.«

Duke: »Roger, das war eine wunderschöne Leistung, ihr Burschen!«

Mike Collins aus Himmelshöhen: »Und vergesst nicht eines in der Kommandokapsel!«

Duke: »Roger.«

Mike Collins an Basis Tranquillitatis: »Roger, Basis Tranquillitatis. Das hat sich von hier oben aus großartig angehört. Ihr Kerls habt einen fantastischen Job hingelegt!«

Armstrong: »Danke schön! Halte nur deine Kreisbahnstation da oben für uns bereit!«

Aldrin: »Es wird euch interessieren, dass wir keinerlei Schwierigkeiten mit der Umstellung auf das Sechstel ›G‹ gehabt haben. Für mich scheint es sofort wie ein natürlicher Zustand.«

Duke: »Roger, Tranquillitatis, wir hören. Over.«

Aldrin: »Die Gegend vor dem Fenster ist eine relativ flache Ebene, die mit einer ziemlich großen Zahl von Kratern der Größenkategorie zwischen 1,50 m und 15 m übersät ist. Und da sind einige Kammrücken, niedrig, vielleicht sechs, neun Meter hoch, würde ich schätzen. Und buchstäblich Tausende von kleinen Kratern von 30 bis 60 cm Durchmesser in der unmittelbaren Umgebung. Wir sehen vereinzelte eckige Blöcke dort draußen, einige Dutzend Meter vor uns, die etwa 60 cm groß sind und eckige Kanten haben. Direkt auf der Verlängerung unserer Fußpunktkurve ist ein Hügel sichtbar, weit vor uns – schwer zu schätzen … könnten 800 m sein oder doppelt so weit.«

Landung vollbracht: Blick aus der rechten Fensterluke der Landefähre auf das krater- und ge-
steinübersäte Mare Tranquillitatis. Rechts der Schatten einer Steuerdüse.

Mike Collins ruft herunter: »Das klingt, als ob's bedeutend besser aussieht als
gestern vom Orbit unter dem flachen Sonnenwinkel. Da sah's rau wie ein Mais-
kolben aus.«
Aldrin: »Ah, es war schon sehr rau, Mike, drüben im ursprünglichen Zielgebiet.
Es war extrem rau, kraterübersät und von großen Mengen von Felsbrocken bedeckt, von denen zahlreiche größer waren als vielleicht 2 bis 3 m.«
Um 16.59 Uhr verschwindet die »Columbia« aus dem Sichtbereich der Erde, um
erst 46 Minuten später, um 17.45 Uhr, im Osten wieder »aufzugehen«.
Der gesamte Checkout nach der Landung dauert etwas über zwei Stunden und
besteht im Wesentlichen aus einer vollständigen Simulierung eines Start-

Countdowns, einschließlich dem erneuten Anlegen der Schutzhelme und Handschuhe.

Um 17.45 Uhr kommt der langersehnte Funkspruch aus Houston: Flugkontrolle erteilt den Entdeckern das »Go« für den Ausflug auf den Mond, und zwar vier Stunden früher als im Flugplan vorgesehen. Man hat es dem Kommandanten überlassen, zwischen einer vierstündigen Ruhepause und dem sofortigen Ausstieg zu wählen, und Armstrong hat sich – was niemanden überraschte – für das Letztere entschieden: »Unser Vorschlag ist, unseren Ausflug für etwa 20 Uhr heute Abend, Houston-Zeit, zu planen – eure Zustimmung vorausgesetzt. Ihr könnt euch das eine Zeit lang durch den Kopf gehen lassen.«

Capcom: »Wir haben es uns durch den Kopf gehen lassen. Wir sind ›Go‹ zu der genannten Zeit.«

Armstrong: »Roger.«

Während der Checkout und die Ausstiegsvorbereitungen im Gange sind, meldet sich der »Adler«-Pilot.

Buzz Aldrin: »Ah, Houston, Tranquillitatis. Over.«

Capcom: »Tranquillitatis, Houston. Go ahead.«

Aldrin: »Roger. Hier spricht der LM-Pilot. Ich möchte diese Gelegenheit dazu benützen, jeden Menschen, der uns zuhört, zu bitten – wer und wo er auch immer sein mag –, einen Moment lang zu verharren und über die Geschehnisse der vergangenen paar Stunden nachzudenken und auf seine oder ihre eigene Weise Dank zu sagen. Over.«

Capcom Duke: »Roger, Basis Tranquillitatis.«

Unmittelbar nach der Landung nimmt Buzz, ein Presbyterianer, die Heilige Kommunion zu sich, für die ihm der Pastor seiner evangelischen Kirche ein Heimkit mitgegeben hatte. Das dabei verwendete Schälchen wird heute von der Kirchengemeinde in Webster, Texas, nahe dem Johnson Space Center, aufbewahrt.

Expedition am Ziel

> »Ein kleiner Schritt für einen Menschen, ein Riesensprung für die Menschheit.«

Um 19.43 Uhr, Bordzeit 106h 11m, beginnen Neil Armstrong und Buzz Aldrin mit den Vorbereitungen des ersten Ausfluges eines Menschen in die Mondwelt. Ihre Tätigkeiten sind in langjährigem Training und endloser Wiederholung fast schon zu einer automatischen Handlung geworden, die außerdem Schritt für Schritt von der Flugleitzentrale auf der fernen Erde aus überwacht wird. Sie nehmen über zwei Stunden in Anspruch und drehen sich in erster Linie um ihre Schutzanzüge und die tragbaren Luft- und Klimageräte, die sie auf der Mondoberfläche brauchen. Es ist ein langwieriger Prozess, der sehr große Sorgfalt und enges Zusammenspiel mit den Flug- und Systemkontrolleuren in Houston erfordert.

Der in grellem Orange-Rot leuchtende Überhelm, der in einer speziellen »Hutschachtel« mitgeführt wird, wird über den normalen Druckhelm gesetzt und an ihm befestigt. Er dient dem Schutz der Astronauten vor Mikrometeoriten, Wärmeeinstrahlung und Verletzung durch Sturz oder Schlag. Zwei wahlweise getrennt oder gemeinsam verwendbare Sichtblenden, die mit einem hochpolierten Goldfilm belegt sind, können zum Lichtschutz wie das Scharnier eines Ritterhelms heruntergeklappt werden.

Der Überhelm, in NASAs streng sachlicher No-Nonsense-Sprache »Extravehicular Visor Assembly« oder EVVA genannt, besteht aus orange-rotem Poly-Carbonat-Kunststoff und kann Temperaturen von 125 Grad C über Null oder 125 Grad C unter Null standhalten. Mit seinen beiden Sichtblenden ist er so präzise gearbeitet, dass selbst der winzigste Sonnenstrahl nicht ungefiltert ins Innere eindringen kann, ganz gleich, welche Stellung zur Sonne der Astronaut gerade einnimmt. Die innere Sichtblende bleibt außer beim An- oder Ablegen des Mondhelms ständig geschlossen und lässt etwa 70 % des sichtbaren Lichts ins Innere, ohne dabei Wärmestrahlung von innen nach außen entweichen zu lassen. Die äußere Blende, mit einem stärkeren Belag aufgedampften Goldes versehen, wird nur im direkten Sonnenlicht heruntergeklappt. Sie reduziert das durchgelassene Licht auf 16 %. Der gesamte Mondhelm misst in seinem weitesten Durchmesser fast 36 cm, hat eine durchschnittliche Schalendicke von zwei Millimetern und wiegt auf der Erde zwei Kilogramm.

Über den Mondhelm und den Raumanzug kommt ein weißer Überzug zum zusätzlichen Schutz gegen Wärmestrahlung und Mikrometeoriten. Das Material dieses Kapuzen-Overalls besteht aus elf Lagen aluminiertem Mylar (Polyäthylenterephthalat) und Filz.

Hinter den Astronauten ist an der Wand der Druckkabine ein tragbares Lebenserhaltungsgerät montiert; zwischen ihnen auf dem Boden liegt das zweite. In der Fachsprache der NASA wird es »Pliss« genannt, eine Verballhornung des Akronyms PLSS (von »Portable Life Support System«). Die Geräte werden wie ein Tornister auf dem Rücken getragen und wiegen mit vollen Tanks auf der Erde 38 kg, auf dem Mond nur etwas mehr als 6 kg. Sie sind etwa 65 cm hoch, 44 cm breit und 26 cm tief, und ihre äußere Umhüllung besteht aus einer Schicht Glasfasermaterial zum Schutz gegen Mikrometeoritpartikel nebst einer Wärmeisolierungsschicht aus Glasfasergewebe und aluminiertem Kapton. Der Mechanismus im Innern des Tornisters ist ein kleines Wunder moderner Präzisionstechnik.

Das Lebenserhaltungsgerät schafft und erhält im Innern von Armstrongs und Aldrins Raumanzügen eine Atmosphäre, ein kleines Stück Erde, das den Astronauten auf dem luftleeren Mond das Leben und Werken ermöglicht. Die Temperaturextreme, vor denen es sie außerdem beschützen muss, reichen von der Temperatur siedenden Wassers in der Sonne bis zur Temperatur, bei der sich Luft verflüssigt, im Schatten. Durch Schläuche, »Nabelschnüre« genannt, versorgt es den Anzug bis zu vier Stunden lang mit gekühlter, sauberer Luft, wobei die Betriebsdauer von der physischen Aktivität des Raumfahrers abhängt. Das Gerät liefert Sauerstoff für Atemzwecke, zur Druckbelüftung und zur Ventilation des Anzugs. Es versorgt ihn auch mit Wasser und Sauerstoff zu Kühlzwecken und filtert Verunreinigungen und Gerüche aus dem Kreislauf. Das Tornistergerät kann aus einer hierfür vorgesehenen Betankungsstation in der Mondlandekabine neu aufgeladen werden und erlaubt dann einen weiteren Vier-Stunden-Ausflug auf den Mond.

Die Stromversorgung des Aggregates erfolgt durch eine Silber/Zink-Batterie von 16,8 Volt und 280 Wattstunden, die nach ihrer Entladung gegen eine neue Batterie ausgetauscht werden kann. Sie betreibt das Sauerstoffgebläse, die Wasserpumpe und das Radio- und Telemetriegerät, das ebenfalls im Tornister eingebaut ist, mit zusammen durchschnittlich 40 Watt.

Sauerstoff strömt aus einer 43 cm langen, 15 cm dicken Druckflasche, in der er zu 60 at komprimiert ist, durch ein Druckregulierventil und einen Schlauch auf Bauchhöhe in den Raumanzug, dessen Innendruck auf einer viertel Atmosphäre gehalten wird. Der zirkulierende Sauerstoff trägt die ausgeatmete Kohlensäure nebst Staub und anderen Schwebeteilchen, Luftfeuchtigkeit und Körperwärme mit sich und kehrt durch einen Auslassschlauch zum Tornistergerät zurück, wo er zunächst eine auswechselbare Lithiumhydroxid-Patrone passieren muss, um das Kohlendioxid durch chemische Bindung abzugeben. Danach werden in einem Bett von aktivierter Holzkohle Geruchsstoffe und Verunreinigungen herausgefiltert und der Sauerstoffstrom schließlich in einem Sublimator gekühlt. Der Wärmeentzug aus dem Gas geschieht durch Kühlwasser; das Wasser sickert durch poröse Platten aus gesintertem Nickel in einen Auslass, in dem Weltraumvakuum herrscht. Hier gefriert es zunächst, dabei die Poren verschließend, um dann durch Sublimation vom festen sofort in den gasförmigen Zustand überzugehen und unter Mitnahme der Überschusswärme in den Weltraum zu entweichen. Der Atemluftstrom wird nun mit frischem Sauerstoff aus der Druckflasche angereichert und vom Gebläse mit einem Durchsatz von 170 Litern pro Minute in den Anzug zurückgepumpt.

Außer dem primären Sauerstoffkreislauf verfügt das Lebenserhaltungsgerät noch über ein vollständig getrenntes Notgerät, das oben auf den Tornister aufgesetzt und mit einem eigenen Schlauch an den Schutzanzug angeschlossen wird. In zwei Kugeltanks enthält es einen Reservevorrat an Sauerstoff unter 400 at Druck, der auch bei Ausfall des Gebläses und des Luftaufbereitungskreislaufs 30 Minuten lang den Anzug durchspülen und mit Druck und Atemluft versehen könnte.

Neben dem Sauerstoffkreislauf gehört auch ein Wasserkreislauf zu den inneren Mechanismen des Pliss-Geräts. Bei dem Innendruck des Raumanzugs von nur einer viertel Normalatmosphäre ist die Dichte des Sauerstoffs so gering, dass eine sehr hohe Zirkulationsgeschwindigkeit nötig wäre, um alle Überschusswärme vom Astronauten allein auf diese Weise abzuführen. Die elektrische Leistung zum Antrieb des Gebläses, das diesen hohen Durchsatz liefern könnte, müsste durch zusätzliche Stromversorgungsbatterien aufgebracht werden, die das Volumen und Gewicht des Tornisters ungebührlich erhöhen würden. An Bord der Raumschiffe besteht dieser Nachteil nicht, da dort genügend Strom vorhanden ist, und deshalb werden alle Astronauten, die – ob in der Kabine oder außenbord – mit dem Bordgerät durch eine Nabelschnur in Verbindung bleiben, einfach durch erhöhten Sauerstoffstrom gekühlt. Für die Apollo-Astronauten, deren Tornistergerät von den Schiffsanlagen völlig unabhängig ist, wird die zusätzliche Kühlung durch einen Wasserkreislauf erzielt, der in Bezug auf Stromverbrauch und Batteriegewicht wirtschaftlicher ist.

Die batteriebetriebene Wasserpumpe fördert pro Minute etwa vier Liter durch ein enges Netzwerk von hauchdünnen Röhren, das der Raumfahrer als Teil einer

Unterbekleidung auf der bloßen Haut trägt. Die Plastikröhren sind in dem aus Nylon-Spandex maschinengestrickten Bekleidungsstück eingenäht. Das Kühlwasser transportiert die vom Körper produzierte Wärme zum Sublimator, der sie ebenso vernichtet wie die aus dem Sauerstoff, und kehrt hierauf in die Untergarnitur zurück.

Der Kühlkreislauf kann pro Stunde bis zu 500 Kilokalorien an Wärme abführen und eine konstante Wassertemperatur von 7 Grad Celsius am Tornisterausfluss-Stutzen unterhalten. Je nach Wunsch kann der Astronaut durch Umlegen eines Hebels an der rechten unteren Ecke des Tornisters mehr oder weniger Wasser um den Sublimator herumleiten und dadurch einen von drei möglichen Temperaturbereichen für seine Unterbekleidung wählen: 7 bis 10 Grad Celsius, 15 bis 18 Grad Celsius und 24 bis 26 Grad Celsius. Der gesamte Kühlkreislauf mit Tank enthält etwa 3,8 Liter Wasser.

Die Kontroll- und Anzeigegeräte zur Bedienung des Pliss befinden sich auf einem Kästchen, das die Raumfahrer auf der Brust unter dem Kinn tragen, im Sichtbereich der Augen. Auf dem Schaltkästchen sehen sie ein Anzeigeninstrument, das den noch in der Druckflasche verbliebenen Sauerstoffvorrat angibt, ferner je einen Kippschalter für die Wasserpumpe und das Sauerstoffgebläse. Außerdem ist ein Drehknopf vorhanden, mit dem sich die Lautstärke des Helmradios regulieren lässt, und ein Fünf-Positionen-Drehschalter, mit dem der gewünschte Sprechfunkmodus eingestellt wird. Eine motorgetriebene 70-mm-Hasselblad-Kamera kann vorne an Armstrongs Kontrollkästchen angebracht werden.

Nachdem Neil Armstrong und Buzz Aldrin das Reserveatemgerät oben auf die Tornister aufgesetzt und gemeinsam mit den Flugleitern in Houston die Geräte einer genauen Überprüfung unterzogen haben, lösen sie die Halterungen an der Kabinenwand, schieben sich rückwärts an das Lebenserhaltungsgerät heran und ziehen sich über jede Schulter den Gurt eines besonderen Traggeschirrs, um ihn links und rechts an den Hüften des Anzugs mit Karabinerhaken an Halteringen zu befestigen. Nachdem sie sich vergewissert haben, dass das Gerät damit sicher am Rücken angebracht ist, schließen sie die beiden Sauerstoffschläuche und die Wasserschläuche des Tornistergeräts vorne an den dafür vorgesehenen Stutzen des Anzugs an und schieben die elektrischen Kabelstecker in die Steckdosen am Raumanzug und am Tornister. Das Kontrollkästchen wird vorne auf der Brust festgeschnallt. Weitere 15 Minuten vergehen, in denen die Aggregate und Systeme der Pliss-Geräte überprüft werden. Auch beim geringsten Problem müsste auf den Ausflug verzichtet werden.

Jetzt öffnen Armstrong und Aldrin die Sauerstoffhauptventile rechts unten am Tornister und schalten das Gebläse ein. Atemluft beginnt wieder durch den Anzug zu zirkulieren, doch diesmal kommt sie nicht aus der Luftversorgungsanlage des Mondlanders, sondern aus dem Rückenpack. Als die Telemetriedaten auf den Schaltkonsolen in der Flugleitzentrale in Houston anzeigen, dass die Geräte einwandfrei arbeiten, gibt der Capcom dem Kommandanten das »Go« für die Abtrennung von der Bordluftanlage. Die Schläuche der Letzteren werden vom Raumanzug entfernt, und ihre Anschlussstutzen am Anzug schließen sich dabei automatisch durch Sicherheitsventile. Dann wird der einzelne Sauerstoffschlauch des Reservegeräts an dem Stutzen angeschlossen, an dem sonst der Einlassschlauch der Bordanlage befestigt ist.

Die beiden Astronauten setzen nun durch Betätigung des Schalters auf dem Brustkästchen die Wasserpumpe in Betrieb. Etwas später, im Vakuum der Mondwelt, werden sie auch durch Öffnen eines Ventils am Tornister den Sublimator einschalten.

Nach einer letzten Überprüfung der Geräte sind Kommandant und Landepilot der Apollo 11 bereit, die Kabine zu verlassen.

21.50 Uhr. Capcom Bruce McCandless: »Buzz, Buzz, hier ist Houston. Verstehst du? Over.«

Aldrin: »Roger, Houston. Hier ist Buzz. Wie versteht ihr? Over.«

McCandless: »Roger, du kommst laut und deutlich durch, Buzz.«

Aldrin: »Ah, Neil hat jetzt seine Antenne aufgestellt. Wollen mal sehen, ob er nun besser durchkommt.«

Armstrong: »Okay, Houston. Hier spricht Neil. Wie ist der Empfang?«

McCandless: »Neil, hier ist Houston. Verstehen dich ausgezeichnet.« Kratzgeräusche aus den Lautsprechern …

Aldrin: »Deine Antenne kratzt an der Decke.«

McCandless: »Wir bestätigen: Deine Antenne kratzt an der Decke.«

Armstrong: »Kriegen wir ein ›Go‹ für Kabinendekompression?«

McCandless: »Basis Tranquillitatis, hier spricht Houston. Ihr seid ›Go‹ für Kabinendekompression.«

Es ist 21.53 Uhr abends.

Während der folgenden halben Stunde verliest Aldrin die Dekompressions-Checkliste.

Als nächste Verrichtung öffnen sie das Entlüftungsventil im Fußraum der Kabine und lassen die Kabinenatmosphäre des Mondlanders durch ein biologisches

Filter ins Vakuum des Weltraums ausströmen. Die Dekompression von 254 mmHg (0,33 at) auf Null beginnt um 22.25 Uhr. Die gesamten Vorbereitungen für den Ausstieg bis zu diesem Punkt haben zweieinhalb Stunden in Anspruch genommen – eine halbe Stunde länger als erwartet.

Um 22.39 Uhr abends, am 20. Juli, wird der Lukenverschluss unter den Armaturenkonsolen zurückgeklappt.

Armstrong: »Ah, die Klappe öffnet sich.«

Offizielle Bordzeit für die Öffnung des Lukendeckels: 109h 07m 33s.

Dann kauert sich der Kommandant nieder und kriecht vorsichtig auf dem Bauch mit den Füßen voran durch den geöffneten Lukentunnel nach draußen, sich mit der Hand an einem im Boden der »Adler«-Kabine eingelassenen Griff festhaltend. Da er seinen Tornister und die durch die enge Luke gegebene Umgrenzung nicht sehen kann, gibt ihm Aldrin während des Hinauskriechens Anweisungen. Zum einen muss er darauf achten, dass das Pliss-Gerät nicht anstößt und dadurch unter Umständen beschädigt wird, und zum anderen ist er darauf bedacht, Armstrong beim Hinausklettern so zu bugsieren, dass der Kommandant nicht in Gefahr kommt, seitlich von der schmalen Plattform vor der Luke zu fallen.

Auf der kleinen Metallplattform angelangt, richtet sich der Kommandant auf und sieht, erstmalig außerhalb seines Raumfahrzeugs, den silbern blitzenden »Eagle« vor sich, der ihn und seinen Kameraden so sicher aus der Parkbahn heruntergebracht hat, über 380 000 km von der Erde entfernt.

Armstrong: »Okay, Houston. Ich bin auf der Veranda.«

McCandless: »Roger, Neil.«

Für alle, die diesen unvergesslichen Moment miterleben, weicht einen kurzen Augenblick lang die alltägliche Umgebung des Kontrollsaals, der Fernsehschirme, der vier Wände unserer Welt ins Unbedeutende zurück, und der Kosmos tut sich in seiner ganzen Weite auf.

Jack Riley, Apollo-Kontrolle Houston: »Neil Armstrong auf der Veranda: um 109h 19m 16s«.

Es ist 22.51 Uhr nachts, Floridazeit.

Noch immer befindet sich der Entdecker auf der »Veranda« der Landefähre, der kleinen Plattform in fünf Metern Höhe, sich am Geländer festhaltend, doch nun setzt er den linken Fuß auf die oberste Sprosse einer Aluminiumleiter, die am vorderen Landebein angebracht ist, und damit beginnt sein historischer Abstieg zum Mondboden und in die Geschichte. Den Anordnungen der Raummediziner fol-

So stellte sich der Mondfährenhersteller Grumman Aircraft Engineering Co. die Landung von Apollo 11 mit LM-5 vor. Links neben der »Eagle«-Leiter die herausgeklappte MESA.

gend, geht er beim Abstieg äußerst langsam vor und verweilt auf jeder Sprosse ein Weilchen, um seinen Körper an die Bewegung unter einem Sechstel seines Gewichts zu gewöhnen.

Aldrin: »Hast du die MESA heruntergekriegt?«

Armstrong: »Bin gerade dabei, sie zu ziehen.«

Als er auf der zweiten Sprosse von oben angekommen ist, langt er mit der linken Hand zur Seite der »Veranda« und zieht mit einem Ruck an einem D-förmigen Handgriff, der entlang der Plattform herausragt. Dadurch entriegelt er den Verschluss des Mechanismus einer Gerätestauvorrichtung, der MESA (von »Modular Equipment Storage Area«), und das kastenförmige, mit Aluminiumfolie gegen zu große Erwärmungen geschützte Vorratsbehältnis kippt zu seiner Linken auf Hüfthöhe über dem Boden heraus und klappt in einem Winkel von 45 Grad herunter, so dass es leicht zugänglich wird. Automatisch gleitet damit auch eine funktionsbereite Schwarz/Weiß-Fernsehkamera heraus, die auf die Sprossenleiter gerichtet ist und mit der Übertragung der unglaublichen Szene in ihrem Bildfeld zur Erde beginnt, als Aldrin einen Schalter umlegt. Millionen und Abermillionen von Menschen sehen dort Neil Armstrong langsam und bedächtig die restlichen sieben Sprossen hinuntersteigen. Sein historischer Abstieg wird auch von Aldrins 16-mm-Filmkamera an Bord des »Adler« für alle Zukunft festgehalten. In der westlichen Hemisphäre der Erde ist es Nacht – aber was für eine Nacht! Nur wenige Menschen schlafen. Die Millionen an den Fernsehgeräten sind atemlos, von einem Frösteln überlaufen, in Staunen befangen, als hier für sie alle eine neue Welt eröffnet wird.

Im Bildfeld der Kamera sehen sie die Szene auf dem Mond wie durch ein Astloch. Links ist der Bildrand teilweise durch die Form der Landestufe verdeckt, in der linken unteren Ecke schiebt sich die kantige Silhouette der MESA-Vorrichtung ins Bild. Aber das übrige Feld ist überraschend klar und deutlich. Die optische Achse ist auf das Vorderbein und die Sprossenleiter gerichtet; am unteren Bildrand befindet sich der Tellerfuß, gerade noch mit einer Spur zu sehen. Die TV-Signale gehen von der S-Band-Antenne des »Adlers« zur riesigen 64-m-Radioastronomie-Antenne in Parkes, Australien, wo sie auf US-Fernsehnormen umgewandelt werden, bevor sie per Mikrowellenfunk nach Sydney, Australien, gehen und von dort über den pazifischen Nachrichtensatelliten Intelsat III-F-4 zur Flugleitzentrale nach Houston, die für die weitere weltweite Verbreitung sorgt.

Bruce McCandless: »Okay, Neil, wir können dich jetzt die Leiter herunterkommen sehen.«

Die Leiter hat insgesamt neun Sprossen, und es dauert etwa drei Minuten, bis Neil Armstrong unten angelangt ist und im Inneren des schalenförmigen Tellerfußes steht.

Armstrong: »Ich bin am Fuß der Leiter. Die LM-Fußteller sind nur 2,5 bis 5 cm in die Oberfläche eingesunken, obwohl die Oberschicht sehr, sehr feinkörnig zu sein scheint, wenn man sie aus der Nähe betrachtet. Sie ist fast ein Pulver.«

Pause.

Armstrong: »Jetzt werde ich von der LM treten.«

Wenige Minuten vor elf Uhr nachts berührt er mit dem linken Fuß erstmalig die Mondoberfläche, den rechten zur Sicherheit für einen Moment im metallenen Fußteller belassend.

Neil Armstrong an die Welt: »That is one small step for a man, one giant leap for mankind« (Bordzeit 109h 24m 15s).

150

Der Mensch hinterließ seine Fußspuren: Abdruck eines Astronautenstiefels an Basis Tranquilli-tatis.

Das sind die ersten Worte eines Menschen auf dem Mond.

Im nächsten Augenblick steht er mit beiden Beinen fest auf dem Mondboden und richtet sich auf. So hinterlässt der Mensch seine ersten Fußabdrücke – Abdrücke eines Stiefels von 15 cm Breite und 32,5 cm Länge, mit Querriffel-Muster auf der Sohle.

Die Uhrzeit des ersten Schritts auf dem Mond ist 22.56 Uhr Floridazeit (Bordzeit 109h 24m 20s).

Neil Armstrong: »Die Oberfläche ist lose und pulverig. Ich kann sie mit der Stiefelspitze lose hochkicken. Es klebt in einer feinen Schicht wie pulverisierte Holzkohle an meinen Stiefeln. Ich sinke nur einen Bruchteil eines Zentimeters ein, vielleicht drei Millimeter, aber ich kann die Fußabdrücke meiner Stiefel und das Sohlenmuster in den feinen, sandigen Partikeln sehen.«

Capcom McCandless: »Neil, hier ist Houston. Wir empfangen.«

Armstrong: »Es scheint keinerlei Schwierigkeiten zu bereiten, sich umherzubewegen, wie wir erwartet haben. Es ist vielleicht sogar leichter als in den Simulierungen eines Sechstel G's, die wir in den verschiedenen Simulatoren auf der Erde durchgeführt haben. Es bereitet praktisch nicht die geringste Mühe, umherzugehen … Der Abstiegsmotor hat so gut wie keinen Krater erzeugt. Er hat einen Bodenabstand von mindestens noch 30 cm. Wir sind hier auf einem sehr flachen Stück der Ebene. Ich sehe einige Spuren von Strahlen, die von dem Triebwerk ausgehen (ausgeworfenes Material, Verf.), doch in völlig unbedeutenden Mengen.«

Wie ein monströses Insekt aus einem Alptraum ragt neben ihm das sieben Meter hohe, in der Sonne strahlend und mit blendenden, korona-ähnlichen Reflexen blitzende Landefahrzeug auf, und hoch über dem bizarren Sendboten der Menschheit, etwa 30 Grad vom Zenith entfernt, schwebt am pechschwarzen Firmament die strahlend blau leuchtende, weiß marmorierte Halberde.

Wohl niemals zuvor in der Geschichte der Menschheit hat es ein Ereignis gegeben, das wie Armstrongs erste Schritte auf dem Mond die Erdbevölkerung derart umfassend, derart gleichzeitig, derart nachbarlich zusammengeführt hat.

Es ist ein Moment von beispielloser Dramatik, von Erleichterung und Erfüllung. Die Menschen sind verstummt. In der Flugleitzentrale, in den anderen NASA-Instituten, in aller Welt gibt es erwachsene Menschen, denen die Tränen über die Wangen rinnen – und niemand schämt sich ihrer in diesem Moment. Es ist ein Moment, den wir alle für den Rest unseres Lebens nicht mehr vergessen, den wir niemals aus dem inneren Auge verlieren werden. Es ist ein Moment, für den wir den drei Männern dort draußen in der Tiefe des Weltraums für immer unsagbar dankbar bleiben werden.

Armstrong: »Okay, Buzz. Bist du bereit, die Kamera herunterzulassen?«

Aldrin: »Alles bereit und in bestem Zustand.«

Der Kommandant nimmt die 70-mm-Hasselblad-Kamera entgegen, die ihm Aldrin an einem Seilzug aus der Höhe des Kabinenausstiegs herunterlässt, und montiert sie vorne auf das Kontrollkästchen auf seiner Brust. Dann (Bordzeit: 109h 30m 53s) verbringt er mehrere Minuten damit, die wichtigsten Außenansichten zu fotografieren, die bei einem überstürzten Abbruch des Unternehmens wenigstens die für die sichere Landung der für später geplanten Apollo-12-Mission benötigten selenografischen Informationen festhalten. Mit der batteriebetriebenen 11 000-Dollar-Kamera knipst er bedachtsam die Landebeine und Fußteller der Mondfähre und die unmittelbare Umgebung. Seine Verrichtungen in der Mondwelt haben bis jetzt insgesamt etwa 35 Minuten »Pliss-Zeit« beansprucht.

Neil Armstrong 1969 vor dem Mondflug, mit Ehefrau Janet und Söhnen Eric (l.) und Marc.

Neil Alden Armstrong, der Kommandant der Apollo 11 und der erste Mensch auf einem anderen Himmelskörper, ist 39 Jahre alt und Zivilist. Er ist 1,80 m groß, wiegt etwa 150 Pfund, hat kurz geschnittenes blondes Haar und blaue Augen in einem Jungengesicht, in dessen Mundwinkeln stets ein feines, amüsiertes Lächeln zu liegen scheint. Er ist ein wortkarger, in sich zurückgezogener Mann, der andere Leute reden lässt und sich dabei in Schweigen hüllt. Wenn er auch manchen seiner Bekannten oft rätselhaft erscheint, so gibt es doch ein Thema, bei dem er aus seiner Zurückhaltung hervorkommt: Flugzeuge und Fliegen.

Geboren am 5. August 1930 in Wapakoneta, einem Städtchen in Ohio von 7000 Einwohnern, besucht er die Sekundarschule des Ortes und hat bereits mit 16 Jahren seinen Pilotenschein, bevor er im Alter von 18 Jahren seinen Militärdienst antritt.

Drei Jahre lang – von 1949 bis 1952 – dient Neil Armstrong bei den Marinefliegern in Pensacola, Florida, und fliegt während des Koreafeldzuges 78 Kampfeinsätze, in denen er sich zum Fliegeras entwickelt. Danach nimmt er die Berufsausbildung wieder auf und studiert Flugzeugtechnik an der Purdue-Universität in Indiana. 1955 verlässt er die Hochschule mit dem akademischen Grad eines »Bachelor of Science«

(etwa dem deutschen »Vordiplom« entsprechend) in Flugzeugtechnik und geht zur NACA, der Vorgängerin der NASA-Behörde, um im Lewis-Flugantriebslaboratorium in Cleveland, dem späteren Lewis-Forschungszentrum (und heutigen Glenn Research Center) der NASA, eine Stelle als Ingenieur anzunehmen.

Später wird Armstrong zum heutigen Dryden-Flugforschungszentrum der NASA am Luftwaffenstützpunkt Edwards in Kaliforniens Mojave-Wüste versetzt, wo er für NACA, dann NASA als Pilot in der Flugerprobung und -forschung tätig ist. Daneben belegt er weitere Studienkurse an der Universität von Südkalifornien.

Als Testpilot der NASA fliegt er das Raketenflugzeug X-15 in der Projektentwicklung und erreicht Höhen über 60 km und Geschwindigkeiten von 6500 Stundenkilometern, die ihn für die Astronautenschwingen qualifizieren. Auch das Raketenflugzeug Bell X-1 wird von Armstrong in der Flugerprobung geflogen sowie die Flugzeugtypen F-100, F-101, F-102, F-104, F5D, B-47, das Paragleiter-Gerät und andere. Als Pilot einer B-29 »Superfortress«, die das X-15-Versuchsflugzeug auf seine Starthöhe trägt, nimmt er an über 100 Starts des Raketenflugzeugs teil. Insgesamt sammelt Armstrong bis zu seinem Start zum Mond über 4000 Flugstunden. Er hat eine ganze Reihe von brenzligen Situationen durch fliegerisches Können und Glück gemeistert und gilt heute als einer der besten Piloten der Welt.

Neil Armstrong wird im September 1962 von der NASA als Astronaut ausgewählt und sofort in die Ausbildung genommen. Fast vier Jahre später kommandiert er die Gemini 8, die am 16. März 1966 mit Dave Scott als Kopilot zu einer dreitägigen Erdumkreisung startet und das erste erfolgreiche Koppelungsmanöver zweier Fluggeräte im Weltraum durchführt. Das Unternehmen muss jedoch abgebrochen werden, als die Fluglagenregelung durch einen Kurzschluss außer Kontrolle gerät und das Raumschiff in wilde Rotation versetzt. Armstrong und Scott beweisen überlegenes fliegerisches Können, als es ihnen gelingt, das Schiff wieder zu stabilisieren und zu einer sicheren Landung zu bringen.

Neil Armstrong ist verheiratet und Vater zweier Kinder. Sein älterer Sohn, Eric, ist zwölf Jahre alt, der jüngere, Marc, sechs Jahre. Armstrong ist leidenschaftlicher Segelflieger, Mitglied des amerikanischen Segelfliegerclubs und Inhaber des goldenen Segelfliegerabzeichens der Internationalen Aeronautischen Föderation (FAI). Zu seinen Auszeichnungen gehört der Octave-Chanute-Preis des Institute of Aerospace Sciences (1962), der Aeronautik-Preis des American Institute of Aeronautics and Astronautics (1966), die NASA-Medaille für »Exceptional Service« und der John J. Montgomery-Preis 1962. In seiner zivilen Beamtenstellung bei der NASA verdient Armstrong 30 054 Dollar im Jahr.

Ein von Neil beim Landeanflug ausgemachter Krater gähnt 60 m vom »Adler« entfernt: 30 m im Durchmesser und 4,5 m tief. Links die 35-mm-Stereokamera mit ihrem Trag- und Bediengriff.

Neil Armstrong blickt sich langsam um und lässt die ersten Eindrücke der Mondwelt voll auf sich einwirken. Es herrscht absolute Stille um ihn, und die einzigen Laute, die er in seinem Raumanzug hört, sind die Geräusche in seinen Kopfhörern und das Summen des Gebläses und der Pumpe im Pliss-Gerät.

Seine neue Umgebung ist surrealistisch wie eine Landschaft von Salvadore Dalí. Ihre Luft- und Leblosigkeit ist unübersehbar und in ihrer Unmittelbarkeit und Kompromisslosigkeit erschütternd und erschreckend.

Auf den ersten Blick erscheint die Landschaft für den irdischen Betrachter als eine sehr monotone Lavaebene, deren Oberschicht wie grobkörniger Sand beschaffen ist, in den man wenige Zentimeter tief einsinkt. Nur vereinzelte Schlaglöcher und Felsbrocken sind in der näheren Umgebung der Landestelle sichtbar.

In der weiteren Ferne jedoch geht die Monotonie der Lavafläche in zunehmend abwechslungsreichere Formationen über, und mit ihnen nimmt auch die Unebenheit der Oberfläche zu. Geologen haben die Lavaebenen, die für die ersten Apollo-Landungen in Frage kamen, gemäß ihrer Oberflächenglätte in eine relative »Rauheitsskala« eingestuft, die von Gradstufe 2 bis Gradstufe 8 reicht, wobei 2 am rauen Ende der Skala steht und 8 den glattesten Teil eines Mondmeeres bezeichnet. Auf dieser Skala würde die Landungsstelle eine Oberflächenglätte zwischen 6 und 8 haben.

Die Apollo-Landestelle Nr. 2 befindet sich im südlichen Mare Tranquillitatis, etwa 60 km östlich des Kraters Sabine und rund 90 km südwestlich des Kraters Maskelyne, auf 0 Grad 41 Minuten 15 Sekunden nördlicher Breite und 23 Grad 26 Minuten östlicher Länge. Der »Adler« steht 400 m westlich des sogenannten West-Kraters im Südwestquadranten der Landeellipse auf den Ausläufern der Hangböschung des Kraters. Sie gehört zu einem relativ glatten Gebiet des Mare, das von nur wenigen, verstreut liegenden Kratern mit Durchmessern über einem halben Kilometer durchbrochen und von vereinzelten flachen Hügelrippen durchzogen wird. In Neil Armstrongs Sichtbereich, der bis zum Horizont nur etwa 4 km beträgt, befinden sich keine auf irdischen Mondkarten namentlich identifizierte Formationen. Aufgrund der flugmechanischen Abweichungen der Flugbahn von der Soll-Bahn aufgrund von Mascons hat der »Adler« die ursprüngliche Zielstelle »überschossen« und befindet sich etwa 7 km weiter westlich von ihr.

Das westliche »Ufer« des Mare liegt nicht weit von der Landestelle entfernt, rund 80 km. Begrenzt wird das Meer dort im Westen der Landestelle von Kontinental-erhebungen, die jenseits der Krater Sabine und Ritter beginnen. Die Hochgebiete bauen sich zu markanten Gebirgsketten auf, die in nordwestlicher Richtung verlaufen und ihrem Charakter nach durchs Mare Vaporum bis ins Mare Imbrium verfolgt werden können. Zahlreiche geradlinige Talrillen durchziehen die Hügelrippen wie tiefe Einschnitte; besonders auffällig ist die Aridaeus-Rille. Andere Taleinschnitte auf dem Kontinent sind die Rima Sosigenes und die Ritter-Rillen.

Etwa 40 km südlich der Landestelle, ebenfalls weit unter Armstrongs Sichthorizont, befindet sich der Krater Moltke, dessen wechselnd helle und dunkle Umrandung früher bei den Astronomen viel Verwunderung und Rätselraten verursacht hat. Heute weiß man, dass Moltke zahlreiche Charakteristiken eines frischen, jungen Einschlagkraters zeigt, auch wenn die ihn umgebende Schicht des Auswurfmaterials ungewöhnlich frei von gröberen Brocken ist, wie bei vielen vulkanischen Kratern. Vielleicht ist es eine vulkanische Oberschicht, die den Kraterrand überdeckt, oder der Krater ist doch viel älter, als ihn die sichtbaren hellen und dunklen Strahlen, Senken und »Dünen« erscheinen lassen. Der Kraterkessel selbst hat einen Durchmesser von rund 5 km und erhebt sich durchschnittlich 500 Meter hoch über der ihn umgebenden Ebene. Der Kraterboden liegt rund 1 km tief unter der Grathöhe. Das irdische Landefahrzeug ist an einer Stelle niedergegangen, an der das Bodenmaterial von dunkler Färbung ist.

Südwestlich der Landestelle, etwa 60 km Luftlinie entfernt, verläuft die Hypatia-Rille, von den Astronauten auch »Autobahn U. S. 1« genannt, von Moltke in nordwestlicher Richtung bis zum Krater Sabine. Etwa 18 bis 20 km entfernt in nördlicher Richtung befindet sich der Krater Sabine D mit zweieinhalb Kilometern Durchmesser. Ebenfalls zur Sabine-Familie gehört Sabine E, der nordöstlich der Landestelle, etwa 40 km entfernt, mit einem Durchmesser von 4 km die Lavaebenen durchbricht.

Abgesehen von diesen Kraterformationen und vereinzelten Mare-Rippen, Kraterwänden, Felsblöcken, Schuttanhäufungen und wenigen dünenähnlichen Erhebungen gibt es im weiten Umkreis keine größeren morphologischen Strukturen. Die Ebene erstreckt sich flach und glatt wie ein Brett. Die Felsbrocken, die in Nähe der Landestelle aus der Geröllschicht herausragen, sind nicht größer als allenfalls einen Meter.

Noch etwas anderes unterbricht die Monotonie der Landschaft, wenn man aus größerer Höhe herunterblickt: die in früheren Zeiten so mysteriösen »Strahlen« – helle, streifenähnliche Erscheinungen, die überall auf der Mondoberfläche zu finden sind. Auch der Südwesten des Mare Tranquillitatis wird von einigen schwachen, hellen Strahlen durchquert, die von dem etwa 250 km weit im Süden liegenden Krater Theophilus ausgehen. Einer der Streifen kommt nicht weit an der

Landestelle vorbei; an seiner helleren Färbung im Kontrast zum dunklen Mare-material deutlich erkennbar, verläuft er in Nähe von Sabine E. Er zeigt weitaus mehr »Schlaglöcher« und Unebenheiten als die umliegende Maregegend, mit Ausnahme eines Gebiets am Westrand einer lang gestreckten Hügelkette, des »Apollo-Rückens«, etwa 25 km nordöstlich der Landestelle, die auf der Rauheits-skala dem Wert 4 entspricht, während der Strahl selbst vom Grad 5 ist. Kraterzäh-lungen haben gezeigt, dass der Strahl auf einem Gebiet von 50 km^2 mehr als 10 000 Krater von 10 m oder weniger im Durchmesser hat, doch beruht seine hellere Färbung auf Material, das von Theophilus her darauf abgelagert wurde und sei-ner relativen Jugend wegen noch nicht nachgedunkelt ist.

Nicht sehr weit vom Standort der Landefähre entfernt befindet sich eine andere berühmte Landestelle, die des Fotoroboters Surveyor 5. Sie liegt nur etwa 26 km weit im Nordwesten der Apollo-Astronauten. Nur zwei Kilometer weiter entfernt gähnt im Osten der Landestelle – 5 km südwestlich des kleinen Kratergebildes Sabine EA – ein mächtiges Trichterloch in der Lavaebene, das die Fotosonde Ranger 8 am 20. Februar 1965 geschlagen hat. Nicht zuletzt ist es den durch sie gewonnenen Aufnahmen zu verdanken, dass Armstrong und Aldrin an einer sicheren Stelle landen konnten.

Erste Schritte, erste Funde

>»Der Himmel ist ein Teil der Welt des Menschen geworden.«

Gleich einem Schmetterling, der gerade seiner Puppe entschlüpft ist, testet Armstrong zunächst das Verhalten und Befinden seines Körpers in der neuen Umgebung, indem er sich mit einer Hand an der Leiter festhält und Beine und Arme bewegt. Auf einem Bein stehend, probiert er sein Gleichgewichtsvermögen aus.

Dann, als er in seiner körperlichen Koordination und Balancefähigkeit Sicherheit gewonnen hat und bereits während des Fotografierens die ersten Sprünge wagt, besteht seine nächste Tätigkeit darin, dass er ein kleines Greifinstrument aus einer geräumigen Tasche am Oberschenkel nimmt, einen Stiel daran auseinanderzieht und wie mit einem kleinen Klingelbeutel oder Schmetterlingsnetz wahllos eine Ladung des feinkörnigen Bodenmaterials aufschöpft. Hierauf trennt er den Plastikbeutel vom Stiel ab, faltet ihn sorgfältig zusammen und schiebt ihn in die Außentasche am linken Oberschenkel. Da er vom Inneren seines Druckhelms aus seine Beine nicht sehen kann, dirigiert Aldrin von der Kabine aus mit Worten den Schöpfbeutel in die Tasche. Der Metallstiel wird weggeworfen; es ist das erste Stück Abfall eines Menschen auf dem Mond. Das Kilogramm Bodenmaterial ist eine Notprobe; im Fall eines abrupten Abbruchs des Ausflugs und eines Notstarts des »Adlers« würden die beiden Entdecker wenigstens nicht mit völlig leeren Händen zur Erde zurückkehren. Aldrin filmt Armstrong während der Probenschürfung mit einer Filmgeschwindigkeit von einem Bild pro Sekunde.

Neben den Funksprechverbindungen zwischen dem Astronauten im Freien und der Landefähre, dem Mutterschiff und der Erde bestehen sieben Telemetriekanäle, durch welche Messwerte automatisch ohne Zutun des Raumfahrers und ohne ihn zu stören zum Mondlander und von dort per S-Band zur Erde übermittelt werden, ebenso wie die TV-Signale. Sechs der sieben Kanäle liefern ständig Angaben über den Druck in der Sauerstoffflasche, die Wassereinlasstemperatur, den Anzuginnendruck, den Speisewasserdruck zum Sublimator, die Kühlwassertemperatur und den Ladungszustand der Batterie im Tornister. Der siebente Kanal überträgt ein Elektrokardiogramm-Signal. Sollten Anzuginnendruck, Lüftungsdurchsatz und Speisewasserdruck zu niedrige Werte erreichen, so würde der Raumfahrer automatisch durch Warntöne in seinem Helm davon unterrichtet. Außerdem wird sein Gesamtzustand von der Erde aus verfolgt und notfalls durch Sprechfunk-

23.12 Uhr: Edwin Aldrin klettert als zweiter Mensch die Sprossenleiter herunter. Halb verdeckt hinter dem linken Leiterholm: die Aluminiumschatulle mit dem Sternenbanner.

verständigung mit ihm nachreguliert. Im Falle einer Störung müsste Armstrong augenblicklich an Bord zurück.

Dr. Buzz Aldrin, der während dieser ganzen Zeit in der Kabine des Landers geblieben war und den Kommandanten durch die Luke beobachtet und mit der Maurer-Sequenzkamera aufgenommen hat, schickt sich nun, um 23.10 Uhr, an, ihm ins Freie nachzufolgen.

Aldrin: »Bist du bereit, dass ich jetzt hinauskomme?«

Er kriecht um 23.11 Uhr aus der Luke, und Neil Armstrong beobachtet sein Vorwärtskommen vom Fuß der Leiter aus und dirigiert ihn durch den engen Ausschlupf.

23.14 Uhr: Der zweite Mensch betritt den Mond. Astronaut Edwin »Buzz« Aldrin auf dem Fuß-teller des Landebeins, unterhalb der neunsprossigen Leiter. Blickrichtung: Nordost.

Armstrong: »Okay, dein Pliss scheint klar und in Ordnung zu sein. Okay, etwas herunter jetzt mit dem Pliss … du bist frei … etwa zweieinhalb Zentimeter Luft über deinem Pliss … «

Aldrin: »Sehr gut. jetzt muss ich nur den Rücken etwas buckeln, um hinabzukommen. Wie weit sind meine Füße vom Rand entfernt?«

Armstrong: »Okay, du bist direkt am Rand der Veranda.«

Aldrin braucht weniger als fünf Minuten, um auf den Mondboden hinabzu-gelangen.

Aldrin: »Okay, ich stehe jetzt auf der obersten Sprosse und kann auf den Fahrwerkteller hinunterschauen. Es ist ganz einfach, von einer Sprosse zur nächsten hinunterzuhopsen.«

Armstrong: »Ja, das war sehr bequem und Gehen ist auch sehr bequem … Ed, du hast noch drei Schritte vor dir und dann einen langen.«

Um 23.14 Uhr betritt der zweite Mensch den Mond.

Buzz Aldrin hält sich an der Leiter fest und springt probeweise zur etwa einen Meter hohen ersten Sprosse zurück – elegant und leicht schwebend wie ein Balletttänzer. Doch bevor er den Fuß auf den Boden setzt, benützt er die kurze Wartezeit dazu, sich in den unter der wassergekühlten Untergarnitur umgeschnallten Urinbeutel zu erleichtern, und verzeichnet damit, wie er bei diesem Geständnis viele Jahre später scherzt, seine eigene »historische Erstleistung«.

Aldrin: »Herrlich, herrlich!«

Armstrong: »Ist das nicht was?!«

Er fotografiert seinen Bordkameraden beim Abstieg.

Noch hat Armstrong auf dem Boden, abgesehen von seiner kleinen Fotoexkursion, keine längere Wanderung unternommen. In Houston sind die »Life-Support«-Spezialisten währenddessen dabei, seinen Sauerstoffverbrauch, die Innentemperatur und die anderen Parameter des Pliss-Gerätes zu überwachen, sorgfältig auszuwerten und mit vorgegebenen Sollwerten zu vergleichen. Gleichzeitig überwachen Dr. Berry und seine Mannschaft den Herzschlag und die Respiration beider Astronauten und vergleichen die Werte mit den in sorgfältigen biomedizinischen Untersuchungen der beiden Männer vor ihrem Abflug gewonnenen Eich- und Normkurven.

Neil Armstrongs Gang auf dem Mondboden ist zur allgemeinen Überraschung nur in den ersten Momenten das schlurfende, traumartig verhaltene Schleichen im Zeitlupentempo, das man für die gesamte Dauer des Ausflugs erwartet hatte. Normalerweise bewegt sich der Schwerpunkt des menschlichen Körpers beim Gehen bei jedem Schritt um etwa 5 cm auf und ab und liefert dadurch wie bei einem Pendel rhythmisch aufeinanderfolgende Umwandlungen von Energie der Lage (potenzielle Energie) in Energie der Bewegung (kinetische Energie) und umgekehrt – ein äußerst energiesparender Vorgang, der das Gehen für den Körper so wirtschaftlich macht und beim Laufen und Rennen nicht mehr stattfindet. Die eigentliche Vorwärtsbewegung spielt sich hauptsächlich während der unter dem Zug der Schwerkraft erfolgenden Abwärtsbewegung des Schwerpunkts ab; sie wird nur zu geringem Teil durch den Schub des Fußes erzeugt und in erster Linie durch die Horizontalkomponente der Fallbewegung des Körpers während der zweiten Hälfte eines jeden Schrittes.

Tranquillity Base, gespiegelt in der Lichtschutzblende von Aldrins Helm: Armstrong, der »Eagle«, die Fahne, die TV-Kamera auf ihrem Stativ und sein eigener Schatten.

Im Schwerefeld des Mondes, dessen Stärke ja nur ein Sechstel der Erdschwerkraft beträgt, wird diese Horizontalkomponente entsprechend schwächer, so dass jeder Schritt auch mehr Zeit erfordert als auf der Erde. Hat Armstrong beim Gehen auf der Erde 100 bis 120 Schritte in der Minute zurückgelegt, so würde er jetzt auf dem Mond im gleichen Zeitraum nur 20 Schritte schaffen, auch wenn er zur Erhöhung der Horizontalkomponente und zur teilweisen Kompensation der reduzierten Anziehung den Körper wie beim Unterwasserlaufen weit vornüberneigt. Die Kohäsion oder Bodenhaftung seiner Füße ist weitaus geringer als auf der Erde, und der Kommandant muss daher bei seinem Ausflug sehr darauf bedacht sein, nicht auszugleiten. Außerdem hat das Pliss-Gerät auf seinem Rücken seinen Schwerpunkt

163

derart nach hinten verschoben, dass ein Fall nach rückwärts schon bei relativ geringer Rücklage eintreten kann.

Aldrin: »Die Masse des Rückenpacks macht sich etwas bemerkbar. Es besteht eine schwache Tendenz zur Rücklage, auch wegen des sehr weichen Bodens.«

Doch mit einiger Vorsicht erweisen sich längere, springende Schritte als die bessere Fortbewegungsmethode. Die Zuschauer auf der Erde wollen ihren Augen nicht trauen, als Neil und Buzz mit großer Leichtigkeit auf dem sandigen Mondboden umherspringen. Rufe der Begeisterung erklingen in der Flugleitzentrale, wo sich erwachsene Männer ekstatisch auf die Schenkel schlagen, und Menschen in aller Welt jubeln auf, als sie Aldrin und den Kommandanten fröhlich und leichtfüßig wie Gazellen, wie spielende, übermütige Kinder in einem neuen Land mit langen, geschmeidigen, behänden Sprüngen umhertollen sehen. Am meisten wundern sich die Ärzte. Der metabolische Verbrauch dieser Aktivitäten bleibt auf einem Minimum. Kühlkreislauf und Sauerstoffzufuhr der Pliss-Geräte sind nach wie vor auf niedrige Werte eingestellt. Mancher Raumspezialist fragt sich, ob angesichts dieser offensichtlich bequemen Mobilität des Menschen auf dem Mond, statt deren die Experten eigentlich die klotzigen Bewegungen eines Frankenstein-Monsters und die volle Auslastung der Lebenserhaltungsgeräte erwartet hatten, wirklich noch spezielle Fahrzeuge für den Nahtransport auf der Mondoberfläche nötig sein werden. Für die meisten ist es jedoch nun eine Sache absoluter Gewissheit, dass die Zukunft der Mondforschung und die geplanten permanenten Stationen auf dem Erdtrabanten gewonnenes Spiel haben. Wenn menschliche Tätigkeit auf dem Mond tatsächlich so viel »fun« ist, wie die Fernsehbilder erkennen lassen, ist die Zukunft des Menschen auf dem Erdtrabanten gesichert und seine Ausbreitung im Weltall und damit seine Unsterblichkeit als Rasse nicht mehr ganz so unwahrscheinlich.

Die Kontraste auf der Mondoberfläche sind hart und scharf; die in Armstrongs Blickfeld sichtbaren Lichtintensitäten – vor allem um die Landebeine herum und an und unter dem »Adler« – erstrecken sich über die ganze Spanne des Möglichen, von fast absoluter Lichtlosigkeit in den Schlagschatten bis zur strahlenden Helligkeit im Sonnenlicht, die dem Boden eine Leuchtkraft von etwa 10 000 Lumen pro Quadratmeter verleiht, oder hundertmal mehr als ein entsprechendes Geviert auf der Erde.

Die Sonnenscheibe am Firmament, etwa zehn Grad über dem Osthorizont, ist von extremer Helligkeit und Brillanz, entsprechend einer Leuchtkraft von 1011 Lumen pro Quadratmeter. Mit einem Durchmesser von rund einem halben Bogengrad (oder einem 720tel des Rundumhorizonts) erscheint sie dem Astronauten etwa in der Größe, die der Mond von der Erde aus hat.

Armstrong langt an der MESA-Vorrichtung an und setzt der Fernsehkamera das Teleobjektiv auf, das die Gegend um die Sprossenleiter »heranholt«. Dann begibt er sich mit traumartig langsamen, aber sehr langen Sprüngen zur Leiter zurück. 23.23 Uhr. »Neil ist jetzt dabei, die Plakette zu enthüllen.«

Armstrong enthüllt die unten abgebildete Metallplakette am Landebein des »Adlers«. Unter einer Darstellung der Westhemisphäre und der Osthemisphäre der Erde ist der Text in die blanke Metallfläche eingeprägt:

23.23 Uhr: Am »Adler«-Landebein enthüllt Neil die Plakette mit den Erdhälften und der Friedensbotschaft, unterzeichnet von Armstrong, Collins, Aldrin und Richard Nixon.

Die Plakette besteht aus rostfreiem Stahl und misst 22,5 x 19 cm, bei einer Dicke von 15 mm. Ihre Oberfläche ist hochpoliert und hat einen chromartigen Glanz. Die eingravierten Erdansichten, Worte und Unterschriften bestehen aus schwarzem Kunstharz, das die Prägungen ausfüllt. Die Plakette ist mit einem Radius von

10 cm gewölbt, um zwischen der dritten und vierten Sprosse von unten am Landebein Platz zu finden, wo zwischen den Streben und dem wie zerknülltes Silberpapier aussehenden Isoliermaterial nur wenig Raum ist. Die Deckplatte, die Neil Armstrong entfernt, ist eine dünne Folie aus rostfreiem Stahl.

Neil Armstrong, der junge Kommandant der Apollo 11, nimmt für die gesamte Menschheit vom Mond Besitz. Für die Apollo 11 gibt es keinen Chauvinismus. Auch wenn Neil wollte, könnte er nicht im Namen der Vereinigten Staaten allein Anspruch auf den Mond erheben. Dafür sorgt das Weltraumabkommen, das die großen Nationen 1967 unter der Obhut der Vereinten Nationen miteinander getroffen haben. Auch die USA haben sich darin verpflichtet, dass die Raumexpeditionen der Apollo 11 und aller anderen Flüge zu den Himmelskörpern ausschließlich zum Wohl der Menschheit und zum Nutzen und Frommen aller Länder stattfinden sollen.

Neil Armstrong verliest die Plakette mit bewegter Stimme (Bordzeit: 109h 52m 40s). Walter Cronkite, CBS-TV-Kommentator, der die Geschehnisse gemeinsam mit dem früheren Astronauten Walter Schirra verfolgt: »Oh, boy!«

Es ist 23.27 Uhr, als Neil Armstrong zum zweiten Male an der schräg heruntergeklappten MESA-Vorrichtung ankommt. Behutsam löst er die Fernsehkamera aus ihrer Halterung und hebt sie samt ihrem Kabel heraus. Auf einem dreibeinigen Stativ baut er sie 15 bis 18 m von der Mondfähre entfernt auf und richtet sie nach einigen Panorama-Aufnahmen auf den vorderen Teil des »Eagle«, sodass die Millionen auf der Erde den Astronauten auch während des weiteren Verlaufs ihres Ausflugs zusehen können, da die Kamera durch ein langes Kabel mit dem TV-Sender an Bord in Verbindung bleibt. Erst beim Start der beiden Mondforscher in der Aufstiegsstufe des »Eagle« wird die Verbindung automatisch getrennt. Die Kamera blickt nach Süden, und der Schein der Sonne fällt von links ins Bild. Das Landebein mit der Sprossenleiter ist rechts im Bild zu sehen, im Schatten des »Eagle«, nach Westen weisend.

Die TV-Kamera ist ein kleines Wunderwerk irdischer Elektronik. Von Westinghouse für die NASA entwickelt, wiegt sie nur dreieinviertel Kilogramm und kann aufgrund einer neuen elektronischen Erfindung, der sekundären Elektronenkonduktionsröhre, sowohl im hellsten Sonnenlicht als auch im düsteren Dämmerlicht des Erdscheins gestochen scharfe Szenen aufnehmen. Sekundäre Elektronenkonduktionsröhren wandeln Lichtimpulse in elektrische Signale um, die darauf viele hundert Male verstärkt und schließlich wieder in sichtbare Bildstrukturen zurückkonvertiert werden.

Astronaut Aldrin neben der aufgespannten SWC-Sonnenwindfolie vor der Landefähre »Eagle«.

Buzz Aldrin, der inzwischen mit schleppendem Gang zur MESA-Anlage geschlurft ist, entnimmt der Ladevorrichtung einen Teleskop-Stativstab, zieht ihn auseinander und steckt ihn fünf Meter entfernt im Norden des »Adlers« senkrecht in den Mondboden. Wie die Projektionsleinwand eines Heimkinos entrollt er hierauf von oben eine Metallfolie aus ultrareinem Aluminium und richtet sie am Stativ hängend in Richtung der Sonne aus. Die Folie dient zur Registrierung des Sonnenwindes; hochenergetische Atome von Helium, Neon, Argon, Krypton und anderen Edelgasen dringen in die Kristallstruktur des Aluminiums ein und können später durch chemische Analyse ihrer relativen Häufigkeit nach nachgewiesen werden. Das Experiment ist von Dr. Johannes Geiß von der Universität Bern entwickelt worden. Vor der Rückkehr der beiden Mondforscher wird die Folie wieder zusammengerollt und in ihrem versiegelten Beutel in einem der beiden Metallkästen mit Bodenproben verschlossen. Das Stativ dient gleichzeitig als Penetrometer, mit dem die Dichte des Mondbodens an der Oberfläche ermittelt werden kann.

Gegen 23.35 Uhr erscheint die »Columbia« wieder über dem Horizont.

Collins: »Houston, Columbia über den Richtstrahler. Over.«

Capcom: »Columbia, Houston. Verständigung laut und deutlich. Over.«

Collins: »Verständigung auch hier laut und deutlich. Wie geht's voran?«

Capcom: »Roger, die EVA (›Extravehikuläre Aktivitäten‹. Verf.) machen ausgezeichnete Fortschritte. Ich glaube, sie errichten gerade die Flagge.«

Collins: »Großartig!«

Armstrong und Aldrin entfalten das Sternenbanner und pflanzen es wenige Meter neben dem »Adler« auf, rechts von der Sprossenleiter. Die amerikanische Flagge entnehmen sie einem goldfarbenen Aluminiumrohr, das am linken Handgeländer der Leiter entlang den unteren Sprossen befestigt ist, außerdem zwei Hälften einer Fahnenstange, die sie zusammensetzen, bevor die Flagge errichtet wird. Aldrin fotografiert den Kommandanten bei seinem Tun.

Die Fahnenstange ist ebenfalls aus goldfarbenem Aluminium. Zusammengesetzt hat sie eine Länge von fast zweieinhalb Metern, und das Banner misst 0,90 x 1,50 m. Es besteht aus Nylon und wird von einem teleskopartig auseinandergleitenden Röhrchen im rechten Winkel zur Stange entfaltet gehalten, da es auf dem Mond ja keinen Wind gibt. Bei der Aufstellung verfährt Armstrong so, dass er zuerst den unteren Teil der Fahnenstange in den Boden schiebt, hierauf die Flagge entfaltet, indem er den Teleskopstab herauszieht, an dem sie mit ihren beiden oberen Ecken festgenietet ist, und schließlich den oberen Teil der Fahnenstange in den unteren steckt.

Botschaften der Staatsoberhäupter von 73 Nationen werden ebenfalls an der Landestelle eine ewige Ruhestätte finden; sie sind mit Mikrominiaturisierungstechniken ähnlich den modernen integrierten Schaltungen auf eine zylindrische flache Silicon-Scheibe von fast 4 cm Durchmesser aufgetragen worden, 200-fach verkleinert.

Collins: »Wie ist die Qualität des TVs?«

Capcom: »Oh, es ist einmalig schön, Mike. Ja, das ist es wirklich.«

Collins: »Ist die Beleuchtung halbwegs ordentlich?«

Capcom: »Und ob. Sie haben jetzt das Banner offen. Man kann deutlich die Sterne und Balken auf der Mondoberfläche sehen.«

Collins: »Großartig, einfach großartig!«

An der linken Seite der Landestufe, von vorne gesehen, hebt Armstrong mittlerweile einen silbern glänzenden Metallbehälter aus der MESA-Ladevorrichtung und setzt ihn in Hüfthöhe auf der durch einen herausgeklappten Teil der MESA gebildeten »Werkbank« ab. Der Aluminiumbehälter sieht wie ein Werkzeugkasten aus. Er ist hermetisch verschließbar und zur Aufnahme der Bodenproben bestimmt, die der Kommandant nun einzusammeln beginnt. Er entnimmt ihm einen Plastikbeutel, der einen Hammer, ein Schäufelchen, eine Greifzange und einen ausfahrbaren Stiel enthält. Der Stiel kann sowohl am Hammer als auch an der Schaufel angesetzt werden.

Kies- und Sandproben werden von Armstrong mit dem Schöpfgerät aufgenommen und in Plastikbeutel geschaufelt, die in gefaltetem Zustand im Inneren des Aluminiumkastens untergebracht waren, jetzt auf seinem zurückgeklappten Deckel liegen und einer nach dem anderen zum Auffüllen vorne links neben der »Botanisiertrommel« in einer Halterung aufgehängt werden, die sie gleichzeitig offenhält.

Als die »Steinkiste«, wie die Astronauten sie nennen, mit rund 23 Kilogramm Material (Erdgewicht) gefüllt ist, verschließt Neil Armstrong den Deckel und presst ihn mit vier Metallbändern, durch Hebelkraft gespannt, auf eine Indiumdichtung, so dass das Mondvakuum in seinem hermetisch dichten Inneren auch während des Rückflugs und nach der Landung auf der Erde bewahrt bleibt.

Aldrin wandert währenddessen in unmittelbarer Nähe der Landestufe umher, um die Tragfähigkeit des Bodens zu testen und den Flugleitern auf der Erde die Möglichkeit zu geben, das Verhalten seines Pliss-Systems und seines Körpers bei variierter Tätigkeit und unter verschiedenen Bedingungen der Sonneneinstrahlung zu studieren. Durch Kniebeugen und Bück- und Streckübungen untersucht er die Beweglichkeit seines Körpers im Raumanzug und die maximal mögliche Reich-

Aldrin prüft die Fortbewegung bei einem Landerbein, vor ihm die abgebrochene 1,70 m lange Kontaktsonde. Im Helm spiegeln sich der »Eagle« und der fotografierende Neil.

weite seiner Arme nach oben und unten, ohne das Gleichgewicht zu verlieren. Er probiert vor allem – es ist 23.45 Uhr – das »Känguruh-Hüpfen« mit beiden Beinen zur gleichen Zeit, das zwar leicht auszuführen ist, seiner Meinung nach jedoch weniger Vortrieb liefert als das mehr normale Springen von Bein zu Bein.

Um 23.47 Uhr, als Armstrong noch an der MESA arbeitet und Aldrin seine Bocksprünge ausführt und die ganze Umgebung des Landers mit Fußabdrücken übersät, werden sie vom Capcom, Bruce McCandless, aufgerufen.

»Basis Tranquillitatis, hier spricht Houston. Können wir euch beide bitte für eine Minute vor die Kamera bekommen?«

Dann, als sie sich zur Linken und Rechten der Flagge aufgebaut haben, sagt McCandless: »Neil und Buzz, der Präsident der Vereinigten Staaten befindet sich jetzt in seinem Büro und möchte ein paar Worte zu euch sagen. Over.«
Armstrong, nach einer kleinen Pause: »Das wäre uns eine Ehre.«
McCandless: »Beginnen Sie, Mr. Präsident. Hier ist Houston. Out.«
Die Stimme von Richard Nixon kommt über die Radioverbindung und klingt in den Kopfhörern der Entdecker auf dem fernen Erdtrabanten (Bordzeit 110h 16m 30s): »Hallo, Neil und Buzz! Ich spreche zu Ihnen per Telefon vom Oval Office im Weißen Haus … Mit Sicherheit ist dies das historisch bedeutendste Telefongespräch, das jemals vom Weißen Haus geführt worden ist. Ich finde nicht die Worte, Ihnen zu sagen, wie stolz wir alle darüber sind, was Sie getan haben. Dies muss für jeden Amerikaner der stolzeste Tag unseres Lebens sein und für die Menschen überall in der Welt. Ich bin sicher, dass auch sie gemeinsam mit den Amerikanern erkennen, welch immense Leistung dies ist. Aufgrund dessen, was Sie beide vollbracht haben, ist der Himmel ein Teil der Welt des Menschen geworden,

23.48 Uhr: »Der Himmel ist ein Teil der Welt des Menschen geworden.« Der US-Präsident gratuliert der Crew per Telefon aus dem Oval Office des Weißen Hauses.

und wenn Sie vom Meer der Ruhe zu uns sprechen, inspiriert es uns zur Verdoppelung unserer Anstrengungen, Frieden und Ruhe auf die Erde zu bringen. Einen unschätzbaren Moment lang in der gesamten Geschichte der Menschheit sind alle Völker dieser Erde wahrhaftig eins – eins in ihrem Stolz über Ihre Tat und eins in unseren Gebeten, dass Sie sicher zur Erde zurückkehren mögen.«

Neil Armstrong: »Danke sehr, Mr. Präsident.« Seine Stimme kommt stockend, als er fortfährt: »Es ist eine große Ehre und ein großes Privileg für uns, hier zu sein, als Repräsentanten nicht nur der Vereinigten Staaten, sondern aller friedvollen Nationen, die Interesse und Wissbegier und den Weitblick für die Zukunft haben. Es ist eine Ehre für uns, heute hier daran teilzuhaben.«

Richard Nixon: »Danke vielmals, und ich und wir alle freuen uns darauf, Sie am Donnerstag auf der Hornet wieder zu sehen.«

Armstrong: »Danke sehr, Mr. Präsident.«

Um 0.06 Uhr hat Neil Armstrong seine 15 Beutel mit Bodenproben gefüllt und sie im ersten Probenbehälter versiegelt.

Die Flugärzte in Houston strahlen: Beide Mondforscher befinden sich in ausgezeichneter Verfassung. Ihre Herztätigkeit liegt stetig zwischen 90 und 100 Schlägen in der Minute. Es ist wie ein Urlaubsausflug für sie. Man kann es noch immer nicht fassen.

Dann, um 0.30 Uhr, fast anderthalb Stunden nach Neils erstem Schritt auf dem Mond, kehren die beiden Entdecker nach einem Rundgang um die Mondfähre, verbunden mit einer gründlichen Inspektion der Landestufe und ihrer Spinnenbeine und mit Aufnahmen der Umgebung mittels der Hasselblad und einer speziellen Stereokamera, zum Stauraum der Landestufe auf der von vorne gesehen rechten Seite zurück, um die Instrumente des automatischen Forschungslaboratoriums aufzustellen. Die Station trägt den Namen »Easep« (von »Early Apollo Scientific Experiment Package«) und besteht aus einem automatischen Seismometer und einem Laser-Retroreflektor.

Die Aufstellung des Seismometers ist Dr. Aldrins Aufgabe, der noch ausgeruhter ist, doch braucht er sich hierbei nicht sonderlich anzustrengen, da ihm die Konstrukteure von Bendix und Grumman die Aufgabe sehr einfach gemacht haben. Nachdem er den etwa einen halben Kubikmeter fassenden Laderaum geöffnet hat, beginnt er, wie er es in Houston schon sorgfältig am Modell mit Attrappen geübt hat, bedächtig an einem mit Erkennungsfarbe quergestreiften Nylonband, einem »Lasso«, zu ziehen, wodurch die Verankerung des Instruments im Laderaum gelöst wird. Dann schiebt er das Zugseil aus dem Weg, langt mit der Hand

21.7.1969, 0.30 Uhr: Am Laderaum im hinteren linken Quadranten der Landestufe entlädt Buzz Aldrin den automatischen Seismometer und den Laser-Retroreflektor der EASEP-Station mit einer Leine.

Buzz trägt das Passive Seismometer (l.) und den Laser-Retroreflektor des EASEP bis auf etwa 25 m vom »Eagle« weg. Blick nach Süden.

in den Laderaum und hebt das Instrument heraus, um es neben sich auf den Boden zu setzen.

Anschließend holt er, ebenso verfahrend, das zweite Instrument aus dem Laderaum, den Laser-Retroreflektor. Beide Geräte trägt er, das Seismometer in der Linken, den Reflektor in der Rechten, bis auf etwa 18 m vom Lander weg, damit sie später beim Start nicht vom Raketenabstrahl beschädigt werden. Das Seismometer wiegt auf der Erde etwa 45 kg, auf dem Mond aber nur 7,5 kg. Das Erdgewicht des Laser-Reflektors beträgt 30 kg.

Buzz beim Ausrichten der Seismometer-Spiralantenne zur Erde. Im Hintergrund sind der schon ausgerichtete Laser-Rückstrahler, dahinter die Flagge und am Horizont die TV-Kamera zu sehen.

Die beiden Geräte werden in einem Abstand von rund drei Metern voneinander aufgestellt. Während sich Armstrong mit dem Retroreflektor zu schaffen macht, nimmt Aldrin die Aufstellung des Seismometers vor. Durch einen Druck auf einen Knopf an einem auf Hüfthöhe emporragenden Handgriff werden Federn entriegelt, unter deren Vorspannung jetzt zwei große Solarzellenflächen aufklappen und in einer Fixposition einrasten, in der sie dachförmig um je 45 Grad zum Mondboden geneigt in Ost- und Westrichtung ausgerichtet sind und während der Dauer eines Mondtages praktisch in jeder beliebigen Sonnenstellung den strom-

175

spendenden Lichtstrahlen genügend Fläche aussetzen. Die linke Fläche muss er von Hand vollends aufrichten.

Zur Ausrichtung entlang der Ost-West-Achse benützt Aldrin den Sonnenschatten, den ein auf dem Oberteil des Gerätes angebrachtes Gnomon wirft, und die Aufstellung in der Waagrechten überprüft er mit einer Wasserwaage, die ihm die gewünschte Horizontallage auf ± 5 Grad genau anzeigt. Die stabförmige Schraubenantenne des Radiosenders wird schließlich mit einem einfachen Richtmechanismus auf die Erdkugel ausgerichtet, die – vom Instrument aus gesehen – ihre Stellung am Firmament natürlich bis in alle Ewigkeit nicht verändern wird. Die Aufstellung des Instruments ist um 0.37 Uhr abgeschlossen. Seine Sonnenbatterie beginnt einen Strom von bis zu 40 Watt zu produzieren.

Der durch die Solarzellen erzeugte Strom versorgt vier Präzisionsinstrumente und ihre Elektronik im Inneren des Gerätes, die zur Registrierung von seismischen Erschütterungen des Mondbodens bestimmt sind und eine derartige Empfindlichkeit haben, dass sie auch die Fußtritte des sich entfernenden Astronauten verzeichnen. Und als Ed Aldrin in einiger Entfernung vom Instrument mit dem Hammer einen Kernprobenbohrer 12,5 cm tief in den überraschend harten Boden schlägt, kann man jeden Hammerschlag auf der Erde »sehen«. Die von den Sensoren durch Schwingungen pendelnd aufgehängter Massen festgestellten Bodenerschütterungen werden durch elektrostatische Induktion in Kondensatoren in elektrische Signale umgewandelt und dem Radiostrahl zur Erde aufmoduliert, wo sie wieder »dechiffriert« werden können. Das Gerät ist für eine Lebensdauer von mindestens zwei Jahren gebaut. Nach dieser Zeit wird es von einem Uhrwerk abgestellt. Um ein Versagen seiner Elektronik während der langen, kalten Mondnächte zu verhindern, trägt es zwei Heizelemente mit insgesamt 68 Gramm des Radioisotops Plutonium-238 in seinem Inneren, die natürlich keines Stroms bedürfen. Später jedoch wird es sich herausstellen, dass das Instrument durch die Sonne während des Mond-Tages weitaus stärker erhitzt wird als erwartet. Man vermutet, dass sich eine Schicht Staubes, den der Abgasstrahl des startenden »Adlers« hochgewirbelt hat, auf die Wärmeisolierflächen des Instruments gelegt und damit ihre Reflexionsfähigkeit herabgesetzt hat.

Neil Armstrong ist währenddessen dabei, den Laser-Retroreflektor aufzustellen, was um 0.36 Uhr geschehen ist. Das Gerät besteht aus einer quadratischen Tragplatte, auf der 100 Quarzkristallreflektoren in zehn Reihen zu je zehn Stück matrizenartig angeordnet sind. Die aus Schott-Glas gefertigten Rückstrahlerprismen, die wie das »Katzenauge« an einem Fahrrad wirken, messen etwa 5 cm im

Flugkontrolleure verfolgen angespannt den Apollo-11-Mondausflug im Kontrollsaal in Houston. Der große Fernsehbildschirm zeigt Armstrong und Aldrin in ihren Raumanzügen.

Durchmesser und sind in Form einer dreiseitigen Pyramide, eines Tetraeders, geschliffen, jedoch mit runder Grundfläche, sodass sie drei verschiedene Reflexionsflächen aufweisen und daher von mehreren Richtungen her angestrahlt werden können. Nicht nur vom amerikanischen Kontinent aus, sondern auch von Westeuropa, den Ostländern, der Sowjetunion und Asien aus können die kohärenten Lichtbündel von Laserprojektoren zur Landestelle des »Eagle« gerichtet und vom Rückstrahler zum Ursprungsort zurückgeworfen werden, um Entfernungsmessungen mit einer Genauigkeit zuzulassen, wie sie niemals zuvor möglich war. Außerdem können die Größe, Form und innere Zusammensetzung des Mondes, seine Bewegung, die Länge des Erdtages und die Bewegungen der Erdpole genauer bestimmt werden als in früheren Untersuchungen.

Da die Erde ihre Stellung am Firmament relativ zur Landestelle ja niemals verändert (abgesehen von der Librationsbewegung des Mondes), ist diesen Experimenten auch keine Zeitgrenze gesetzt, und die Messungen können daher im Laufe der Zeit außerordentlich verfeinert werden. Forschungsgruppen in mehreren Nationen der Erde, die sich an diesem Experiment beteiligen, können durch solche Entfernungsmessungen z. B. die Drift der Kontinentalschollen untersuchen, von der man annimmt, dass sie im Laufe der letzten 250 Millionen Jahre den postulierten Superkontinent Gondwanaland auf der südlichen Halbkugel in die Kontinente oder Subkontinente Südamerika, Afrika, Indien, Australien, Neuseeland und Antarktika und einen ebenso postulierten Superkontinent namens Laurasien auf der Nordhalbkugel in Nordamerika und Eurasien zerteilt und in beiden Fällen die Teilstücke dann stetig auseinandergetrieben hat.

Das Instrument wird von Armstrong aufgestellt, indem er die Reflektorfläche wie einen Kofferdeckel hochklappt und mit einem Handgriff zur Erde hin ausrichtet. Der ganze Vorgang dauert nicht länger als vier Minuten.

Die Aufstellung beider EASEP-Instrumente nimmt zusammen etwa 20 Minuten in Anspruch. Es ist rund 0.40 Uhr, als die Astronauten mit der zweiten Sammlung von Materialproben beginnen, die sich jedoch aus Zeitmangel nur auf ein paar Steinproben und auf zwei von Aldrin mit Bohrer und Hammer gewonnene Kernproben beschränken. Mehrmals bleibt Neil beim Hin- und Hereilen mit einem Stiefel in dem weißen Kabel der TV-Kamera hängen, das bald, mit einer Staubschicht bedeckt, nicht mehr gut zu sehen war und sich außerdem stellenweise zu einem Knäuel aufwarf anstatt flach auf dem Boden liegen zu bleiben.

Die Fotoausrüstung der beiden Entdecker ist speziell für die Verwendung in der Mondwelt entwickelt worden und besteht aus der 70-mm-Hasselblad auf Armstrongs Brust und einer stereoskopischen Kamera. Für die Hasselblad ist von der deutschen Firma Zeiss speziell für die Mondlandung ein neues Objektiv aus Schott-Glas von 60 mm Brennweite und f/5,6 als größter Öffnung entwickelt worden, das schärfer zeichnet als früher verwendete Linsen und ein Reseau-Gitter mit Fadenkreuz zur fotogrammetrischen Rektifikation der Bilder enthält. Da die maximale Blendenöffnung des neuen Objektivs nur ein Viertel der Lichtstärke hat wie die früheren Objektive von f/2,8, hat die NASA für die Mondlandung einen neuen Farbfilm entwickeln lassen, Ektachrome EF, der mit ASA 160 (Din 24) zweieinhalbmal empfindlicher ist als der von der Apollo-10-Besatzung verwendete Farbfilm.

Die Stereokamera ist von Eastman-Kodak dazu entwickelt worden, Doppelaufnahmen für dreidimensionale Fotos zu machen. Sie kann 100 Bildpaare liefern, von denen jedes Bild 2,5 cm im Quadrat misst und ein Bildfeld von 7,5 cm hat. Die Kamera enthält ihre eigene stroboskopische Lichtquelle für die präzise Belichtung von Nahaufnahmen.

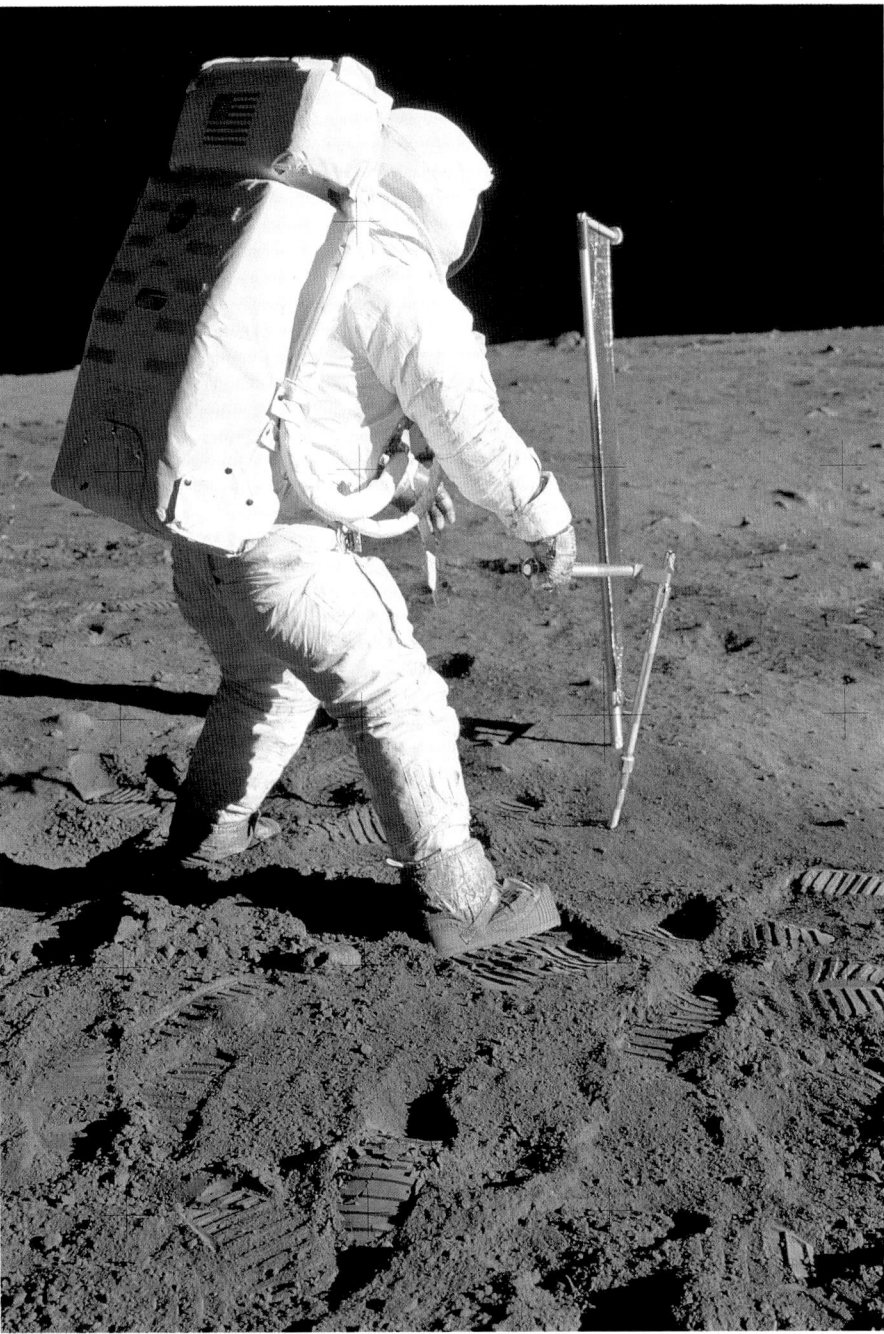

Nahe der SWC-Sonnenwindfolie treibt Aldrin den Kernprobenbohrer in den Boden, um Tiefen-
proben in zwei Röhren zu gewinnen. Das Seismometer registriert jeden Hammerschlag.

Es ist 0.50 Uhr am 21. Juli, als Buzz mit wahren Siebenmeilensprüngen und einem Tempo, das in der Flugleitzentrale auf 9 bis 13 km/h geschätzt wird, zum Sonnenwindexperiment eilt, die Aluminiumfolie, die damit 77 Minuten lang der Sonne ausgesetzt war, wieder zusammenrollt und im zweiten Probenkasten verstaut.

Um 0.56 Uhr steigt Aldrin langsam und denkbar ungern die Sprossenleiter zur »Veranda«-Plattform empor, immerhin, wie ein Kommentator sagt, der »erste Mensch, der den Mond verlässt«. Sein Aufenthalt im Freien hat 1h 50m und 24s gedauert. Der an einem kranartigen Tragarm an der Luke des Kriechtunnels angebrachte Seilzug, die sogenannte »Wäscheleine«, von Armstrong durch Ziehen an einem Nylonband betätigt, befördert die Transportbehälter mit den Gesteinsproben in die Höhe und ins Innere der Aufstiegstufe. Es ist diese Arbeit, die anscheinend die meiste Energie erfordert. Neils Herzschlag steigt auf 160, Buzz Aldrins auf 125, von 90 während der EVA für beide. Insgesamt hat Armstrong 22 kg Proben gesammelt. Etwa eine Viertelstunde nach Aldrins Rückkehr in die Kabine, um 1.09 Uhr, Bordzeit 111h 37m 32s, folgt Neil Armstrong nach und verschließt die Luke hinter sich. 1.10 Uhr morgens: Luke ist dicht. Die Astronauten lassen die Kabinenatmosphäre aus den Sauerstofftanks und der Luftversorgungsanlage einströmen, bis ein Innendruck von 248 mmHg (0,33 at) erreicht ist. Zur Druckbelüftung der »Adler«-Kabine sind 3 kg Sauerstoff nötig.

Inzwischen ist es 1.14 Uhr. Der Ausflug in die Mondwelt ist vorüber. Er hat insgesamt 2h 31m gedauert, vom Öffnen bis zum Schließen der Luke. Während des Einstiegs durch die enge Luke passiert ihnen ein kleines Malheur: Mit einem Pliss-Tornister stoßen sie an einen Schalter des Armaturenbretts und brechen den Knopf ab. Es ist der Schalter, mit dem das Aps-Triebwerk »scharf« gemacht wird. Glücklicherweise kann der Kontakt trotzdem geschlossen, jedoch nicht mehr manuell geöffnet werden; doch es hätte noch eine Ausweichmöglichkeit gegeben, den Stromkreis zu schließen, wie beim Apollo-Flug überhaupt alles oder nahezu alles auf doppeltem oder dreifachem Weg getan werden kann. Während sie ihre Schutzanzüge öffnen, atmen Michael Collins im kreisenden Mutterschiff und die Flugkontrolleure in der Zentrale in Houston erleichtert auf. Es ist alles gut gegangen. Doch nicht nur das: Der Ausflug war ein Riesenerfolg, der auch die Erwartungen der optimistischsten Flugkontrolleure bei Weitem übersteigt.

Aber eine Periode noch größerer Spannung und Ungewissheit steht bevor.

Der Schiffshüter

»Ihr habt dort oben hervorragende Arbeit geleistet!«

Armstrong und Aldrin verbringen die nächste Stunde damit, alle Ausrüstungs-gegenstände zusammenzutragen, die für den Rückflug nicht mehr gebraucht wer-den, und darüber aus Gründen der Massenbestimmung Buch zu führen. Dann legen sie wieder ihre Bordhelme und die Handschuhe an und lassen die Kabinen-atmosphäre um 3.40 Uhr, bei 114h 08m 12s, zum zweiten Mal entweichen, um die Luke noch einmal öffnen zu können. Aus Gründen der Gewichtsersparnis und der Quarantäne werden alle nicht mehr benötigten Dinge, wie die Pliss-Tornis-tergeräte, Kameras, ihre Überschuhe, vier Armstützen usw. auf der Mondoberflä-che zurückgelassen – als Abfälle im Wert von über einer Million Dollar. Auf den TV-Schirmen der fernen Erde ist um 3.46 Uhr (Bordzeit: 114h 4m) deutlich zu sehen, wie die drei Pakete aus der Luke geschoben werden und im Zeitlupentempo die Leiter hinunterpurzeln. Das Seismometer verzeichnet die Erschütterungen pflichtbewusst und meldet sie zur Erde.

Andere Hoheitszeichen, die die Apollo 11 zum Mond getragen hat und wieder mit zur Erde zurücknimmt, sind zwei große US-Flaggen – je eine für den Senat und das Repräsentantenhaus des US-Kongresses –, die Fahnen der 50 US-Staaten, des Distrikts von Columbia und der US-Territorien, Flaggen anderer Nationen und die Fahne der Organisation der Vereinten Nationen. Von besonderer Bedeutung für die Mondfahrer und für fünf verwitwete Frauen zu Hause auf der fernen Erde sind drei Ehrenzeichen, die ebenfalls für alle Zukunft auf dem Mond ihre Ruhestätte finden: Zwei russische Militärorden, die dem Apollo-8-Kommandanten Frank Borman von den Witwen der Raumpioniere Juri A. Gagarin und Wladimir Komarow zur Hin-terlassung am Traumziel der beiden tödlich verunglückten Kosmonauten, dem Mond, übergeben worden waren, und das Bordwappen der Apollo 1, das einst den Astronauten Air Force-Oberstleutnant Virgil A. Grissom, Air Force-Oberstleutnant Edward H. White jr. und Navy-Korvettenkapitän Roger B. Chaffee zugedacht ge-wesen war, bevor sie in der Brandkatastrophe der AS-204 ihren Tod fanden.

Und schließlich hinterlässt der »Adler« im Meer der Stille das universelle Symbol des Friedens, das er auf dem Wappenschild der Apollo 11 in den Klauen trägt: einen Ölzweig von der Erde, in Gold getrieben.

Dann, um 3.48 Uhr, wird die Kabine wieder unter Innendruck gesetzt, und um 3.50 Uhr ist das Manöver »EVA-2« abgeschlossen.

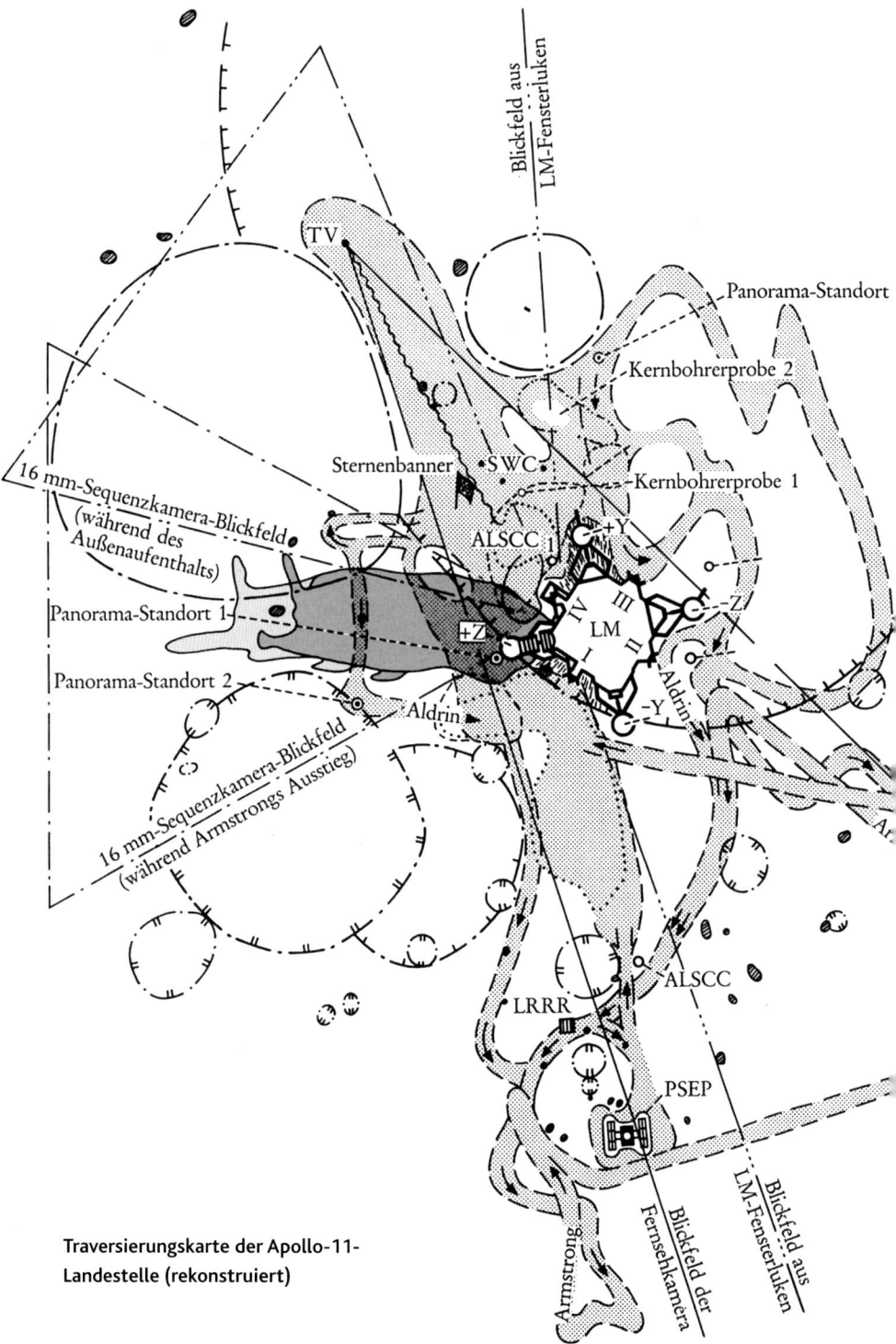

Traversierungskarte der Apollo-11-
Landestelle (rekonstruiert)

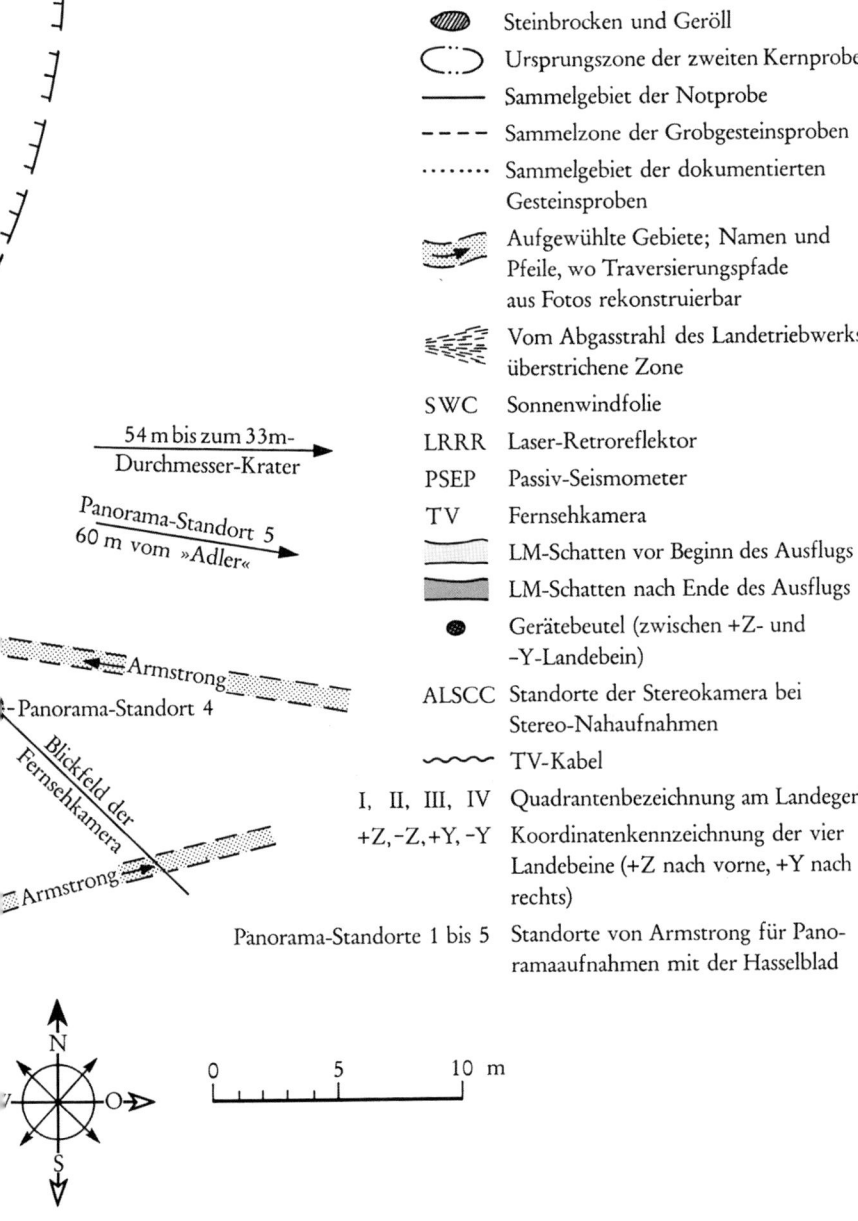

Erklärung

⊓ ⊓   flache Einsenkung

— · —   schwach angedeuteter Krater

⊤·⊤   »verwaschener«, unterdrückter Krater

⊤·⊤   relativ scharf ausgebildeter Krater

   Steinbrocken und Geröll

⊂··⊃   Ursprungszone der zweiten Kernprobe

———   Sammelgebiet der Notprobe

- - - -   Sammelzone der Grobgesteinsproben

· · · · · · ·   Sammelgebiet der dokumentierten Gesteinsproben

Aufgewühlte Gebiete; Namen und Pfeile, wo Traversierungspfade aus Fotos rekonstruierbar

Vom Abgasstrahl des Landtriebwerks überstrichene Zone

SWC   Sonnenwindfolie

LRRR   Laser-Retroreflektor

PSEP   Passiv-Seismometer

TV   Fernsehkamera

LM-Schatten vor Beginn des Ausflugs

LM-Schatten nach Ende des Ausflugs

●   Gerätebeutel (zwischen +Z- und −Y-Landebein)

ALSCC   Standorte der Stereokamera bei Stereo-Nahaufnahmen

∿∿∿   TV-Kabel

I, II, III, IV   Quadrantenbezeichnung am Landegerät

+Z, −Z, +Y, −Y   Koordinatenkennzeichnung der vier Landebeine (+Z nach vorne, +Y nach rechts)

Panorama-Standorte 1 bis 5   Standorte von Armstrong für Panoramaaufnahmen mit der Hasselblad

54 m bis zum 33 m-Durchmesser-Krater

Panorama-Standort 5 60 m vom »Adler«

Armstrong

Panorama-Standort 4

Blickfeld der Fernsehkamera

Armstrong

N
W — O
S

0   5   10 m

3.54 Uhr. Bruce McCandless: »Wenn ihr jetzt schlafen geht, schaltet auf die automatische Alarmanlage um. Wir hier unten in Houston, wir alle in allen Ländern in der ganzen Welt möchten euch sagen, dass ihr dort oben heute hervorragende Arbeit geleistet habt. Over.«

Armstrong: »Danke dir sehr.«

Aldrin: »Es war ein langer Tag.«

McCandless: »Und ob. Schlaft jetzt und geht morgen mit neuem Schwung 'ran!«

Auch für Michael Collins an Bord der kreisenden »Columbia« waren die letzten drei Stunden eine Zeit angestrengten, konzentrierten Arbeitens und dauernder Aktionsbereitschaft gewesen.

Jeder Umlauf seines Schiffs dauert etwa zwei Stunden, und die Zeit, die er pro Umkreisung mit den beiden gelandeten Kameraden in Radioverbindung steht, beträgt weniger als die Hälfte davon. Und doch ist die Wiederherstellung der Funksprechverständigung mit ihnen nach jedem Orbit von außerordentlicher Wichtigkeit, damit er im Falle eines Versagens der S-Band-Ausrüstung der Station »Eagle« als Relaisstation zwischen den gelandeten Astronauten und der Erde einspringen kann, unter Benutzung des VHF-Kanals und seiner eigenen S-Band-Geräte. Auch muss er ständig bereit sein, bei einem eventuellen Notstart den beiden Raumfahrern sofort Hilfestellung zu leisten.

Jedes Mal, wenn das Mutterschiff am Ostrand des Mondes in den Sichtbereich der Erde kommt, funken die Bodenstationen eine Reihe von Navigationsdaten an Collins, die für den gerade beginnenden Umlauf gelten, wie zum Beispiel den Zeitpunkt des Signalschwundes, wenn das Raumschiff wieder hinter dem Mond verschwindet, den Zeitpunkt des Sonnenaufgangs für die Apollo 11 auf der Mondrückseite, den Zeitpunkt der Überquerung des Haupt- oder Bezugsmeridians des Mondes, entsprechend unserem Greenwich-Meridian, den Zeitpunkt der Signalerfassung am Ostrand der Mondscheibe und den Zeitpunkt des Sonnenuntergangs für Mike Collins.

Michael Collins, Oberstleutnant der US-Luftwaffe und Pilot des Apollo-Mutterschiffs, ist ebenso wie Armstrong und Aldrin 39 Jahre alt. Er ist 1,80 m groß, 150 Pfund schwer und brünett, mit haselnussbraunen, wachen Augen in einem runden, jungen Gesicht.

Collins ist am 31. Oktober 1930 in Rom geboren, wo sein Vater, Generalmajor James L. Collins, Militärattaché an der amerikanischen Botschaft war. Im Verlauf seiner Schulausbildung graduiert er an der Saint-Albans-Schule in Washington und besucht dann die Militärakademie von West Point in New York als Kadett, von der er 1952 den akademischen Grad des B.S. (Bachelor of Science) erhält. Er entschließt sich zur Offizierslaufbahn in der Luftwaffe und geht zum Flugerprobungszentrum am Edwards-Fliegerhorst in Kalifornien, wo er zunächst die Testpilotenschule besucht und dann als Flugtestoffizier neue Flugzeugmodelle der Air Force, hauptsächlich Düsenjäger, auf Leistung, Stabilität und Steuerung erprobt. Im Verlauf dieser praktischen Tätigkeit als Einflieger sammelt er über 4000 Flugstunden, von denen mehr als 3200 auf Düsenmaschinen verbucht werden können.

Als einer der Bewerber der dritten Astronautengruppe wird Mike Collins im Oktober 1963 von der NASA für das Gemini- und Apollo-Programm ausgewählt. Als Copilot für John Young sitzt er 1966 in der rechten Couch des Raumschiffs Gemini 10, das am 18. Juli zu 46 Erdumläufen und einem Flug von über 70 Stunden Dauer startet. Das Raumschiff führt das erste Begegnungsmanöver mit zwei Zielkörpern nacheinander aus und ein Koppelungsmanöver mit einem davon, einer Agena-Raketenstufe.

Astronaut Michael Collins 1969 vor dem Mondflug mit Ehefrau Patricia und den Kindern Kate, Michael und Ann (v.l.).

Später im Flug steigt Mike Collins im Raumanzug aus der Kabine aus und verbringt eine halbe Stunde im freien Weltraum. In der Fachwelt ist er unter anderem als der Astronaut bekannt geworden, der während seines Ausflugs in den Raum seine 70-mm-Hasselblad verlor und das Erzeugnis der berühmten schwedischen Firma so zu einem kleinen künstlichen Erdtrabanten machte.

1968 wird Mike Collins mit Frank Borman und Bill Anders als Besatzungsmitglied für die Apollo 8 ausgewählt, muss jedoch wegen einer Operation zurücktreten und gibt seinen Platz an Jim Lovell ab.

Michael Collins ist Inhaber der NASA-Medaille für »Exceptional Service«, der Astronautenschwingen der Air Force und des »Distinguished Flying Cross« der Luftwaffe.

Er ist verheiratet und Vater von drei Kindern, von denen Tochter Kathleen zehn Jahre, Tochter Ann acht Jahre und Sohn Michael junior sechs Jahre alt sind.

Collins ist ein beschaulicher Mann von fröhlichem, stillvergnügtem Wesen, der Freude an der Natur, guten Büchern und an guten Weinen hat. Im Gegensatz zu Armstrong hat er sich nicht mit Leib und Seele der Testfliegerei verschrieben. Sie ist für ihn ein »Job«, den er ausführt, ohne dabei selbst zur Maschine zu werden, wie so viele Testpiloten. Und doch ist er der Mann, der die Nerven haben müsste, sein Triebwerk zu starten und allein zur Erde zurückzukehren, wenn Armstrong und Aldrin durch Versagen des »Eagle« auf dem Mond stranden würden. Sein Jahreseinkommen als Lieutenant Colonel der Luftwaffe liegt bei 17 147 Dollar.

Eine der wichtigsten Aufgaben von Michael Collins an Bord des Raumschiffs ist das Anpeilen und Vermessen von Zielpunkten auf der Mondoberfläche. Hierzu dient ihm entweder der Sextant oder das Navigationsteleskop im Mutterschiff als optisches Peilgerät, wobei der Sextant ein rundes Blickfeld von 7 km Durchmesser, das Teleskop ein solches von 12,8 km Durchmesser hat. Kommt der vorher festgelegte und in einer Mikrofilmkartei an Bord dokumentierte Kontrollpunkt, etwa ein scharf abgezeichneter Krater, über den Horizont des Raumschiffs empor, so bereitet sich Collins auf die Peilung vor, indem er die Fluglage des Raumschiffs arretiert und so stabilisiert, dass die Optik zum Zielpunkt hin gerichtet bleibt. Wenn dieser dann erstmalig im Bildfeld des Peilgerätes sichtbar wird, beginnt auf Knopfdruck eine Uhr zu laufen. Die Fluglagennachführung und -stabilisierung, die im Orbitmodus einer Automatik mit dem zu Unrecht beängstigenden Fachnamen »ORDEAL« (von »Orbit Rate Display Earth and Lunar«) obliegt, neigt nun das Raumfahrzeug in langsamer Kippbewegung vornüber, entsprechend der

Krümmung der Mondoberfläche entlang seiner Umlaufbahn, sodass der Peilpunkt mindestens drei Minuten lang unter dem Raumschiff in der Optik sichtbar bleibt.

Oberstleutnant Collins führt währenddessen sein Peilgerät in langsamer Schwenkbewegung dergestalt, dass der Zielpunkt ständig im Fadenkreuz ausgerichtet bleibt. 40 Sekunden nach Beginn der Peilung drückt er erstmalig auf einen Knopf mit der Bezeichnung »MARK«, dann viermal nacheinander in Abständen von 25 Sekunden und schließlich ein letztes Mal nach weiteren 40 Sekunden, bis nach insgesamt drei Minuten der Kontrollpunkt aus dem Bildfeld zu wandern beginnt.

Bei jeder Betätigung des »MARK«-Knopfes liest die Automatik den Winkel ab, durch den er den Theodoliten seit der letzten Messung geführt hat, und aus diesen Winkelmessungen, gemeinsam mit den bekannten Zeitabständen und der bekannten ORDEAL-Neigegeschwindigkeit des Raumschiffs können sowohl die Flughöhe der Apollo 11 als auch der genaue Breiten- und Längengrad seiner Position und damit die Bahndaten seines Orbits errechnet werden, aber auch bei bekanntem Orbit die genaue selenografische Position des Kontrollpunktes. Die ganze Vermessungstechnik des Weltraumnavigators unterscheidet sich kaum von der eines Seefahrers des Altertums und ist auch der Technik eines Landvermessers auf der Erde sehr ähnlich, der mit Messlatte und Theodolit arbeitet.

Während des ganzen Aufenthalts von Armstrong und Aldrin auf dem Mond ist Collins damit beschäftigt, dergestalt seinen Orbit zu vermessen und die Fluglage seines Raumschiffs entsprechend zu korrigieren.

Nun, nach der Rückkehr der beiden Astronauten in die Kabine der Mondfähre und der Ausräumung der nicht mehr benötigten Gegenstände ins Freie, beginnt um 3.38 Uhr am 21. Juli für Mike Collins eine Ruhepause von sieben Stunden, aus der er erst um 10.35 Uhr vormittags geweckt wird. Seine beiden Kameraden auf dem Mond beginnen ihre Nachtruhe um 4 Uhr. Alle drei stärken sich mit Nahrung und einer mehrstündigen Entspannung für die bevorstehenden kritischen Stunden des Aufstiegs und Rendezvous.

Um 3.57 Uhr schaltet Aldrin die TV-Kamera aus. Dann tritt in der Basis Tranquillitatis Stille ein, die erst um 11.15 Uhr vormittags wieder durch die erwachte Mannschaft gebrochen wird.

Sechster Reisetag

Himmelfahrt zum Rendezvous

> »Es ist Zeit, die LRL-Tore aufzumachen, Charly!«

Die Vorbereitungen zum Aufbruch vom Mond beginnen am 21.7. um 11.32 Uhr mittags, bei einer Bordzeit von 122h. Zunächst legen beide Astronauten aus Sicherheitsgründen wieder Helme und Handschuhe an, schalten das Rendezvous-Radargerät des Mondlanders ein, das die Bahnverfolgung und -vermessung des Mutterschiffs übernehmen soll, und überprüfen den sicheren Sitz der Traggeschirre und Haltegurte an ihren Anzügen. Eine detaillierte Start-Checkliste wird durchexerziert, damit nichts übersehen werden kann. Die sowohl von Collins als auch von den Tiefraumstationen der Erde ermittelten Bahndaten der Umlaufbahn der »Columbia« werden in den Computer des »Eagle« eingegeben, außerdem die vermutete Position und Lage des Landers selbst. Aus diesen beiden Vektoren kann der Computer nun anhand eines vorgegebenen Programms das Rendezvousmanöver berechnen. Der Bordrechner richtet die Trägheitsbezugsplattform relativ zum Mutterschiff-Orbit aus und ermittelt den genauen Zeitpunkt, zu dem der Start erfolgen muss, wenn das Rendezvous planmäßig durchgeführt werden soll. Die Hauptbedingung, die er hierbei einhalten muss, ist die Forderung nach einem konzentrischen Zwischenorbit von bestimmter Höhe, in welchen sich das aufsteigende Raumfahrzeug begeben soll, bevor es die eigentliche Begegnungsphase einleitet. Der Zwischenorbit soll 38 km unterhalb des Mutterschiff-Orbits liegen. Das »Startfenster« hat eine Länge von etwa fünf Minuten.

Armstrong »lädt« den Hauptcomputer, während Aldrin die gleichen Daten auf seiner Seite in den Reservecomputer füttert. Das Flugführungsprogramm P12 wird die Aufstiegskontrolle übernehmen.

Ein anderes Aufstieg- und Rendezvousmanöver, das weniger Zeit erfordern würde als der von der Apollo-11-Besatzung vorbereitete Flugplan mit dem konzentrischen Zwischen- oder Warteorbit, wäre der direkte Aufstieg von der Mondoberfläche zur Umlaufbahn der »Columbia«. Diese Methode wurde jedoch hauptsächlich deshalb nicht gewählt, weil ihre kritischste Phase, das eigentliche Aufhol- und Aufschließmanöver, auf der Rückseite des Mondes, also außerhalb des Sichtbereichs der großen Radiostationen und Kontrollcomputer auf der Erde stattfinden und daher einzig den Astronauten überlassen bleiben würde.

Beim konzentrischen Warteorbit gewinnt man andererseits so viel Zeit, dass die beiden Raumfahrzeuge um den Mond herumgetragen werden und erst dann mit der Endphase des Manövers beginnen, wenn sie von der Erde aus beobachtet werden können. Außerdem gibt der Warteorbit Armstrong und Aldrin die Möglichkeit, ihre Bordsysteme noch einmal zu überprüfen, bevor die kritische Aufholphase beginnt, und erlaubt ihnen, das Aufschließen und Emporsteigen zum Mutterschiff notfalls in vielen kleinen Schubmanövern Schritt für Schritt durchzuführen, statt mit einem einzigen, wegen fehlenden Treibstoffs nicht mehr rückgängig zu machenden Brennmanöver.

Und schließlich hat Mike im Mutterschiff bei dem Flugplan mit dem konzentrischen Warteorbit die Möglichkeit, den beiden Kameraden zu Hilfe zu kommen, falls eines ihrer wichtigeren Bordsysteme nach dem Start vom Mond versagen sollte. Er würde in diesem Fall ein »Spiegelbildmanöver« fliegen, das genau umgekehrt und entgegengesetzt zu dem verläuft, das die Mondfähre hätte fliegen sollen, zum Warteorbit »hinabsteigen« und die beiden gestrandeten Astronauten abholen.

Um 13.35 Uhr erteilt Capcom Ron Evans den beiden Astronauten das »Go« für den Start vom Mond.

13.52 Uhr. Apollo-Kontrolle Houston, Terry White: »Noch zwei Minuten bis zum Start. Zwei Minuten.«

Am Montag, 21.7., geht das Apollo-Mutterschiff um 13.51 Uhr durch den Zenith, genau über der Landestelle des »Adlers«. Drei Minuten später, als es sich um etwa 265 km gen Westen entfernt hat, startet der Bordrechner automatisch das 1588 kp-Aps-Triebwerk der Aufstiegsstufe und trennt diese von der nun als Startplattform dienenden Landestufe ab, während schon der Flammenstrahl ins Innere des zurückbleibenden Geräts schlägt. Der Aps-Motor war bis zu diesem Moment »versiegelt«; er ist nicht schwenkbar und kann nicht gedrosselt werden. Die Trimmung des Schubvektors wird ebenso wie die Lenkung von den Lageregeldüsen an den vier Auslegern vorgenommen.

Es ist 13.54 Uhr, Bordzeit 124h 22m 2s. Der Aufenthalt der beiden Menschen auf dem Mond hat insgesamt 21 Stunden und 37 Minuten gedauert. Das vom Mond gestartete Massengewicht beträgt 4908 kg.

Armstrong und Aldrin, beide in kompletter, geschlossener Raummontur, spüren zum ersten Male wieder einen Andruck, der ihr bisheriges Mondgewicht übersteigt und fast zwei Mond-»g« (ein Drittel Erd-»g«) beträgt, sie wie in einem stark beschleunigenden Aufzug mit den Füßen gegen den Boden drückt und die Haltegurte des Traggeschirrs spannt. Innerhalb von zehn Sekunden ist die raketengetriebene Aufstiegsstufe bereits 78 m senkrecht in die Höhe geklettert und hat eine Geschwindigkeit von 15 m/sec erreicht. Jetzt schaltet das Flugführungssystem auf das Steuerprogramm des Computers um und beginnt das Raumfahrzeug rasch vornüberzukippen. 14 Sekunden nach dem Start ist es um 40 Grad, zwei Sekunden später um 52 Grad gegenüber der Vertikalen geneigt, um mit möglichst wenig Treibstoffverbrauch seine Horizontalgeschwindigkeit so rapide wie möglich auf Kreisbahngeschwindigkeit zu bringen.

Aldrin: »Sehr sanfter Flug! … Sehr ruhig. Da unten ist wieder der eine Krater.«

Terry White, Apollo-Kontrolle Houston: »790 m Höhe, 39,6 m/sec Steiggeschwindigkeit.«

Armstrong und Aldrin sind ebenfalls vornübergeneigt, so dass das graue, von Bergzügen und Rippen durchzogene Hochland am Westufer des Mare Tranquillitatis ihre dreieckigen Sichtluken völlig ausfüllt. Aldrin, der nach Nordwesten blickt, kann die tiefe, weite Rima Hypatia, die »Autobahn U. S. 1«, sehen, die sich zum Krater Schmidt hinzieht. Zunächst rasend schnell, dann mit steigender Höhe zunehmend langsamer, gleiten die Berge und Hügelketten von oben nach unten vor den Sichtluken vorbei und verschwinden hinter der Aufstiegsstufe aus dem Blick.

Biomedizinische Telemetrie zeigt, dass der Pulsschlag von Neil Armstrong während des Aufstiegs auf 90, der von Buzz Aldrin auf 120 pro Minute gestiegen ist.

Capcom Ron Evans: »Adler, Houston. Ihr seht gut aus, bei zwei Minuten. Hauptführungssystem und Reserveführungssystem stimmen miteinander überein.«

Terry White, Apollo-Kontrolle Houston: »Wir haben jetzt 434 m/sec Horizontalgeschwindigkeit, 57 m/sec Vertikalgeschwindigkeit.«

Ron Evans: »Adler, Houston. Ihr seid ›Go‹ bei drei Minuten. Alles sieht gut aus.«

Aldrin: »Roger.«

Armstrong: »Und wir gehen mitten auf der Autobahn U. S. 1 hinunter!«

Terry White, Apollo-Kontrolle Houston: »Höhe jetzt 9753 m«.

Später: »Noch eine Minute bis Brennschluss. 452 m/sec Horizontalgeschwindigkeit.«

Und endlich meldet Aldrin: »Brennschluss! … Horizontal 1626,8 m/sec … Vertikal 9,99 m/sec … Höhe 18 490 m.«

Capcom Ron Evans: »Adler, roger. Großartig! Go!«

Buzz Aldrin: »Dort draußen ist Ritter (Krater, Verf.), sieh mal, der dort! Das sieht sehr beeindruckend aus, nicht wahr?«

Armstrong: »Houston, der Adler ist wieder im Orbit, nachdem er Basis Tranquillitatis verlassen hat. Er lässt eine Abbildung unseres Apollo-11-Wappens mit einem Ölzweig zurück.«

Ron Evans: »Adler, Houston. Roger, wir empfangen. Die ganze Welt ist stolz auf euch!«

Trotz ihrer rasant steigenden Geschwindigkeit erhöht sich in den nächsten Minuten noch der Vorsprung des Mutterschiffs, bis er auf 570 km angewachsen ist. Doch nun, sieben Minuten und 20 Sekunden nach dem Start vom Mond, haben sie eine Geschwindigkeit von fast 6000 Stundenkilometern erreicht. Als Aldrin »Brennschluss!« ruft, verstummt das Triebwerk, und Raumfahrzeug und Besatzung sind erneut schwerelos. Die Flugbahn verläuft zu dieser Zeit bereits horizontal, als sich nun der Vorsprung des Mutterschiffs mehr und mehr zu verringern beginnt. Die Höhe der Aufstiegsstufe bei Brennschluss beträgt 18 490 m, steigt aber jetzt weiter an, als die beiden Mondforscher auf einer elliptischen Bahnkurve höher und höher getragen werden und dem Apollo-Raumschiff nacheilen. Die Landungsstelle liegt bereits 308 km hinter ihnen. Der Orbit, den der »Adler« erzielt hat, hat ein Periluneum von 16,6 km, ein Apoluneum von 83,7 km.

Beide Raumfahrzeuge verschwinden wieder hinter dem Westhorizont, während die Mondfähre noch immer an Höhe gewinnt. Als sie auf der Rückseite des Mondes nach 57 Minuten antriebslosem Flug und insgesamt etwa 20 Minuten während Radar- und Sextant/VHF-Entfernungsmessungen zwischen der »Columbia« und dem »Eagle« bei einer Bordzeit von 125h 19m 35s das Apokynthion ihrer Ellipse von 83,7 km erreichen, gibt Armstrong mit den Lageregelungsraketen der Fähre einen Vorwärtsimpuls von 47 Sekunden Dauer, der die Geschwindigkeit des Raumfahrzeugs um 15,7 m/sec erhöht und aus seinem elliptischen Orbit eine angenäherte Kreisbahn von 90 x 83,9 km und 38 km Abstand von der Umlaufbahn des Mutterschiffs macht. Die Entfernung zwischen den beiden Raumschiffen beträgt jetzt 400 km Luftlinie.

Die Pulsschläge beider Piloten liegen jetzt wieder in den 80ern. Um 15.40 Uhr beträgt der Abstand zum Mutterschiff noch 213 km, die Aufholrate des »Adlers« rund 30 m/sec. Die »Columbia« befindet sich in einer Umlaufbahn von 120,4 x 133,3 km. Zur Korrektur des konstanten 38-km-Abstandes ist ein weiteres Schubmanöver von 18,1 Sekunden Dauer vorgesehen, das von Armstrong knapp eine Stunde nach dem ersten Manöver, um 15.49 Uhr, mit den Fluglageraketen ausgeführt wird, kurz nachdem die Mondlandefähre und das Mutterschiff um 15.34 Uhr am Osthorizont wieder in Sicht gekommen sind.

Um 16.06 Uhr hat sich der Abstand auf 125 km verringert. Der »Adler« schließt jetzt mit einer Aufholrate von 36,7 m/sec auf. Sein Massengewicht beträgt noch 2,63 Tonnen.

Auf der Vorderseite des Erdtrabanten findet nun, um 16.35 Uhr, zweieinhalb Stunden nach dem Start vom Mond und bei einer Bordzeit von 127h 03m 31s, ein letztes Manöver statt, das TPI- oder »Terminal Phase Initiation«-Manöver, als die Visierlinie zum noch immer führenden Mutterschiff um genau 26,2 Grad gegen die Vertikale geneigt ist und die beiden Raumschiffe nur noch 63 km Luftlinie voneinander entfernt sind. Es ist zwei Minuten vor dem nächsten Signalschwund, und die beiden Schiffe befinden sich in der Dunkelheit der Mondnacht, doch kann Collins die Landefähre dank ihrer Positionslichter als leuchtenden Punkt hinter und unter sich sehen.

Mit dem TPI-Impuls von 7,7 m/sec entlang der Sichtlinie zur »Columbia« setzt Armstrong die Aufstiegsstufe erneut auf eine Ellipse, die ihn und seinen Bordkameraden im Verlauf der nächsten 40 Minuten auf die Höhe des Mutterschiffs hinaufträgt und dessen restlichen Vorsprung mit einer Aufholrate von 39,3 m/sec wettmacht. Das TPI-Manöver dauert 22,8 Sekunden.

Die Entfernung zwischen Mutterschiff und »Eagle« wird während des Aufstiegs nicht nur durch ein Radargerät an Bord der Landefähre gemessen, sondern auch zur erhöhten Sicherheit und Zuverlässigkeit mit einem neuartigen Peiltongerät vom Mutterschiff aus, das sich der normalerweise nur für den Sprechfunk benützten VHF-Radioverbindung bedient und wie ein Echolot funktioniert. Ein Tongenerator erzeugt hierbei ein Signal, bestehend aus drei rechteckigen Wellenkomponenten bei 31,6, 3,95 und 0,247 Kilohertz, das zum aufsteigenden »Eagle« gesendet, dort empfangen und per VHF-Antenne wieder zurückgeschickt wird. Aus der Zeitverzögerung zwischen ausgehendem und eintreffendem Signal kann die Entfernung errechnet werden, die Michael Collins auf der Wiedereintrittsmonitor-Konsole an seiner Schalttafel abliest und den Mondfahrern mündlich mitteilt. Das Echomessgerät hat eine Reichweite von fast 400 km und erlaubt äußerst präzise Messungen.

Noch auf der Rückseite des Mondes, doch bereits wieder im Sonnenlicht, bremst die Mondfähre ihren Flug mit den Translationssteuerdüsen in mehrfachen, sukzessiven Gegenschüben (eher -»schübchen«) ab und schließt die letzten hundert Meter auf.

Langsam treibt die »Adler«-Aufstiegsstufe auf das Mutterschiff »Columbia« zu, von dem aus Mike dieses Bild schießt. Im Westen erhebt sich die Erde über dem Mondhorizont.

Als die beiden Raumfahrzeuge wieder über dem Osthorizont »aufgehen« und um 17.23 Uhr in den Sendebereich der Erdstationen kommen, ziehen sie eng aneinanderliegend im Formationsflug über das Mare Marginis und das Smyth-Meer.

Es ist 17.35 Uhr, Bordzeit 128h 3m, und dreieinhalb Stunden nach dem Abflug des »Adlers« vom Mare Tranquillitatis, als Michael Collins im Kommandoteil, das Auge an der Visier- und Entfernungsschätzoptik COAS, das Mutterschiff langsam auf den Fangtrichter der Koppelvorrichtung zutreibt und innerhalb weniger Augenblicke die beiden Raumfahrzeuge aneinanderdockt und mit der Kupplung verriegelt. Die Apollo 11 ist im 27. Umlauf um den Mond.

Der »Adler« hat beim Anlegen nur noch 2,624 Tonnen Masse. Während des eigentlichen Koppelmanövers reagiert die leichte Aufstiegsstufe etwa sechs Sekunden lang mit einer heftigen Schwenkbewegung, als ihr zur Zeit auf »Attitude Hold« geschalteter Autopilot mit Jetimpulsen gegen die manuellen Steuermomente von Mike Collins in der »Columbia« ankämpft, in der Testpilotensprache »bockt«, der das Anlegemanöver anscheinend so sanft und behutsam ausgeführt hat, dass er der vollzogenen Verriegelung nicht gewahr geworden ist, da er keinen Ruck verspürt hat. Erst als der zunächst etwas verblüffte Mike die Hände von den Kontrollen nimmt und dem Autopilot des »Adlers« die Lageregelung überlässt, sind die Kontrollmomente wieder in Phase, und Ruhe tritt ein.

Der Verbindungstunnel wird unter Luftdruck gesetzt und auf seine hermetische Dichtung überprüft. Die beiden Mondforscher sind mit ihren wertvollen Fotos und Proben sicher »nach Hause« zurückgekehrt.

Eine Stunde – ein halber Mondumlauf – vergeht nun, während die beiden Mondheimkehrer, noch immer in der engen Kabine der Aufstiegsstufe des »Adlers«, ein intensives Hausputz- und Säuberungsprogramm abwickeln, in dessen Verlauf sie ihre Raumanzüge, die mitgebrachten Gegenstände und Probenkästen und die gesamte Inneneinrichtung der Kabine mit einer Bürste und einem an den Absaugschlauch der Luftversorgungsanlage angeschlossenen Staubsauger so sorgfältig wie nur möglich von allem Mondstaub reinigen.

Collins geht danach erneut daran, den Verbindungstunnel von den Koppelungsmechanismen freizuräumen. Zwischen Mutterschiff und Beiboot wird dabei ein Druckgefälle von mindestens 0,03 at errichtet, dergestalt dass der Sauerstoff mit einem Durchsatz von 7 Pfund pro Stunde während des ganzen Umsteigemanövers nur in einer Richtung strömt: von Collins' Kabine durch den Tunnel in die Kabine des Beiboots und von dort durch Entlüftungsventile in den Weltraum. Man will damit erreichen, dass etwa vorhandene biologische Sporen und Keime, die auf dem

Mond in die Kabinenatmosphäre gelangt sein konnten, nicht ins Mutterschiff übergeführt werden können – es sei denn, sie wären bereits in den Lungen von Armstrong und Aldrin.

Mike reicht den beiden Mondlandern nun eine Anzahl von Plastikbeuteln und Überzügen durch den Tunnel, in denen Armstrong und Aldrin die »Steinkisten«, die Filmkassetten und -magazine, das Datenspeicherband und andere Gegenstände, die nicht zurückgelassen werden, so keimsicher wie möglich verstauen, um die gefüllten und verschlossenen Säcke dann an Collins durchzureichen. In der »Eagle«-Kabine verbleiben die EVVA-Überhelme, die Überhandschuhe und andere nicht mehr benötigte Gegenstände.

Anschließend schiebt sich Neil Armstrong als Erster in die geräumigere Kabine des Kommandoteils zurück, während Aldrin noch zehn Minuten länger bleibt, um die Bordanlagen des Beiboots auszuschalten. Um 18.30 Uhr abends folgt er dem Kommandanten nach und verschließt den Lukendeckel zum Verbindungstunnel hinter sich.

Etwas später, um 19.40 Uhr, 2h 5m nach dem Anlegemanöver, wird die Mondfähre vom Mutterschiff abgetrennt – »with a clatter«, wie Armstrong meldet. Die »Columbia« entfernt sich mit einem leichten Retroschub von 7,1 sec Dauer und 0,67 m/sec Geschwindigkeitsänderung von der leeren Aufstiegsstufe, einen Orbit von 116 x 101,3 km erzielend.

Die Apollo 11 befindet sich nun wieder im östlichen Viertel der vorderen Mondseite und zieht langsam über die nicht länger unbekannten Züge des »Mannes im Mond« dahin, während die Besatzung, welche nach dem Abenteuer der vergangenen Stunden durch und durch erschöpft und abgespannt ist, eine kleine Ruhepause einlegt und die Rechenanlagen des RTCC in Houston die Brenndaten für das Mondflucht- oder TEI-Manöver (von »Trans-Earth Injection«) ermitteln. Die Apollo 11 umrundet den Mond zum 29. Male.

Dann wird es Zeit für die Besatzung, mit dem Checkout zu beginnen, der dem Schubmanöver vorausgehen muss. Die Brenndaten werden von Armstrong auf dem TEI-Pad eingetragen und im Computer eingetastet, während Collins und Aldrin die Checkliste durchgehen und Schalterstellungen und Instrumentenanzeigen überprüfen. Ein letztes Mal nimmt Collins eine Navigationsmessung vor und justiert die Plattform.

Um 0.10 Uhr nachts erteilt Charly Duke in Houston der Crew das sehnlich erwartete »Go for TEI«.

Armstrong, lakonisch: »Thank you.«

Mitternacht kommt und vergeht in Florida, als die Apollo 11 ihren 30. Umlauf vollendet hat und ihren 31. Erdaufgang am Ostrand des Mondes erlebt. Die letzten Funksprüche wechseln zwischen dem Raumschiff und der fernen Erde hin und her. Dann, um halb ein Uhr nachts, verschwindet das Raumfahrzeug zum letzten Male in der Stille des LOS, umfangen von der Dunkelheit der Mondnacht. Es zieht bereits raumfest in der für das Manöver richtigen Fluglage auf seiner Bahn entlang, so dass die Besatzung nur noch den Countdown des Bordrechners abzuwarten braucht. Fünf Sekunden vor Triebwerksstart drückt der Raumschiffkommandant auf eine Kontakttaste mit der Bezeichnung »PROCEED« und gibt damit dem Computer die Durchführung seines Startprogramms in letzter Entscheidung frei. Das Mondfluchtmanöver ist normal. Genau um 0.56 Uhr, am 22.7., bei 135h 24m Bordzeit, startet das große Zehn-Tonnen-Triebwerk am Heck des walzenförmigen Maschinenteils mit einem kraftvollen Ruck nach vorn, zuverlässig wie ein Uhrwerk. Seine Schubkraft beschleunigt das Raumschiff zwei Minuten und 30 Sekunden lang und erhöht seine Geschwindigkeit um 999 Meter je Sekunde. Etwa 4660 kg Treibstoff werden dabei verbraucht.

Apollo-Kontrolle Houston: »AOS!«

Capcom Charly Duke: »Hallo, Apollo 11, Houston. Wie ist es gegangen?«

Mike Collins: »Es ist Zeit, die Tore zum LRL (»Lunar Receiving Laboratory«, Mond-Empfangslabor. Verf.) aufzumachen, Charly.«

Duke: »Roger. Wir haben euch auf dem Weg nach Hause. Das LRL ist vorbereitet.«

Mike Collins: »Hier sieht alles gut aus. Das war ein wunderschönes Schubmanöver. Feinere gibt's nicht.«

Als die Apollo 11 um 1.06 Uhr morgens um den Ostrand des Mondes herumgezogen kommt, bricht auf der Erde ein Jubel aus, ein Begeisterungstaumel, wie ihn noch kein Weltraumflug jemals zuvor verursacht hat. Die Besatzung der Apollo 11 ist auf dem Rückflug zur Heimat Erde. Ihr Aufenthalt im Mondorbit und auf dem Mond hat insgesamt 59 Stunden und 34 Minuten gedauert.

Doch die Mondfahrer haben jetzt etwas viel Wichtigeres im Sinn.

Sie gehen schlafen.

Siebter Reisetag

Die Erde wächst

»Wir kommen den Hügel hinunter!«

Während die Apollo 11 erneut in die Weite des Weltraums eintritt und den schwarzen, allseits grenzenlosen Schlund zwischen Mond und Erde durchmisst, kehrt an Bord des Raumschiffs die entspannte, gelöste, vom Glücksgefühl über den Erfolg des großen Gipfelsturms, über den Sieg des historischen Unternehmens getragene Stimmung von Männern ein, die unter den Augen der ganzen Welt das größte Abenteuer der Menschheit gewagt und in strahlendem Triumph zur Erfüllung gebracht haben. Und vor allem mit Perfektion, dem Wunschtraum jedes Testpiloten.

Der erste Schlaf an Bord der »Columbia« nach dem Mondfluchtmanöver ist für alle drei Entdecker lang und tief. Armstrong und Collins schlafen beide acht Stunden ohne aufzuwachen, Buzz Aldrin sogar achteinhalb.

In ihren Lukenfenstern wächst der Erdball, und der Mond schrumpft hinter ihnen. An Bord gibt es nicht viel zu tun. Der Arbeitsplan ist mit Absicht minimal gehalten und nur auf das Nötigste beschränkt. Michael Collins nimmt insgesamt sechs Plattformjustierungen und Navigationsmessungen an seiner Steuermannsstation im unteren Geräteraum vor. Viermal wechselt er die LiOH-Patronen in den Filterkanistern aus, während Buzz Aldrin seine Bordsysteme überwacht. Alle drei Raumfahrer stehen unter ständiger biomedizinischer Überwachung durch die Flugleitzentrale. Die Telemetriekanäle arbeiten vollautomatisch.

Neil Armstrong steuert das Raumschiff in die vom Navigator jeweils benötigte Fluglage und nimmt die langen Zahlenkolonnen auf, die ihm der Capcom auf der Erde heraufdiktiert. Manöver-»Pads« werden ausgefüllt, Korrekturdaten in den Computer eingegeben, der Zustandsvektor auf den neuesten Stand gebracht und Berichte über das Befinden der Besatzung und die Zustände an Bord erstattet. Alles Routine.

Die Flugleiter im Mission Control Center strahlen und paffen vergnügt an ihren Zigarren: Das Unternehmen verläuft wie am Schnürchen. Wir sind es, die die Sendboten der Menschheit sicher nach Hause bringen!

Die Apollo 11 legt vom Mond zur Erde eine Strecke von 388 000 km zurück, und ihre Reise zum Heimatplaneten dauert 59 Stunden und 55 Minuten. Den größten Teil dieser Zeit bringt sie im langsamen Roll-Modus des PTC-Grillens zu, die Breitseite der Sonne zugewandt und wie ein Brathendl am Spieß langsam rotierend.

Um 13.39 Uhr mittags, am 22. Juli, passiert das Raumschiff wieder die Äquigravisphäre, jene »Schwerkraftscheide«, bei deren Überschreitung es der Anziehung des Mondes entrinnt. Die Entfernung vom Mond beträgt hier 62 590 km und die Geschwindigkeit relativ zur Erde 1217 m/sec.

Am selben Tag nachmittags um 16.02 Uhr, bei etwa TEI + 15 Stunden, erfolgt ein Korrekturmanöver, das MCC5, um den Eintrittswinkel der Flugbahn in die Erdatmosphäre so genau wie möglich einzuregulieren. Ohne Bahnkorrektur würde die »Columbia« der Erde nur bis auf 122 km nahekommen und nicht in die Atmosphäre eintreten.

Abweichungen von der vorausberechneten Flugbahn des Raumschiffs werden durch Störkräfte hervorgerufen, die sich während des Fluges auf das Raumfahrzeug auswirken. Vor allem erzeugt das Abblasen von Gasen und Flüssigkeiten aus der Kabine und aus dem Maschinenteil in den Weltraum Rückstoßkräfte nach dem Newton'schen Prinzip und entsprechende Geschwindigkeitsänderungen der Apollo 11, die zwar winzig klein sind – in der Größenordnung von zwei bis drei Zentimetern pro Sekunde –, jedoch die Flugbahn so weit beeinflussen, dass die daraus entstehenden Abweichungen von der Erde aus mit den Radardopplerantennen gemessen und festgestellt werden können, wenn man sie sich über längere Zeiträume entlang der Flugbahn unkorrigiert fortpflanzen lässt. Außerdem entstehen größere »Residuals« (Restfehler), wenn das Brennmanöver kleine Abweichungen vom vorgeschriebenen Soll gezeigt hat.

Beim MCC5 brennen die Fluglagenkontrollraketen 10,8 sec lang, mit einer Geschwindigkeitsänderung von 1,43 m/sec. Der Flugbahnwinkel beim Eintritt in die Atmosphäre wird damit auf –6,46 Grad eingesteuert.

Um 21.10 Uhr abends, am 22.7., sendet die Apollo 11 die sechste Farb-TV-Sendung zur Erde, aus einer Entfernung von 288 700 km. Das erste Bild zeigt den Mond, der hinter dem davoneilenden Raumschiff zurückbleibt. Dann wechselt die Szene. Die von Collins geführte Kamera wird auf Innenaufnahme umgestellt, und die viele Millionen große Zuschauermenge auf der Erde sieht Neil Armstrong, den Kommandanten. Er schwebt im unteren Geräteraum und zeigt die beiden kostbaren Probenbehälter vor, die dort sorgfältig verstaut sind, eingehüllt in Glasfasersäcke. Als Nächstes erscheint Dr. Aldrin vor der Kamera, um die Zubereitung von Speisen anhand von Lachssalat und einem belegten Brot vorzuführen, wobei er eine mit einem Überzug geschützte Brotscheibe mit Schinkenpaste bestreicht – eine

Neuerung im Weltraummenü. Anschließend demonstriert er in der Schwerelosigkeit mit einer Konservendose das Kreiselprinzip, das der Trägheitslenkung des Raumschiffs zugrunde liegt.

Als Mike Collins an die Reihe kommt, zeigt er, was in allen früheren Science-Fiction-Romanen zu den Standardeffekten gehörte: Wasser, das frei in der Kabine schwebt, formt sich zu Kugeln und kann mit einigem Geschick mit dem Mund aus der Luft »gefischt« werden.

Zum Abschluss der Sendung richtet Neil Armstrong die Kamera auf die Erde, die in ihrer warmen, lebenserfüllten Bläue im Weltall hängt, noch anderthalb Tage entfernt.

Erde im Viertel: Aufnahme des Terminators (Tag-Nacht-Grenze) während des Rückfluges von Apollo 11 vom Mond mit 250-mm-Teleobjektiv.

Mike Collins: »Ganz gleich, wo man reist – es ist doch immer wieder schön, nach Hause zurückzukehren.«

Charly Duke: »Wir stimmen zu, Elf. Wir werden froh sein, euch wieder hier zu haben.«

Um 21.28 Uhr geht die Fernsehsendung zu Ende, nach einer Dauer von 18 Minuten. Am nächsten Morgen um 7.00 Uhr, bei 165h 28m, beträgt die Entfernung zur Erde noch 241 315 km, die Geschwindigkeit 1493 m/sec.

Die Astronauten sind mit den Gedanken bereits beim Wiedereintritt und bei den hektischen Stunden und Tagen, die nach ihrer Rückkehr folgen werden. Als die ersten Menschen, die eine andere Welt betreten haben, werden sie sich einer »Einwanderungskontrolle« unterziehen müssen, wie sie niemals zuvor einem anderen Menschen zuteil geworden ist. Die Mondfahrer werden fast drei Wochen lang strenger bewacht und lückenloser von der Außenwelt abgeschirmt werden als Aussätzige des Altertums. Selbst ihre eigenen Familien werden keinen Zutritt zu ihnen haben, und die Weltöffentlichkeit muss drei Wochen lang auf ihre Helden warten.

Die insgesamt 22 Kilogramm Sand, Staub, Gesteinssplitter, Schlackenstücke und Lavaproben, die von den drei Mondfahrern in den luftdicht versiegelten Aluminiumbehältern mitgebracht werden, stellen die NASA vor das Problem, das damit geborgene Stück reiner Mondwelt auch nach der Landung des Raumschiffs der Menschheit unverfälscht und keimfrei zu erhalten und zu übergeben. Das Problem wird dadurch noch komplizierter gemacht, dass man nicht nur eine Verunreinigung der Mondproben durch Menschen und Erdatmosphäre vor ihrer gründlichen Untersuchung durch die Wissenschaft unter allen Umständen verhindern will, sondern umgekehrt auch die Erde und die Menschheit vor einem eventuellen schädlichen Einfluss der Mondwelt auf die irdischen Organismen durch virulente und bakterielle Keime schützen muss. Nicht nur ist ja das Innere der Landefähre »Eagle« beim Öffnen der Ausstiegsluke, und damit nach der späteren Koppelung mit der »Columbia« auch das Innere der Rückkehrkabine mit der Mond-»Atmosphäre« in Kontakt gewesen – wenn auch ein Überwechseln von Keimen und Sporen durch den Sauerstoff-Gegenstrom fast völlig ausgeschlossen wurde –, sondern auch Armstrong und Aldrin selber sind im Freien gewesen und haben die Bordatmosphäre des »Adlers« eingeatmet.

Die Lösung des Problems, d. h. die Verhinderung sowohl einer Verunreinigung der Mondproben als auch einer »Rückkontamination« der Erde durch die heimkehrenden Raumfahrer hat sich die NASA rund neun Millionen Dollar kosten lassen. Als Resultat jahrelanger Studien und Konsultationen von Amerikas besten Fachleuten für Bio-Keimübertragung und Ansteckung ist in Houston, Texas, eine Super-Quarantäne- und Forschungsstation von 8300 m² Bodenfläche entstanden, die auf quarantänetechnischem Gebiet wohl einzigartig in der Welt ist. Die kostspielige Isolierstation trägt den Namen »Lunar Receiving Laboratory« (LRL) oder Mond-Empfangslabor.

Um den beiden rigorosen Forderungen Genüge zu tun und neben der Probenverunreinigung auch die Wahrscheinlichkeit einer Rückkontamination weitestgehend auszuschließen, ist das LRL bei seinem Bau nach fünf Hauptfunktionen ausgelegt worden. Zunächst einmal muss es als Quarantänestation für die Raumschiffbesatzung dienen, die darin für längere Zeit wohnen wird. Da man die Astronauten nach der Landung ärztlich untersuchen will, müssen die hierzu nötigen Raumärzte und medizinischen Techniker ebenfalls in der Isolierstation eingeschlossen werden.

Dann gilt es, im Labor die mitgebrachten Gesteinsproben auszupacken, zu katalogisieren und sie zur Verschickung an Forschungslaboratorien in aller Welt vorzubereiten – und alles in völlig keimfreiem Zustand. Außerdem müssen die Proben vor dem Verlassen des Labors in Spezialtests ihre Unschädlichkeit irdischem Leben gegenüber nachgewiesen haben, bevor sie in die Welt hinausgehen.

An vierter Stelle steht das Erfordernis, das Raumschiff selbst oder doch wenigstens sein Inneres in Isolierung zu nehmen. Hierbei brauchen seine Außenwände nicht abgeschirmt zu werden, da die Wahrscheinlichkeit gering ist, dass etwaige Mond- oder Weltraumkeime die Hitze des Eintritts in die Atmosphäre überlebt haben. Die fünfte Funktion schließlich ist die Sicherstellung der vom Mond zurückgebrachten Datenspeicherbänder und Filme aus der Raumschiffkabine. Die Tonbänder werden über Koaxialkabel-Verbindungen zur Außenwelt übertragen und dort zur sofortigen Auswertung erneut gespeichert. Die Filme werden im Empfangslabor mit Äthylenoxid desinfiziert, entwickelt und dann der Außenwelt zugänglich gemacht.

Die Isolierung der Astronauten beginnt unmittelbar nach der Landung. Zwar wird die Raumschiffbesatzung, wie bei allen bisherigen Raumflügen, die Ausstiegsklappe der Apollo-Kapsel öffnen und ins Freie klettern, wenn das Raumschiff noch im Wasser schwimmt, doch werden die drei Mondfahrer dabei von Kopf bis Fuß in Isolieranzüge gekleidet sein, wie sie es im Golf von Mexiko vor dem Abflug zum Mond geübt haben. Vom Hubschrauber an Bord des Flugzeugträgers Hornet gebracht, müssen sie sich unverzüglich in eine transportable Klein-Isolierstation begeben, die sie auf dem Deck des Schiffes erwartet. Ein Arzt und ein Ingenieur

PANORAMA OF THE LU

PANORAMA OF THE LARGE CRATER

Neil schoss diese Tranquillity-Panoramas mit der 70-mm-Hasselblad. Oben: kleinste Steine und Krater gen Ost (mit Sonnenblendung); unten ein Krater mit scharfem Schlagschatten.

SURFACE LOOKING EAST

ROXIMATELY 200 FEET EAST OF LM

Prepared By
MAPPING SCIENCES LABORATORY
SCIENCE & APPLICATIONS DIRECTORATE
MANNED SPACECRAFT CENTER
NASA — MSC

gesellen sich zu ihnen, um die nächsten zwei bis drei Tage der Reise nach Houston mit ihnen in der Isolierung zu verbringen.

Von einer Wohnwagenfirma gebaut, sieht die 10 m lange Station von außen wie ein windschlüpfriger Wohnwagen aus Aluminium aus und ist im Inneren auch so eingerichtet. Der große Unterschied ist nur der, dass das Innere der transportablen Station über ein kompliziertes System biologischer Filter von der Außenwelt keimsicher abgeschirmt ist. Der »Wohnwagen« kostet deshalb auch die Summe von 70 000 Dollar. Die NASA hat sich zur Sicherheit vier Stück davon anfertigen lassen. Die Hornet führt nicht nur eine, sondern zwei dieser Stationen mit, für den Fall, dass eine von ihnen ausfällt.

Die Quarantänestation wird nach der Landung des Flugzeugträgers in Pearl Harbor, Hawaii, im Rumpf eines Transportflugzeuges der Luftwaffe vom Typ Lockheed C-141 »Starlifter« am 26. Juli zum Fliegerhorst Ellington bei Houston geflogen und von dort im Eilmarsch zum Mond-Empfangslabor transportiert, wo an einer speziell hierfür vorgesehenen Laderampe ein keimfrei isolierender Plastiktunnel auf sie wartet. Jetzt können die Astronauten und die beiden übrigen Passagiere, die ebenfalls als »Unberührbare« gelten, erstmalig ihre enge Behausung verlassen, gelangen jedoch durch den Laufgang nicht ins Freie, sondern in die eigentliche Isolierstation des Empfangslabors. Später wird außerdem das Raumschiff selbst vom Luftstützpunkt Hickam in einer C-133 nach Ellington gebracht und zum Labor transportiert, wo es so untergebracht wird, dass das Kabineninnere beim Betreten durch einen Laufgang keimfrei isoliert bleibt. Der Überwechsel in das LRL wird am 27. Juli stattfinden.

Die Mondfahrer und ihre rund 15 bis 20 Helfer, Ärzte und »Debriefer« (technische Interviewer) werden für die nächsten zwei Wochen im Inneren der Isolierstation in großen und bequemen Wohnräumen, die mit Sears & Roebuck-Mobiliar im »frühamerikanischen« Stil eingerichtet sind, ihre Zeit mit ärztlichen Untersuchungen und der ersten technischen Auswertung der Flugergebnisse verbringen. Eine rigorose »biologische Schranke« schirmt sie dabei gegen die Außenwelt ab: Wände, Decken und Fußböden der Wohn- und Laborräume sind hermetisch dicht, die Atemluft kommt wohlgefiltert aus einer Klimaanlage und wird nach dem Ausatmen ebenfalls mehrfach gefiltert, bevor sie ins Freie geblasen wird, alle Abfall- und Müllprodukte werden durch trockene Hitze sterilisiert, bevor sie durch die Schranke gelassen werden, und in der gesamten Isolierabteilung herrscht ein geringer Unterdruck gegenüber der Außenwelt, damit auch im Fall eines Lecks die Innenluft mit den eventuell in ihr enthaltenen Ansteckungskeimen nicht nach außen entweichen kann, sondern die Außenluft nach innen einströmen muss.

27.7.1969: Begrüßung der Besatzung (für 21 Tage in Quarantäne) in Ellington Air Force Base bei Houston durch die Ehefrauen Pat Collins, Jan Armstrong, Joan Aldrin (v. l.).

Noch strenger und kompromissloser wird mit den wertvollen Mondproben verfahren. Nachdem die an große Botanisiertrommeln erinnernden Probekästen sicherheitshalber getrennt in zwei Flugzeugen vom Bergungsschiff Hornet zum Mond-Empfangslabor geflogen worden sind, werden sie dort im Proben- und Vakuumlaboratorium, möglichst ohne mit der Außenwelt in Berührung gekommen zu sein, sofort in spezielle Vakuumkästen gebracht. Diese blankpolierten, breit ausladenden Metallschränke aus rostfreiem Stahl fallen dem Besucher sofort ins Auge. In allen Räumen des Vakuumlaboratoriums bestimmen sie das Bild. In ihrem Inneren herrscht ein Stück Weltraum – ein Vakuum von weniger als einem Millionstel Torr* –, in das man von außen durch dicke Panzerdoppelscheiben hineinsehen und mit Gummimanschetten und armlangen Gummihandschuhen, die luftdicht am Gehäuse eingebaut sind, auch hineingreifen kann.

---

* Luftdruck an der Erdoberfläche: 760 Torr

Spezielle Proben, die von den Astronauten unter besonders strikten aseptischen Maßnahmen geborgen wurden, kommen zur Gasanalyse und biologischen Untersuchung in ein Vakuum von einem Hundertmilliardstel (10^{-11}) Torr. Da außerhalb der Vakuumkästen die Laborräume wie die Wohnräume der Astronauten keimfrei abgeschirmt sind, befinden sich die Proben demnach gegenüber der Außenwelt hinter einer biologischen Doppelschranke.

Vor dem Öffnen der »Botanisiertrommeln« werden diese in ihren Vakuumschränken außen gewaschen und mit Peracetat sterilisiert. Beim Öffnen der Behälter werden etwa ausströmende Gase – vielleicht Luftreste einer früheren Mondatmosphäre oder Ausgasungen der Gesteinsproben – aufgefangen und untersucht. Danach werden die ausgepackten Gesteinsproben visuell inspiziert und sorgfältig von allen Seiten fotografiert, katalogisiert und mithilfe der Astronauten und ihrer Aufzeichnungen nach ihrem ursprünglichen Fundort identifiziert. Ohne jemals die Batterie der Vakuumkästen verlassen zu müssen, werden die Proben unterteilt. Von jeder Probe werden kleine Stücke abgesondert, in kleinere Vakuumbehälter verpackt und durch ein Rohrpostsystem zu den Arbeitsplätzen im physikalisch-chemischen Versuchslabor und biologischen Präparationslabor geschickt, ohne die Doppelschranke durchbrechen zu müssen.

Im biologischen Labor werden biologische und organische Substanzen aus den Proben extrahiert und für spezielle Quarantänetests präpariert, wie etwa aerobische und anaerobische Kulturen (d. h. Kulturen mit und ohne Sauerstoffzufuhr), biochemische Analysen, und vor allem die Impfung von Pflanzen, Eiern, Gewebekulturen, Amphibien, Invertebraten (wirbellosen Tieren) und normalen sowie keimfreien Wirbeltieren. An Letzteren stehen im Empfangslabor 1200 weiße Mäuse bereit, die seit mehreren Generationen in einer hermetisch dichten, keimfreien Sonderabteilung leben und wegen ihres keimfreien und daher von allen Abwehrstoffen entblößten und wehrlosen Organismus als besonders wertvolle Indikatoren für die Ermittlung etwaiger Erreger gelten.

Die Proben des Mondmaterials, die dem physikalisch-chemischen Versuchslabor zugeführt werden, werden dort zunächst auf etwaige Reaktionen mit atmosphärischen Gasen und Wasserdampf getestet, wobei allerdings nur ein sehr kleiner Teil davon der Gefahr ausgesetzt wird, dass sich das Mondmaterial unter dem Einfluss der Atmosphäre irreversibel ändern könnte.

Nach diesen Voranalysen gelangen die Proben in einen speziellen Kasten, in dessen Innerem eine trockene, sterile Stickstoffatmosphäre herrscht. Hier werden mit Vorexperimenten die Mineralogie, Petrografie und Chemie der Proben untersucht.

Mehr ins Einzelne gehende Untersuchungen der mineralogischen, petrologischen, geochemischen und physikalischen Eigenschaften der Mondproben werden später von über 50 Universitäten und Laboratorien in aller Welt vorgenommen, so zum Beispiel von einem Dutzend verschiedener Forschungsstellen allein in England, an die die NASA einen Teil der Mondproben nach Ablauf der Quarantänezeit (negativer Befund vorausgesetzt) ausliefert.

Eine Reihe von dringenden, sogenannten »zeitkritischen« Experimenten muss jedoch sofort nach Ankunft der Mondfracht an Ort und Stelle im Empfangslabor ausgeführt werden. Eines davon bezieht sich auf die Untersuchung der Radioaktivität der Mondproben. Mithilfe der Gammastrahlen-Spektrometrie, bei der die Gammastrahlen zerfallender Kerne gezählt werden, kann auf die Bestandteile der Probe, ihren Strahlungszustand und auf die Strahlungsumgebung des Mondes geschlossen werden. Das Experiment ist deshalb zeitkritisch, weil viele der zerfallenden Atomkerne nur kurze Halbwertzeiten haben und die Strahlungsaktivität der Probe im Schutz der Erdatmosphäre weitaus geringer ist als auf dem Mond. Da es bei der Zählung des Atomzerfalls in erster Linie darauf ankommt, dass die natürliche Hintergrundstrahlung der irdischen Umgebung die Messung nicht stört und verfälscht, werden die Radioaktivitätsexperimente in einem speziellen strah-

Nahaufnahme des im zweiten Probenbehälter von Apollo 11 enthaltenen dunkelfarbigen Mondgesteins. Die »Steinkiste« wurde erst am 5.8.1969 im Vakuumlabor des LRL geöffnet.

lungsfreien Raum vorgenommen, der 15 m unter der Erde liegt und mit Beton-
wänden, Stahlplatten und einem Mineral namens Dunit gegen die Hintergrundstrahlung der Außenwelt abgeschirmt ist. Ein besonders hierfür entwickeltes
Ventilationssystem versorgt die kleine unterirdische Laborkammer mit strah-
lungsfreier Luft. Die Panzerkammer enthält eine Luftschleuse und ist durch einen
Aufzug zugänglich.

Ein anderes wichtiges Experiment ist die Ermittlung und Messung eventueller
»Ausgasung«, d. h. einer möglichen Gasabgabe des Gesteins beim Öffnen der
Behälter, die im Gasanalysenlabor bestimmt wird.

Ein großer Teil der Mondproben wird im Mond-Empfangslabor ein permanen-
tes Zuhause erhalten. Für die Astronauten jedoch findet die eigentliche Rückkehr
in ihre Welt etwa drei Wochen nach der feurigen Himmelfahrt zum Mond statt,
wenn sich in der Quarantäne gezeigt hat, dass sie aus dem Weltraum keine schädlichen Sporen eingeschleppt haben.

Die Befürchtungen bleiben jedoch grundlos. Alle Untersuchungen an den Astronauten und den mitgebrachten Gesteinsproben werden negativ verlaufen; weder
schleppen die Männer schädliche Organismen ein, noch wird man harmlose
fremdartige Lebensformen an und in ihnen finden, so dass die Quarantänezeit
abgekürzt werden kann. Am Abend des 10. August, kurz nach 22 Uhr, nach
14 Tagen des Eingeschlossenseins im LRL, werden sich die Tore der Quarantänestation für sie öffnen.

Achter Reisetag

Heldenempfang

»Heil Columbia!«

Die siebte und letzte Farbfernsehsendung von der Apollo 11 findet am Abend des 23. Juli statt, rund 18 Stunden vor der Landung im Pazifik. Die Sendung beginnt um 19.05 Uhr ostamerikanischer Zeit mit einer Nahaufnahme des Apollo-11-Wappens.

Neil Armstrong: »Guten Abend! Hier spricht der Kommandant der Apollo 11. Vor hundert Jahren schrieb Jules Verne ein Buch über eine Reise zum Mond. Sein Raumschiff, die ›Columbiade‹, startete in Florida und landete im Pazifischen Ozean, nachdem es einen Flug um den Mond durchgeführt hatte. Es scheint uns angebracht, Ihnen einige Gedanken der Besatzung mitzuteilen, bevor die ›Columbia‹ der modernen Zeit ihr Rendezvous mit dem Planeten Erde im gleichen Pazifischen Ozean morgen vollendet. Zuerst … Mike Collins.«

Die Kamera verdunkelt sich einen Moment, und als sich das Bild wieder aufhellt, sieht man den Schiffsführer in klaren, natürlichen Farben in der Kabine schweben.

»Diese Reise, die wir zum Mond unternommen haben, mag Ihnen einfach und leicht vorgekommen sein. Ich möchte Ihnen zeigen, dass dies nicht der Fall war.

Die Saturn V-Rakete, die uns in die Umlaufbahn gebracht hat, ist eine unglaublich komplizierte Maschine, bei der jedes einzelne Stück makellos funktioniert hat. Der Computer hier über meinem Kopf verfügt über einen Wortschatz von 38 000 Worten, von denen jedes sorgfältig ausgewählt worden ist, um für die Besatzung von höchstmöglichem Nutzen zu sein. Der Schalter, den ich jetzt in meinen Fingern habe, ist nur einer von über 300 allein in der Kommandokabine, die alle gleich aussehen. Außerdem gibt es Myriaden von Kontakten, Hebeln, Knöpfen und anderen Kontrollorganen.

Das SPS-Triebwerk, unser großer Raketenmotor am Heck des Maschinenteils, muss einwandfrei gearbeitet haben, sonst wären wir im Mondorbit gestrandet. Die Fallschirme hoch über meinem Kopf müssen morgen tadellos funktionieren, sonst zerschellen wir im Ozean. Wir haben immer Vertrauen auf das fehlerfreie

Funktionieren all dieser Geräte gehabt und werden auch für den Rest des Fluges Vertrauen darauf haben.

All dies wurde nur durch Blut, Schweiß und Tränen einer großen Anzahl von Menschen möglich. Zuerst der amerikanische Arbeiter, der die Einzelteile dieser Maschine in der Fabrik zusammengebaut hat. Sodann die sorgfältige Arbeit der verschiedenen Testteams während der Montage und der Überprüfungen nach der Montage. Und schließlich die Menschen im ›Manned Spacecraft Center‹, sowohl im Management, in der Flugauftragsplanung, in der Flugleitung, als auch – last but not least – im Crew-Training. Dieses Unternehmen ist etwa wie das Periskop eines Unterseeboots: Alles, was Sie sehen können, sind wir drei; doch unter der Oberfläche befinden sich Tausende und Abertausende von anderen, und zu all diesen möchte ich sagen: Danke vielmals!«

Und schließlich richtet sich die Kamera auf Buzz Aldrin, der mit ernster, bedächtiger Stimme aus dem Weltall spricht: »Guten Abend! Ich möchte gern einige der mehr symbolischen Aspekte des Fluges unserer Apollo 11 diskutieren. Wir haben hier die Ereignisse der letzten zwei oder drei Tage besprochen, und wir sind zu der Schlussfolgerung gekommen, dass dies weitaus mehr war als nur drei Männer auf einer Reise zum Mond. Mehr noch als die Anstrengungen eines Regierungs- und Industrieteams. Mehr sogar noch als die Anstrengungen einer Nation.

Wir empfinden dies als ein Symbol der unersättlichen Wissbegier der ganzen Menschheit, das Unbekannte zu erforschen. Neils Ausspruch vor drei Tagen, als er zum ersten Mal den Fuß auf den Boden des Mondes setzte – ›Dies ist ein kleiner Schritt für einen Menschen, doch ein Riesensprung für die Menschheit‹ –, fasst diese Empfindungen meiner Meinung nach treffend zusammen. Wir haben die Herausforderung, zum Mond zu fliegen, angenommen. Sie war unabweisbar. Die relative Leichtigkeit, mit der wir unseren Auftrag ausgeführt haben, kann, so glaube ich, der Tatsache zugeschrieben werden, dass die Zeit für diese Annahme reif war. Ich glaube, dass wir heute völlig in der Lage sind, größere Rollen in der Erforschung des Weltraums zu übernehmen. Rückblickend haben wir besonderen Gefallen an den Rufnamen gefunden, die wir so mühsam für unsere Raumschiffe ausgewählt haben: ›Columbia‹ und ›Adler‹. Ganz besonders hat uns das Emblem unseres Fluges gefreut – der amerikanische Adler, der das universelle Symbol des Friedens vom Planeten Erde zum Mond bringt, nämlich den Ölzweig. Wir haben einstimmig beschlossen, eine Nachbildung dieses Symbols auf dem Mond zurückzulassen.«

Abschließend rezitiert Buzz Aldrin zwei Verse aus dem 8. Psalm: »Wenn ich sehe die Himmel, deiner Finger Werk, den Mond und die Sterne, die du bereitet hast: Was ist der Mensch, dass du seiner gedenkst, und des Menschen Kind, dass du dich seiner annimmst?«

Der Kommandant erscheint zuletzt.

»Möglich gemacht hat diesen Flug zuerst die Geschichte, – die Titanen der Wissenschaft, die uns vorangegangen sind –, dann das amerikanische Volk, das seinen Wunsch durch seinen Willen zum Ausdruck gebracht hat, drittens vier Administrationen und Kongresse, die diesen Willen in die Tat umgesetzt haben, und schließlich das Regierungs- und Industrieteam, das unser Raumschiff gebaut hat: die Saturn, die Columbia, den Adler und die kleinen EMUs (Extravehicular Mobility Units, Verf.), die Raumanzüge und Tornistergeräte, die unser kleines Raumschiff draußen auf der Mondoberfläche waren. Wir möchten einen besonderen Dank all jenen Amerikanern aussprechen, die diese Raumfahrzeuge gebaut haben, die den Entwurf, die Konstruktion, Montage und Prüfung ausgeführt und ihre Herzen und alle ihre besten Fähigkeiten in diese Geräte gesteckt haben. Und allen anderen Menschen, die mit mir sind und heute Abend zusehen: Gott segne euch. Gute Nacht von Apollo 11.«

Um 19.15 Uhr, nach zehn Minuten, geht diese siebte TV-Sendung zu Ende, noch während die Worte der Männer, die eine neue Welt eröffnet haben, in den Gedanken der Zuschauer nachklingen.

Für die Besatzung ist es die letzte Nacht an Bord der »Columbia«, eine Nacht, in der sie sich vor dem kritischen Wiedereintrittsmanöver noch einmal gründlich ausschlafen – elf Stunden lang.

Der Flugplan sieht mehrere Kurskorrekturen vor, doch ist die Eintrittsflugbahn nach dem gestrigen Manöver so genau, dass kein weiteres mehr stattfinden muss. Der Eintrittswinkel des Raumschiffs soll etwa 6,5 Grad unter der örtlichen Horizontalen betragen, mit einem Toleranzband von nicht mehr als zwei Grad Höhe um diesen Wert. Wird das Band überschritten, so genügt die Erdschwere nicht, um Apollo 11 in die Lufthülle zu ziehen; wird es unterschritten, fällt der meteorhafte Abstieg zu steil aus, und die Erhitzung und Belastung des Raumschiffs können die Grenzen des Zulässigen und Erträglichen übersteigen.

Der »Eintrittskorridor«, der dadurch gebildet wird – eher eine schlauchartige Röhre, die vom Mond her kommend sich mehr und mehr verengt – ist beim (gedachten) Vakuumperigäum der Eintrittsbahn nur 48 km hoch, und dieses

Schlüsselloch über die Entfernung von über 380 000 km hinweg genau zu treffen, kommt der Aufgabe gleich, aus einem fahrenden Wagen heraus auf 100 Meter mit einem Gewehr eine Münze zu treffen. Allerdings ist bei unserem »Geschoss« unterwegs noch eine Bahnkorrektur möglich. Der ganze Prozess ähnelt ein wenig dem Einfädeln eines Fadens in ein Nadelöhr, jedoch ohne die Möglichkeit eines zweiten Versuchs.

Am Donnerstag, den 24. Juli, erwacht die Besatzung früh um 6.41 Uhr und beginnt mit den Vorbereitungen zum Wiedereintritt.

Um 12.17 Uhr mittags, bei einer Bordzeit von acht Tagen, zwei Stunden und 45 Minuten, nachdem die Besatzung zu dritt die »Separation Checklist« durchgenommen und die gesamten Bordanlagen einer letzten, hochnotpeinlichen Überprüfung unterzogen hat, steuert Neil Armstrong das Raumschiff in die zur Abtrennung des Maschinenteils benötigte Fluglage, bei der der neun Tonnen schwere Bauteil samt Haupttriebwerk und Fluglagenregelsystem dergestalt abgestoßen wird, dass sein Eintrittswinkel steiler wird als der der Rückkehrkapsel.

Mike Collins tastet Programm P61 ein, um die nötigen Eintrittsvorbereitungen durch den Computer treffen zu lassen.

Fünf Minuten danach, um 12.22 Uhr mittags, erfolgt die Abtrennung. Drei Sprengbolzen zwischen den beiden Hauptbaugruppen des Raumschiffs werden gezündet, und ein explosiv vorgetriebenes Guillotinemesser durchtrennt einen dicken Strang von rund 1000 Kabeldrähten und Leitungen zwischen den beiden Teilen am Außenumfang. Die Lageregeldüsen des Maschinenteils flammen auf und schieben den abgetrennten Bauteil weg, mehr zur Erde hin, um deren Ostkante das Raumschiff nun herumzukurven beginnt.

Augenblicklich übernehmen die Bordbatterien die Stromversorgung der Eintrittskapsel, und die Lufterneuerungsanlage greift auf eigene »Post-Separation«-Sauerstofftanks zurück, nachdem nun die Hauptversorgungsanlagen der Apollo 11 im Maschinenteil unwiederbringlich abgestoßen sind.

Der Kommandant manövriert die Kapsel in die Eintrittslage, so dass ihr großer, gewölbter Wärmeschild in Flugrichtung weist und die Besatzung mit den Gesichtern nach hinten sitzt. Mike Collins tastet Programm P62 ein, das dem Kommandanten diese Aufgabe ermöglicht, während Aldrin von der Flugleitkontrolle das »Go« zum Scharfmachen der pyrotechnischen Sprengsätze erhält, mit denen die Fallschirme aus ihren Mörsern herausgeschossen werden sollen. Die »Pyros« beziehen ihren Zündstrom aus einer eigenen Batterie, die während des Fluges keinem anderen Zweck gedient hat.

Zehn Minuten später ruft der Schiffsführer Programm P63 für den eigentlichen Eintritt auf. Das Schiff trifft mit rund 11 km in der Sekunde auf die ersten Moleküle der irdischen Lufthülle – zunächst Wasserstoff, dann nach und nach die schwereren Bestandteile. Als die Bremsverzögerung fünf Hundertstel eines »g« beträgt, flammen Signallämpchen auf. Damit hat der Eintritt stattgefunden, in einer Höhe von 122 km. Es ist 12.35 Uhr mittags in Cape Kennedy.

Das Raumschiff dringt in die Lufthülle an einem Punkt ein, der auf 171,4 Grad östlicher Länge und 3,53 Grad südlicher Breite liegt, hoch über den Gilbert-Inseln in Mikronesien. Sein Kurs ist nordöstlich. Eine lange, flammende Schleppe hinter sich herziehend, die den dunklen Morgenhimmel wie ein glühender Metalltropfen durchschneidet, rast das heimkehrende Raumschiff über die Gilbert-Inseln hinweg, dabei rasch an Höhe verlierend. Die Temperatur an seinem Wärmeschild beträgt 2800 Grad C. Schon 18 Sekunden nach dem Eintritt hat es sich in die »Glocke des Schweigens« gehüllt – ein Plasmamantel aus glühenden und elektrischen leitfähigen ionisierten Gasen, der keine Radiosignale von und zu der Besatzung durchlässt –, und erst wenige Augenblicke vor der Entfaltung der Fallschirme erscheint das Schiff wieder in der normalen Welt der Radioverbindungen. Um 12.37 Uhr, eine Minute und 22 Sekunden nach dem Eintritt, erreicht das Raumschiff seine höchste Bremsverzögerung von 6,6 »g's«.

Die Radarverfolgung und der Funkverkehr vor dem Einsetzen des »Blackout« ist die Aufgabe der Apolloschiffe Huntsville und Redstone, die dicht unter dem Eintrittskorridor stationiert sind. Sie haben das heimkehrende Raumfahrzeug schon in fast 2000 km Entfernung erfasst und orten es auch durch die Zone des »Blackout«. Als es hinter dem Nordosthorizont der beiden Schiffe verschwindet, übernehmen die ARIA-Flugzeuge (von »Apollo Range Instrumentation Aircraft«) mit ihren Radarantennen die Ortungs- und Relaisaufgabe. ARIA-3 sieht die glühende Schleppe des heimkehrenden Raumschiffs hoch über sich, als es sich noch im Blackout befindet.

Die Bergungsflotte im Pazifik und Atlantik wird von der US-Marine gestellt. Insgesamt sind fast 7000 Marineangehörige zur Bergung der drei Astronauten und ihres Raumschiffs abgestellt, mit neun Schiffen und 54 Flugzeugen.

Das Hauptbergungsschiff ist der altgediente Flugzeugträger Hornet, der im Zielpunkt der Abstiegsbahn stationiert ist, rund 950 Seemeilen südwestlich von Hawaii und 205 Seemeilen südwestlich der Johnston-Insel. Auf seinem Hangardeck steht die transportable Quarantänestation, in der die heimkehrenden Mondfahrer für die nächsten zwei bis drei Tage isoliert werden, bevor sie für die restliche Dauer der insgesamt 21 Tage währenden Quarantäne im Mond-Empfangslabor in Houston von jedem nur erdenklichen Kontakt mit der Außenwelt abgeriegelt werden.

Um 12.41 Uhr wird der glühende, meteorhafte Feuerball des heimkehrenden Raumschiffs auch von den Decks der Hornet aus gesehen, und der Ruf klingt über die Deckplanken: »Da ist es! Da ist es!«

Der Skipper der USS Hornet ist Kapitän zur See Carl J. Seiberlich. Die Besatzung des Flugzeugträgers zählt 2200 Mann. Als Motto für die Bergung der Apollo 11 haben sich die Mannen den Ausspruch »Hornet Plus Three« gewählt, um auszudrücken, dass das Schiff mit drei Mann mehr zurückkehren wird, als es beim Ablegen von Pearl Harbor an Bord gehabt hat.

An Bord der USS Hornet befindet sich außerdem ein Empfangskomitee, wie es sich niemals zuvor für eine andere Raumschiffbesatzung versammelt hat: der Präsident der Vereinigten Staaten, Richard Nixon, im Admiralssessel auf der Brücke, und seine Entourage, einschließlich Dr. Thomas Paine und Apollo-8-Kommandant Oberst Frank Borman, die um zwölf Uhr mittags per Hubschrauber auf dem Deck des Flugzeugträgers eingetroffen sind.

Es sind etwa eine halbe Milliarde Menschen in 49 Ländern der Erde, die die Rückkehr der Apollo 11 am Fernsehgerät verfolgen. Mindestens eine weitere Milliarde lauscht den Schilderungen der Hörfunkreporter am Radio oder liest die Berichte später in den Zeitungen.

Die Farb-TV-Signale umspannen die Erdkugel »live« in einem komplexen, eng verzweigten Netzwerk aus Satelliten, Bodenstationen und Landkabeln, dessen Gesamtlänge eine halbe Million Kilometer misst. 1000 Fernsehstationen in aller Welt, die das Ereignis an ihre Zuschauer übertragen, werden davon beliefert.

12.44 Uhr: Ein lauter Überschallknall dröhnt aus dem dunklen Morgenhimmel auf die wartende Flotte herunter, gefolgt von einem zweiten: der erste wird von der heimkehrenden Mannschaftskapsel der Apollo 11 erzeugt, der andere ist sein dumpfes Echo, das von der Wasserfläche widerhallt.

Michael Collins hat inzwischen Programm P64 aufgerufen, und um 12.44 Uhr und zwei Sekunden schießen zwei 5-m-Stabilisierungsschirme aus der Kapsel und entfalten sich in zwei Stufen. Weniger als eine Minute später werden sie guillotiniert und von drei kleinen Vor-Fallschirmen gefolgt, die ihrerseits je einen gerefften 25-m-Hauptfallschirm aus dem Verpackungskanister ziehen. Im Dämmerlicht

Wasserung im Pazifik: Die Apollo-11-Crew, in biologischen Isolieranzügen, erwartet im Schlauchboot den Flug mit Hubschrauber Nr. 66 zum 24 km entfernten Träger USS Hornet.

24.7.1969, 12.49 Uhr: Mission Apollo 11 gelungen! Im Mission Operations Control Room in Houston bricht bei der glücklichen Wasserung der »Columbia« heller Jubel aus.

der frühen Morgenstunde, in den ersten Strahlen der aufgehenden Sonne, schwebt die Kapsel auf die bewegte Wasserfläche des Pazifischen Ozeans herunter, umschwirrt von gelblichtblinkenden Hubschraubern.

Etwa 13 Seemeilen (24 km) von der USS Hornet entfernt, wassert die Apollo 11 auf 169° 09' westlicher Länge und 13° 18' nördlicher Breite.

Das Raumschiff »kentert« zunächst unter dem Einfluss von Wind und Wellen, richtet sich jedoch in den nächsten acht Minuten durch Aufblasen dreier ballonförmiger Schwimmer wieder auf, und dann beginnt der Ausstieg der Mondheimkehrer. Helikopter Nr. 66, der die Entdecker in ihren BIGs, ihren biologischen Isolieranzügen, an Bord nimmt, trägt zu ihrer Begrüßung eine aufgemalte Botschaft am Unterteil des Rumpfs, so dass die in einem Tragkorb hochgehievten Astronauten sie leicht lesen können: »Heil Columbia!«

24.7.1969: An Bord des Flugzeugträgers USS Hornet begrüßt US-Präsident Richard Nixon die heimgekehrte Apollo-11-Crew in ihrem MQF (Mobile Quarantine Facility)-Trailer.

Es ist 12.49 Uhr ostamerikanischer Zeit, und 25 Minuten vor Sonnenaufgang an der Landestelle im Pazifik.

Die Apollo 11 und ihre Besatzung sind nach der ersten Landung von Menschen auf einer anderen Welt, nach einer unglaublichen Reise von acht Tagen, drei Stunden, 17 Minuten und 22 Sekunden Dauer wohlbehalten zu einer durch sie um vieles reicheren Erde heimgekehrt.

Die Besatzung von Apollo 11 (v. l.):
Neil A. Armstrong (Kommandant),
Michael Collins (Pilot des Kommando-
moduls »Columbia«), Edwin E. Aldrin
(Pilot der Landefähre »Eagle«).

Teil 2
Vom Mond zum Mars

Unternehmen Apollo – bis heute unerreicht

Davon ausgehend, dass wir frühestens der achten, spätestens der zehnten Saturn V Menschenleben anvertrauen würden und die Mondlandung nicht vor Flug Nr. 13 oder 14 riskieren könnten, hatten wir ursprünglich mit insgesamt 15 Trägersystemen gerechnet. Die Wirklichkeit sah dann etwas anders aus: Das Vertrauen in die Saturn V war so groß, dass sie nur zweimal unbemannt erprobt wurde. Bereits mit dem dritten Flug kamen Menschen zum Einsatz, und für Apollo 11 verwendeten wir das sechste Gerät. So standen uns von den in Auftrag gegebenen 15 Trägern noch neun zur Verfügung, die dann zu den restlichen sechs Mondflügen sowie 1973 zum Start der experimentellen Raumstation Skylab gebraucht wurden. Übrig blieben zwei Saturn-V-Geräte, heute degradiert zu Touristenattraktionen: die eine in Houston vor dem Johnson Space Center (JSC) der NASA, die andere im Kennedy Space Center (KSC) in Florida. Im neuen Davidson Space Exploration Center in Huntsville/Alabama, nicht weit vom Marshall Space Flight Center (MSFC), liegt eine weitere vollständige Saturn V, die SA-500D, die uns damals zur dynamischen Erprobung auf dem Boden diente.

Ein Unternehmen wie das Apollo-Programm hat es bis heute nicht mehr gegeben. Auch aus dem Abstand von nunmehr über 40 Jahren kann ich getrost sagen: Es war eine Glanzzeit der Ingenieure – Amerikaner und Einwanderer aus Deutschland und anderen Ländern. In den Jahren 1958–1972, das heißt, von der Gründung der NASA bis zur letzten Apollo-Mission, haben sie insgesamt 27 Raumschiffe der Typen Mercury, Gemini und Apollo entworfen, gebaut, erprobt und geflogen. Im Verlauf jener ereignisreichen 14 Jahre vor den Nachfolgeprogrammen Skylab, Apollo/Sojus, Space Shuttle und ISS trugen unsere Raketen zunächst 32 Menschen in Erdumlaufbahnen, gefolgt von 27 weiteren, die auf den Saturn-Riesen des Wernher-von-Braun-Teams zum Mond flogen. Zwölf dieser Abenteurer landeten und spazierten auf ihm, sechs weitere verweilten im Mondorbit als Schiffshüter.

Offensichtlich ist die Entwicklung der Raumfahrt seit Apollo 11 zum Teil andere Wege gegangen, als wir sie in unseren Vorstellungen gesehen hatten, doch die große Linie des unter Wernher von Brauns Leitung in Huntsville erarbeiteten »Integrierten Plans« hat sie beibehalten, und in dieser Hinsicht ist dieser noch heute gültig: Seine Einzelelemente Space Shuttle, unbemannte Marsforschung, »Grand Tour« des Sonnensystems (verteilt auf Voyager 1 und 2) und Montage der ständigen

20.11.1969: Apollo-12-Kommandant Charles Conrad im Oceanus Procellarum an der 31 Monate zuvor eingetroffenen Sonde Surveyor 3. 180 m entfernt: die Landefähre »Intrepid«.

Raumstation im Erdorbit sind inzwischen Wirklichkeit geworden. Offenbar findet die von uns damals konzipierte Evolution der menschlichen Bewohnung des Alls tatsächlich statt, wenn auch nicht in breiter Front lateral »integriert« (d.h. auf parallelen Schienen), wie wir das sehen wollten, dafür aber aufeinanderfolgend, sequenziell, Schritt für Schritt. Mit dem 2004 von US-Präsident George W. Bush in Auftrag gegebenen Explorationsprogramm versprechen auch die weiteren Bestandteile des frühen Plans, nämlich der Mond-Außenposten, die bemannte Marsexpedition und die Marsbasis langfristig Wirklichkeit zu werden.

223

Doch schon bei den auf Apollo 11 folgenden Mondmissionen gab es überraschende und oftmals enttäuschende Abweichungen von unseren Plänen. Die zweite Expedition, Apollo 12, fand vier Monate nach der ersten statt, 14. – 24.11.1969. Während Richard Gordon Jr. im Mondorbit in »Yankee Clipper« blieb, landeten Charles Conrad Jr. und Alan Bean ihre »Intrepid« zielgenau im »Oceanus Procellarum«, führten zwei Ausstiege von insgesamt $7\,^1/_2$ Stunden aus und statteten dabei dem 31 Monate früher eingetroffenen Landeroboter Surveyor 3 einen Besuch ab. Nach 31h 31m starteten Pete und »Beano« mit der TV-Kamera der Surveyor-Sonde aus dem Meer der Stürme zurück.

Bei der nächsten Mission entgingen wir nur ganz knapp einer schweren Raumkatastrophe. Am dritten Abend nach dem Start von Apollo 13, am 11.4.1970, explodierte der Sauerstofftank Nr. 2 im Apollo-Maschinenteil, 328 000 km von der Erde entfernt. Damit verlor das Raumschiff seine Hauptstromversorgung, und eine Landung kam nicht mehr in Frage. Die Mission wurde mit großem menschlichen Einsatz und enormem Computeraufwand abgeändert und die Flugbahn so umgelenkt, dass das Raumschiff um den Mond herumschwang und durch dessen Schwerkraft zur Erde zurückgeschleudert wurde. Die Astronauten James Lovell, Fred Haise und Jack Swigert rüsteten den Lander »Aquarius« zum Rettungsboot um, damit sie seine Lebensversorgung verwenden konnten, und kauerten $3\,^1/_2$ Tage halb erfroren in der Dunkelheit, bis sie am 17. April glücklich im mittleren Pazifik wasserten, Haise mit einer schlimmen Blasenentzündung. Die Havarie eines Raumschiffs im All und der drohende Tod hoffnungslos gestrandeter Astronauten war bis Apollo 13 nur eine Science-Fiction-Horrorvision gewesen. Heute dürfte es für die meisten Menschen, die nicht wie ich im Apollo-Team an der Abwendung der Beinah-Katastrophe beteiligt waren, schwierig sein, unsere damalige nervenaufreibende Fieberspannung und die Ängste jener alptraumhaften 85 Stunden nachzuempfinden.

Apollo 13 mag zwar ein Fehlschlag gewesen sein, doch erwies sich die Mission als einer der Meilensteine des unvergesslichen Pionierjahrzehnts von Apollo, der uns und der Welt damals demonstrierte, was entschlossene Teamarbeit zuwege bringen konnte. Die Mission wirkte erneuernd und beflügelnd, nicht zuletzt auch wegen der überaus positiven Reaktion der Öffentlichkeit, die entgegen allen

11.4.1970: Apollo 13 bricht zum Mond auf und entkommt nur knapp und mit großem Glück einer Katastrophe. Jim Lovell, Fred Haise und Jack Swigert schaffen den Heimflug.

31.7.1971: Apollo 15 bei Hadley-Appenninen. LM-Pilot James Irwin am geparkten Lunar Rover. Im Vordergrund der Schatten der Landefähre »Falke«, im Hintergrund Mt. Hadley.

pessimistischen Unkenrufen unser Programm weiterhin unterstützte. An Aufgeben wollte niemand denken – das erfuhren wir damals durch Apollo 13 (und später noch deutlicher durch die Challenger- und Columbia-Katastrophen). Apollo 13 wirkte auch stärkend für unser Selbstvertrauen in unseren weiteren Bemühungen. In der klaren Erkenntnis, dass in der bemannten Raumfahrt in vielen Fällen eine Rettung im All nicht möglich ist, war man von Beginn an bereit gewesen, in der Pionierphase ein gewisses Maß an tödlichen Risiken in Kauf zu nehmen. Dabei sollte jedoch alles getan werden, was in unseren Kräften stand, um dieses

Risiko so weit wie möglich einzuschränken – auf »weniger als für Testpiloten eines neuen Flugzeugtyps«, wie es hieß. Doch nach 22 erfolgreichen Missionen hatte sich die dräuende Vision einer fatalen Astronautenstrandung im Weltraum bei vielen unausgesprochen im Hinterkopf zu regen begonnen. Apollo 13, der »successful failure«, bannte jenes Gespenst: Wir lernten aus den begangenen Fehlern und setzten den Weg in die Zukunft fort.

Als nächste Mission folgte Apollo 14 mit Alan Shepard, Stuart Roosa und Edgar Mitchell, 31.1. – 9.2.1971. Big Al und Ed landeten in »Antares« im hügeligen Gelände nahe dem Krater Fra Mauro und verbrachten 33h 32m auf dem Mond, mit zwei Ausstiegen von zusammen über neun Stunden Dauer. Als Besonderheit zogen sie erstmalig einen Handkarren mit Handwerkzeug und Probenbehältern, den »Modularized Equipment Transporter« (MET), hinter sich her. Stu Roosa blieb währenddessen in »Kitty Hawk« im Mondorbit.

Am 26.7. – 7.8.1971 folgten David Scott, Alfred Worden und James Irwin mit Apollo 15, der ersten der stärker ausgelegten J-Missionen. Scott und Irwin landeten in »Falcon« an der Hadley-Rille nahe den Mond-Apenninen. Dank der erhöhten Tragfähigkeit unserer Saturn V und des Landegeräts konnte die Verweilzeit auf 66h 55m ausgedehnt und das erste von drei elektrisch betriebenen Mondfahrzeugen, der in Huntsville vom MSFC entwickelte und von General Motors und Boeing gebaute Lunar Rover (LRV), eingesetzt werden. Mit ihm legten Dave und Jim auf Forschungsausflügen insgesamt 27,9 km Strecke zurück, während Al in »Endeavour« als Schiffshüter ausharrte.

Die zweite J-Mission, Apollo 16, fand vom 16.4. – 27.4.1972 statt. Während Thomas Mattingly in »Casper« im Mondorbit wartete, landeten John Young und Charles Duke Jr. in »Orion«, erforschten das Hügelgelände um den Krater Descartes und fuhren mit dem zweiten Lunar Rover eine Distanz von 26,9 km. Ihre Verweilzeit belief sich bereits auf 71h 2m. Während eines ihrer Mondausflüge informierte sie das Kontrollzentrum Houston zu Youngs großer Freude, dass der US-Kongress das Budget für die Entwicklung des wiederverwendbaren Space Shuttle bewilligt hätte. Aber noch wusste John nicht, dass er neun Jahre später Pilot des ersten Shuttleflugs, STS-1/Columbia und noch später Kommandant einer weiteren Shuttlemission sein sollte: STS-9/Columbia mit Ulf Merbold. Vor Apollo 16 war Young bereits mit Apollo 10 dem Mond bis auf 15 km nahegekommen und davor, im März 1965, mit Gus Grissom als erste Zwillings-Crew in Gemini 3 geflogen.

Bei Apollo 17 mit Eugene Cernan, Ronald Evans und Dr. Harrison Schmitt, 7.12. – 19.12.1972, stieg die Verweilzeit auf dem Mond gar auf die Rekordzeit von 75h an, dreieinhalbmal länger als bei Armstrongs und Aldrins »Adler«. Gene Cernan, Abkömmling tschechischer Einwanderer, und der Geologe Jack Schmitt landeten in »Challenger« im Bergland um Taurus-Littrow und steuerten den dritten Lunar Rover über eine Rekordstrecke von 35,7 km. Ron Evans verfolgte ihre Ausflüge aus dem Mutterschiff »America« in der Umlaufbahn.

Zu unserer bitteren Überraschung entschied danach die US-Regierung, die Mondmissionen nach Apollo 17 einzustellen. Cernan wurde so der letzte Mensch, der im Rahmen des Apollo-Programms auf dem Mond weilte. Seine Worte beim Einstieg in den »Challenger« lauteten: »We leave as we came, and God willing, as we shall return, with peace and hope for all mankind.«

Die ursprünglich geplanten Flüge von Apollo 18, 19 und 20 wurden durch Haushaltskürzungen gestrichen. Mit modifizierten Landefähren und stärkeren Rover-Fahrzeugen hätte jede der drei Missionen anspruchsvoller als die vorhergegangene sein sollen. Für Apollo 18 war als Landestelle Schröters Tal vorgesehen, Ort vorübergehender mysteriöser Erscheinungen, die einige Forscher als Anzeichen vulkanischer Tätigkeit deuteten. Mit Apollo 19 wollten wir eigentlich die zusammengestürzten Lavaröhren der Hyginus-Rille erforschen, und Apollo 20 wäre als die kühnste aller Apollo-Missionen ausgelegt gewesen: Landung im Innern des Riesenkraters Kopernikus. Die verbesserten Landefähren sollten dabei Aufenthalte von vier bis sechs Tagen Dauer ermöglichen und dadurch bei Apollo 20 den Astronauten genügend Zeit für Grabungen in dem alten Krater geben.

Insgesamt verbrachten die zwölf Apollo-Männer nahezu 300 Stunden auf dem Boden unseres fernen Trabanten. Der Gesamtertrag der sechs Landungen bestand in einer wissenschaftlichen Ausbeute von 383 Kilogramm Gestein und anderen Bodenproben, über 33 000 Fotos, zahlreichen 16-Millimeter-Filmen und mehr als 20 000 Magnetspulen mit Messdaten. Die sechs auf dem Mond aufgestellten automatischen ALSEP-Forschungsstationen blieben bis Ende 1977 in Betrieb. Noch heute werden ihre Laser-Reflektoren zu Distanzmessungen von der Erde verwendet – die Entfernung von Erde und Mond schwankt wegen des elliptischen Mondorbits ständig und beträgt im Mittel 384 467 km. Die Reflektoren sind der Beweis, dass wir die Landungen, die heute so manchem Menschen unvorstellbar erscheinen, tatsächlich durchgeführt haben.

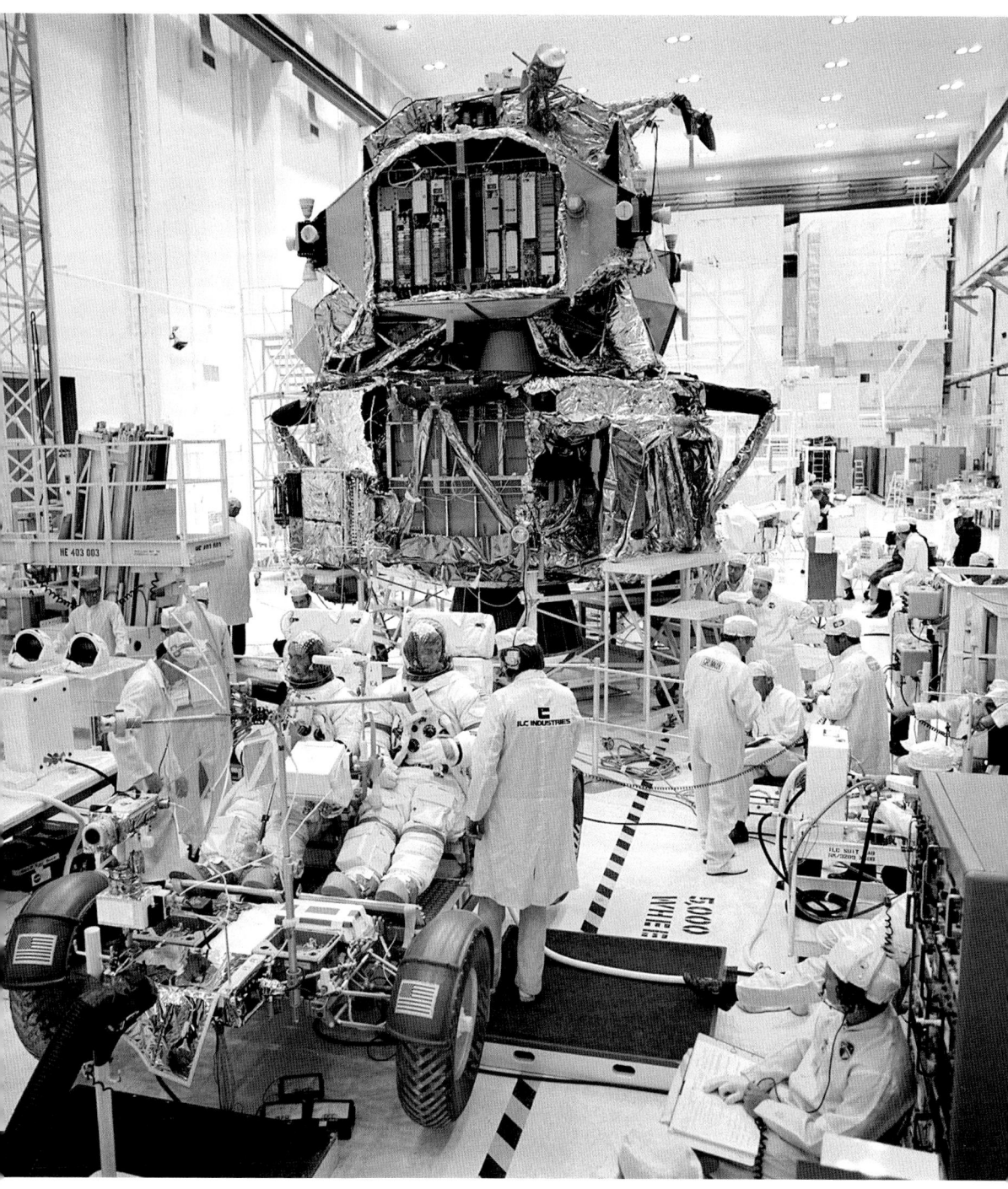

9.8.1972: Kommandant Gene Cernan und LM-Pilot Dr. Harrison Schmitt beim Checkout von Apollo-17-Hardware im KSC Manned Spacecraft Operations Building. Start: 7.12.1972.

Apollo gewinnt den kosmischen Wettlauf

Im Rückblick zeigt sich auch das volle Ausmaß des Vorsprungs, mit dem Apollo 11 das hochdramatische Wettrennen im All zwischen den USA und der UdSSR gewonnen hat.

Nach Kennedys Startschuss zum Unternehmen Apollo sah sein sowjetischer Gegenspieler Nikita Chruschtschow auf der anderen Seite der Welt die Chance eines politischen Coups von epochaler Tragweite: Nach technischen Vorstudien beschloss Moskau 1964, alles daranzusetzen, um noch vor dem amerikanischen Apollo-Flügen auf dem Mond zu landen und der Welt damit die Überlegenheit des kommunistischen Systems gegenüber dem kapitalistischen zu demonstrieren. Den technopolitisch brisanten Auftrag erhielt ein Ukrainer: Sergei P. Koroljow, der 1907 in der Nähe von Schitomir geborene »Chefkonstrukteur für kosmische Systeme der Sowjetunion«. Noch vor seinen Triumphen mit Sputnik 1 am 4.10.1957 auf einer »Wostok«-Rakete und dem Flug Juri Gagarins am 12.4.1961 auf seiner R7, der »Semjorka«, hatte sein Entwurfsbüro mit Studien einer Großrakete unter

Juri Gagarin, vor dem historischen Flug am 12.4.1961, und Sergej Korolow, der »russische Wernher von Braun«, zieren eine Ehrenwand im Raumfahrtmuseum von RKK-Energija, Moskau.

230

der Bezeichnung Nositjel (»Träger«) 1, kurz N-1, begonnen, der der Name »Herkules« (russ. *Gerkules*) zugedacht war (heute auch »Zar«-Rakete genannt). Das Konzept des N-1-Riesen, in seiner ersten Version für eine Nutzlast von nur 50 Tonnen ausgelegt, wurde im Lauf der Zeit immer mehr vergrößert, zunächst auf 75 Tonnen, dann auf 95 Tonnen. Am Ende hatte das gesamte Raumschiff, bestehend aus der dreistufigen Trägerrakete N-1 und dem Mondraketenkomplex L-3, der einen Kosmonauten auf dem Mond absetzen und zur Erde zurückbringen sollte, eine Startmasse von 2700 Tonnen und eine Höhe von 105 Metern und entsprach damit ungefähr unserer Saturn V (110 Meter), die durch NASAs »no nonsense«-Planung bereits einen zeitlichen Vorsprung hatte.

Um die Amerikaner zu schlagen, wurden deshalb Entwurfsentscheidungen riskiert, die sich als überhastet und fatal erweisen sollten. Während wir zum Beispiel für die Saturn V völlig neue Großtriebwerke (F-1, J-2) entwickelten, hielt sich Koroljow an konservative Antriebstechnik. In der Frage der kritischen Treibstoffwahl überwarf er sich mit Valentin Petrowitsch Gluschko, dem Leiter des Leningrader Gasdynamischen Laboratoriums und erfahrensten Triebwerkfachmann der UdSSR, der auf ein mit den hypergolischen (beim Zusammentreten selbstzündenden), jedoch toxischen und aggressiven Treibstoffen Unsymmetrisches Dimethylhydrazin (UDMH) und Stickstofftetroxid (N_2O_4) arbeitendes Triebwerk drängte. Koroljow bevorzugte von Anbeginn die Kombination Kerosin (Paraffinöl) und flüssiger Sauerstoff (LOX), wie wir sie beim neuentwickelten Triebwerk F-1 von Rocketdyne in der Erststufe der Saturn V verwendeten. So blieb ihm nichts übrig, als sich mit dem Luftfahrtentwicklungsbüro von Nikolai Dimitrewitsch Kusnezow zu liieren, das ihm das Triebwerk NK-15 mit 147 Tonnen Schubkraft in Bodennähe lieferte. Die Treibstoffe waren Kerosin als Brennstoff und LOX als Oxidator. Doch während unsere Zweit- und Drittstufe mit dem fortgeschrittenen hochenergetischen Stoffpaar Flüssigwasserstoff (LH_2) und LOX arbeiteten, das Koroljow lediglich als mögliche Zukunftsoption betrachtete, behielt er bei der N-1 die konventionellen Treibstoffe auch in den beiden oberen Stufen bei.

Ein großer Nachteil von Kusnezows Motoren war ihr relativ geringer Schub, sodass Koroljow davon sehr viele brauchte, um die Rakete in die Erdumlaufbahn zu bringen: In der untersten Stufe betrug ihre Zahl 30, vier davon mit Strahlrudern zur Steuerung (im NASA-Jargon nannte man das einen »Klempner-Alptraum«). Aus Zeitgründen sah man von einer integrierten Prüfstanderprobung der Erststufe mit allen Triebwerken ab – ein entscheidender Fehler, wie sich zeigen sollte. Die zweite Stufe hatte acht NK-15-Triebwerke von je 168 Tonnen Schub, die dritte weitere vier Aggregate NK-9 mit je 45 Tonnen Schubkraft. Ein Sicherheitsabschaltsystem namens KORD überwachte in der ersten Stufe jeden einzelnen Motor und erhielt bei Triebwerksausfällen die Symmetrie durch selektives Abschalten gegenüberliegender Aggregate, um den Booster steuerbar zu halten. Selbst noch bei Ausfall von bis zu drei Triebwerken in den ersten 90 Flugsekunden konnte die Rakete ihren Flug erfolgreich fortsetzen. Die Unterbringung der 30 Motoren mit ihren Pumpen und Rohrleitungen machte einen gewaltigen Heckdurchmesser der Boosterstufe erforderlich: 17 Meter, gegenüber zehn Metern bei der Saturn V. Dieses Riesenmaß auf der ganzen Länge der Rakete beizubehalten, wäre natürlich sinnlos gewesen. Im Gegensatz zur zylindrischen Bauform der Saturn V erhielten die drei Stufen der N-1 deshalb eine sich nach oben verjüngende Kegelform mit separaten Kugeltanks – ein nach westlicher Ingenieurauffassung sehr unrationeller Entwurf.

Der von Koroljow vorgesehene Missionsablauf glich weitgehend dem des Apollo-Unternehmens, das freilich von Anfang an weltweit in allen Einzelheiten öffentlich einsehbar war. Allerdings sollten nur zwei Kosmonauten zum Mond fliegen und ein einzelner für die Dauer von zwei Stunden auf ihm landen. Laut Chefkosmonaut Alexej Leonow begann Mitte 1966 eine Gruppe von 18 jungen Männern unter Juri Gagarin mit dem Training für Mondvorbeiflug und Mondlandung im (heutigen) Kosmonauten-Ausbildungszentrum Gagarin im »Sternstädtchen«, von denen Leonow, Makarow, Bykowski und Rukawischnikow, wahrscheinlich auch Kubasow und Sewastjanow als Kandidaten für die ersten beiden Mondlandeflüge qualifiziert waren. Als Termin für die erste Mission wurde die zweite Hälfte 1968 ins Auge gefasst. Die Amerikaner sollten mit einem Husarenstreich überraschend geschlagen werden. Doch die NASA reagierte darauf mit der Apollo-8-Entscheidung.

Dass Koroljows Flugplan niemals zur Durchführung kam und Apollo das Rennen gewann, lag weitgehend an der übereilten Hast, mit der man vor allem nach seinem überraschenden Tod am 14.1.1966 vorging. Zudem verzettelte man sich: Statt alle Anstrengungen zentral auf die Mondlandung (L-3) zu fokussieren, sollte parallel als Phase 1 auch noch eine Mondumrundung (L-1) stattfinden. Im Wettkampf gegen das national konkurrierende Konstruktionszentrum von Vladimir N. Tschelomej setzte sich Koroljow 1965 mit seinem Vorschlag durch, dafür sein neukonzipiertes mehrsitziges und manövrierfähiges Raumschiff namens Sojus (damalige Typenbezeichnung 7K) zu entwickeln. Als Trägerrakete für 7K

3.7.1969: Start Nr. 2 der sowjetischen Mondrakete N-1 in Tjuratam in Kasachstan, dem heutigen Baikonur. In Sekunden kommt es zur erderschütternden Katastrophe.

L-1 wurde die militärische Groß-Interkontinentalrakete UR-500 mit Gluschkos UDMH/N_2O_4-Triebwerk RD-250 modifiziert, die noch heute als »Proton« im Dienst steht und Nutzlasten von 20 Tonnen in die Erdumlaufbahn trägt. Sojus, mit ihrer ebenso genannten Raumschiffkapsel, ursprünglich für den Atmosphäreneintritt mit Mondrückkehrgeschwindigkeit ausgelegt, dient heute als zuverlässiges »Arbeitspferd« für den bemannten Transport in erdnahe Bahnen zur ISS und zurück. L-1 kam immerhin zum Einsatz, wenn auch nur mit unbemannten Sojus-Testkapseln, die unter dem Namen Sond flogen: Sond 4 am 2.3.1968 auf einer hochelliptischen Bahn und Sond 5 am 15.9.68 zur einmaligen Mondumfliegung. Sond 6 startete kurz vor Apollo 8, umrundete den Mond und zerschellte auf der Erde nach Versagen des Fallschirmsystems. Die folgenden Mondumkreiser Sond 7 und 8 vervollständigten das unbemannt bleibende L-1-Programm, dessen Überleitung zum Mondlandeprogramm L-3 jedoch niemals erfolgte. In einem weiteren mit L-3 parallel laufenden Mondlandeprogramm wurde das recht erfolgreiche Mondfahrzeug Lunochod entwickelt, das zunächst als Funkbake für den bemannten Lander, später als Transport- und Versorgungsfahrzeuge für Mond-Kosmonauten dienen sollte.

Die Montage des N-1-Boosters in Tjuratam, dem heutigen Baikonur im unabhängigen Kasachstan, begann im Februar 1967 voller Hast. Die Ereignisse spitzten sich sofort dramatisch zu: Der Jungfernflug sollte ursprünglich im März 1968 erfolgen; die erste flugfertige N-1 musste zunächst zur Montagehalle zurückgebracht werden, als sich in der Boosterstufe Materialrisse zeigten. Zweifellos stachelte das zur Weihnachtszeit 1968 erfolgende und durch die Existenz der N-1 beschleunigte Apollo-8-Unternehmen die Startvorbereitungen zu noch größerer Eile an. Der Wettlauf erreichte am 21. Februar 1969 seinen Höhepunkt. Um 12.18 Uhr Moskauer Zeit erhob sich die erste N-1 von der Startrampe und donnerte in einen klaren, blauen Himmel empor, ein urgewaltiger Anblick. Nach wenigen Sekunden fielen zwei Triebwerke aus, dann setzten, eine Minute nach dem Start, heftige Vibrationen ein. Leitungen brachen, ein Feuer brach aus, andere Motoren und Turbopumpen explodierten und zehn Sekunden später fiel der ganze Antrieb aus. Der Riese zerschellte rund 50 km vom Startort auf dem Boden. 15 Monate zuvor war der Erstflug der Konkurrentin Saturn V erfolgt: fehlerlos.

Am 3. Juli 1969 erfolgte unter extremer Hektik der zweite Startversuch, zwei Wochen vor dem Flug von Apollo 11. Schon wenige Sekunden nach dem tosenden Start fiel der gesamte Antrieb aus, als ein kleines Metallfragment eine Sauerstoffpumpe blockierte. Nach 23 Sekunden krachte das Monstrum aus 200 Metern zu Boden, und eine titanische Explosion zerstörte die Startrampe mit allen Einrichtungen. Als Apollo 11 siebzehn Tage später auf dem Mond landete, durfte die sowjetische Bevölkerung das Ereignis nicht im Fernsehen verfolgen. Nur Insider

Der russische Mondlander LK (Lunnij Korabl) im Zentralen Konstruktionsbüro für Experimentellen Maschinenbau war 5,20 m hoch, wog 5,5 t und hatte eine Einmann-Kabine.

und die für den Mondflug trainierende Kosmonautenmannschaft wurden aus Swesdnij Gorodok, dem »Sternstädtchen«, ins zentrale Fernsehstudio in Moskaus Schabolowka-Straße eingeladen. Es gab dort nur einen speziellen Betriebskanal, über den Europa lediglich für den »Dienstgebrauch« empfangen werden konnte. Wie ich später von Kosmonauten vernahm, waren sie alle bei der Mondlandung sehr aufgeregt, weil sich jeder von ihnen im Stillen danach sehnte, an der Stelle von Armstrong und Aldrin zu sein.

Damit hatte Apollo das Rennen gewonnen. Aber die verbissenen sowjetischen Ingenieure gaben noch nicht auf, denn man konnte die Amerikaner noch immer schlagen – durch die Errichtung einer Mondbasis. Es kam zu zwei weiteren Probeflügen der N-1. Der erste fand nach zweijährigen Wiederaufbau- und Vorbereitungsarbeiten am 27.7.1971 statt. Nach acht bis zehn Sekunden versagte das Flugführungssystem, und die über 100 Meter hohe Rakete begann sich um die Nickachse zu drehen. Die Verstrebungsstruktur zwischen der zweiten und dritten Stufe konnte die Überlastung durch das Querneigungssteuermoment nicht aufnehmen; sie zerbrach und das gesamte Oberteil kippte herab. Die ersten beiden Stufen setzten den Flug außer Kontrolle fort und krachten Augenblicke später 20 km entfernt zu Boden. Trotz der drei tragischen Rückschläge unternahm man nach Ende des Apollo-Programms am 23.11.1972 noch einen vierten und letzten Startversuch, der sich von allen N-1-Flügen als der erfolgreichste erwies. Die 30 Triebwerke des Monstrums funktionierten plangemäß für die Dauer von etwa 107 Sekunden. Dann fiel das Triebwerk Nr. 4 durch Explosion seiner LOX-Pumpe aus und beschädigte den Heckraum. Der Antrieb versagte 40 Sekunden vor dem normalen Brennschluss, und der Schwerträger brach hoch in der Stratosphäre auseinander und explodierte.

Das war das Ende des sowjetischen Mondlandeprogramms N-1/L-3. Insgesamt hatten die Progress-Werke in Samara (damals Kuibyschew), wo auch heute noch die Sojus- und Progress-Trägerraketen gefertigt werden, zwölf Einsatzexemplare der Superrakete (Saturn V: 15) plus zwei Testmodelle geliefert; was von ihnen noch übrig war, wurde auf oberstes Geheiß verschrottet oder zweckentfremdet. Koroljows ehemaliges Konstruktionsbüro OKB-1, das nach seinem Tod unter dem Namen Zentrales Konstruktionsbüro für Experimentellen Maschinenbau (ZKBEM) seinem langjährigen Stellvertreter Wassilij P. Mischin unterstand, wurde 1974 in Wissenschaftlich-Technische Vereinigung (NPO) Energija umbenannt und dem Triebwerkmann W. P. Gluschko unterstellt, der bis Januar 1989 ihr »Generalnij Konstruktor« war. Die daraus entstandene Raketenfirma Ra-

Veteranen der Raumfahrt: Russlands Prof. Boris Je. Tschertok (r.) und der Verfasser (Moskau, Oktober 2008).

ketno-Kosmitscheskaja Korporatsia (RKK) Energija im Moskauer Vorort Korol-jow (früher Kaliningrad) unter der Generaldirektion von Vitali Alexandro-witsch Lopota ist heute verantwortlich für die unter Mitarbeit des staatlichen Raumfahrtforschungs- und Produktionszentrums Chrunitschew in Moskau entstandenen russischen Elemente der internationalen Raumstation ISS. Dass ich die beiden berühmten Zentren und die Flugkontrollzentrale ZUP (Tsentr Uprawlenija Poljotami, Flugkontrollzentrum) in Koroljow jemals in meinem Leben besuchen könnte, wie 1998 erstmals geschehen, hätte ich mir damals in den 1960er-Jahren auch im wildesten Traum nicht einfallen lassen. Inzwischen sind ich und meine NASA-Kollegen dort und auch in Baikonur häufig zu Gast. Und ich darf mich glücklich schätzen, Frau Professor Natalija Koroljowa, die Tochter des großen Chefkonstrukteurs, und Akademie-Professor Boris Tscher-tok, einer von Koroljows engsten Stellvertretern, heute zu meinen liebsten Freunden zählen zu können.

Die unübertroffene Weltraummaschine Saturn V

Für viele von uns war ein anderer Start noch gewaltiger und aufregender gewesen als der von Apollo 11: der Jungfernflug unserer Saturn V am 9. November 1967, 20 Monate vor der ersten Mondlandung.

Der schlagende Erfolg des Saturn-Programms war zweifellos auf den Weitblick von Leuten wie Wernher von Braun, Milton Rosen und andere zurückzuführen. Als Vordenker sorgten sie dafür, dass die richtigen Technologien zur richtigen Zeit in den Kulissen bereitstanden. Besonders gilt dies für die hochenergetischen Oberstufen, ohne die das Mondlandeprogramm nicht unter den vorgegebenen Rahmenbedingungen durchführbar gewesen wäre. Das schon 1903 von Konstantin Eduardowitsch Ziolkowsky in Russland vorgeschlagene hochenergetische Stoffpaar LOX und LH_2 beschäftigte bereits in den frühen 1950er-Jahren die NASA-Vorgängerin NACA (National Advisory Committee for Aeronautics). Die Vorteile waren immens: Wasserstoff, leichtestes aller Elemente, wiegt je Liter nur 72 g, 13-mal weniger als die gleiche Menge Kerosin. Seine geringe spezifische Dichte erforderte jedoch gewaltige Tankvolumina, so dass er in verdichtetem, d.h. verflüssigtem Zustand als LH_2, mitgeführt werden muss. Bis zur Entdeckung einer revolutionären Methode durch zwei Forscher des U.S. National Bureau of Standards (NBS) Anfang der 1950er-Jahre konnte LH_2 freilich nicht in größeren Mengen hergestellt, geschweige denn gelagert werden. Denn er benötigt eine Tiefsttemperatur von −253 °C, zu deren Aufrechterhaltung die Tanks »superisoliert« sein müssen wie extreme Thermosflaschen.

Nachdem die deutsche V2 mit LOX als Oxidator bereits Pionierdienste in Cryo-Technik geleistet hatte, führte ein vom NASA Lewis Research Center (heute John H. Glenn Research Center) in Cleveland/Ohio unter Abe Silverstein vorangetriebenes LH_2-Triebwerkprogramm Ende der 1950er-Jahre zur erfolgreichen Erprobung eines Motors von neun Tonnen Schub. Die erste LH_2-Stufe der Welt wurde die unter dem Deutschen Krafft Ehricke bei General Dynamics/Astronautics entwickelte und mit zwei RL-10A3-Triebwerken von Pratt & Whitney von je 6,8 Tonnen Schub ausgerüstete Centaur für die Atlas- und Titan-Missiles der Air Force. Silverstein war von der praktischen Verwendbarkeit des Antriebs so überzeugt, dass er sich energisch für seine Einführung auch in den Saturn-Oberstufen einsetzte. Von Braun stand dem Konzept zunächst sehr skeptisch gegenüber, ließ sich jedoch im Dezember 1959 von den Vorteilen der neuen Technik überzeugen. Ihre Befürwortung durch ihn öffnete den Weg für zukunftsweisende Entwicklungen, die zu den Apollo-Mondlandungen, zum LOX/LH$_2$-getriebenen Space Shuttle und heute zu den neuen Ares-I- und Ares-V-Trägerraketen führten: 1961 wurde das RL-10 der noch heute fliegenden Centaur als Sechserbündel in der S-IV-Stufe der Saturn-I eingeführt. Einen von einem Marshall-Team unter Hermann Weidner 1960 für die größeren Saturn V-Oberstufen vorgeschlagenen LH$_2$-Motor von 90 Tonnen (später 104 Tonnen) Schub entwickelte die Firma Rocketdyne unter der Bezeichnung J-2. Die Zweitstufe S-II erhielt fünf, die S-IVB-Drittstufe eines dieser hochenergetischen Kraftpakete, und beide Oberstufen wurden effektiv gigantische fliegende Thermosflaschen. Als J-2X kommt das Triebwerk erheblich verbessert in den neuen Ares-I- und Ares-V-Trägern des bevorstehenden Shuttle-Nachfolgeprogramms zum Einsatz.

Die Saturn V, deren Herstellung damals je Stück 120 Millionen Dollar kostete, enthielt vielerlei Werkstoffe, von Gold bis Asbest und Polyurethan bis Nylon, bestand jedoch hauptsächlich aus ultradünnem Aluminium: Die Astronauten ritten auf einer Maschine ins All, deren Wandstärke an manchen Stellen weniger als einen Zentimeter maß, dünner als eine Schuhsohle. Ihre Entwicklung gilt heute als doppeltes Meisterstück: der Ingenieurkunst und des Managements. Arthur Rudolph drückte es damals so aus: »Wir verlangen technische Leistung, und diese Leistung steht immer mit Zeitplänen und Kosten in Konflikt. Jedes technische Problem wird sofort auch zum Managementproblem.«

Beim Bau einer Trägerrakete geht normalerweise die Entwicklung des Antriebs, die die größeren Schwierigkeiten erwarten lässt, der der Zelle voraus. Bei der Saturn V war das Problemkind jedoch eine Stufe, nicht ein Triebwerk: die S-II, die unseren knappen Mondlandezeitplan ernstlich in Gefahr brachte. Die bei North American Rockwell (NAR) in Auftrag gegebene Zweitstufe bildete, wie auch die gigantische Erststufe S-IC von Boeing, eine völlige Neuentwicklung. Ihre mit 25 Metern Bauhöhe und zehn Metern Weite gewaltigen Dimensionen (LH$_2$-Tank: 1 Million Liter Inhalt, LOX: 331 000 Liter) stellten uns vor eine neue Schwierigkeit: die Schweißnähte. Die Stufe wog leer nur 43 Tonnen, weniger als die Hälfte der drei Eisenbahntankwagen, die Ende an Ende übereinandergestellt in ihr Platz gefunden hätten. Ihre insgesamt 710 Meter langen silbrigen Schweißnähte mussten so stark sein wie das Zellenmetall selbst, absolut fehlerfrei, chirurgisch sauber und auf drei Zehntel Millimeter genau hergestellt. Um die ursprünglich als »unschweißbar« erachtete Aluminiumlegierung 2014T6 gefügig zu machen, entwickelte Werner Kuers' Fabrikationslaboratorium in Marshall die Gleichstrom-Tungsten-Inertgas-Methode (TIG), bei der bei 1650 bis 2780 °C mit Tungstenelektroden in

Heliumgas geschweißt wurde, um das empfindliche Metall vor Oxidation und Verunreinigung zu schützen.

Als die Saturn V wegen der unvermeidbaren Gewichtszunahme ihrer Apollo-Nutzlast »abgespeckt« werden musste, fiel der Löwenanteil der S-II zu. Das Resultat: Ihre Zellenstruktur hielt den Betriebsbelastungen zunächst nicht stand. Am 29.9.1965 zerplatzte eine Teststufe im kalifornischen Seal Beach; eine zweite explodierte acht Monate später, am 28.5.1966, beim 11. Test im NASA-Prüfstand in Mississippi. Eine Untersuchung fand erhebliche Managementprobleme bei NAR; Köpfe rollten, und Eberhard Rees, von Brauns technischer Vize und Troubleshooter aus Schwaben, trat in Aktion. Eine Zeit lang stand der von Kennedy gesetzte Mondlandetermin (»vor Ende dieses Jahrzehnts«) auf Messers Schneide, und die intensiven Arbeiten der Sowjets an ihrem N-1-Superbooster »Herkules« wurden unser Schreckgespenst. Doch sollte es für uns noch schlimmer kommen.

Obgleich die 6,7 Meter weite S-IVB-Drittstufe aus der S-IV-Stufe der erfolgreichen Saturn I hervorgegangen war, gab es auch bei ihr einschneidende Neuerungen, zum Beispiel das Erfordernis einer wirksamen LH_2-Superisolierung für bis zu $4\,{}^1\!/_2$ Stunden Dauer. Die Aufgabe wurde von der Herstellerfirma Douglas Aircraft (DAC) durch die zehn Millionen Dollar teure Entwicklung eines Isoliermaterials gelöst, das leichter als Holz, aber stark wie Beton war: glasfaserverstärkter Polyurethan-Schaumstoff, genannt »synthetisches Balsa« (man hatte es zunächst mit Balsa-Holz versucht, doch enttäuschten die Tests). Am 20.1.1967 explodierte eine vollbeladene S-IVB beim Countdown im DAC-Teststand in Sacramento mit der Gewalt von mehr als einer Tonne Trinitrotoluol (TNT). Die Stufe wurde vollständig zerstört und die Anlagen schwer beschädigt; Gesamtschaden: 19 Millionen Dollar. Als Ursache ermittelte ein Untersuchungsausschuss unter Kurt Debus und Willy Mrazek menschliches Versagen beim Schweißen eines Heliumbehälters aus Titan-Aluminium-Vanadium-Legierung. Der unter rund 200 Atmosphären Innendruck stehende Kugeltank war geplatzt und hatte die Stufe leckgeschlagen. Auch bei der zunächst von Marshall, dann Boeing gebauten S-IC machte die Zellengröße (1,3 Millionen Liter LOX, 810 700 Liter RP-1) erhebliche Schwierigkeiten, vor allem durch die Länge und geforderte Perfektion der Schweißnähte.

Neben revolutionären Herstellungsprozessen wie TIG, Explosiv-Formen u. a. erforderte die schiere Größe der Rakete auch neue Transport- und Montagekonzepte. Seetaugliche klimatisierte Barken mussten beschafft, monströse Frachtflugzeuge namens Guppy und Super-Guppy gebaut werden. Die Korrosionswirkung der salzhaltigen Seeluft am Cape machte eine klimatisierte Montagehalle gewaltiger Ausmaße erforderlich: das noch heute das Kennedy Space Center (KSC) dominierende 120 Meter hohe Vehicle Assembly Building (VAB). Damit die Rampen für die geplante hohe Startfolge (Mars-Pläne!) nicht monatelang mit Gerätemontage blockiert wurden, musste dieses größte Gebäude der Welt von ihnen getrennt auf tief in den Sandboden getriebenen Pfählen errichtet, mussten mobile Startplattformen gebaut und spezielle Raupenfahrzeuge entwickelt werden. Diese Transporter, mit 40 Metern Länge, 35 Metern Breite und 3000 Tonnen Gewicht der Welt größte Landfahrzeuge, wuchteten die Startplattform, in der ein quadratisches Loch für die Flammenstrahlen der fünf haushohen F-1-Motoren gähnte, samt Saturn V und Kabelturm mit 16 hydraulischen Hebeböcken fast einen Meter hoch und rollte die 6000 Tonnen schwere Fracht dann acht Kilometer weit zur Rampe. Dabei hielten die computergesteuerten Stützzylinder die wertvolle Last ständig auf plus/minus zehn Bogenminuten, etwa den Durchmesser eines Fußballs, genau waagrecht.

Erst 1967 waren die meisten Probleme gemeistert und die schwierigsten Hürden überwunden, die uns beim Countdown des ersten Geräts, Nummer 501, zum Erstflug überdeutlich vor Augen standen, denn 1967 erwies sich als eines der turbulentesten Jahre der Apollo-Dekade. Gleich zu Beginn wird die NASA von ihrem schwärzesten, später nur noch von den Challenger- und Columbia-Unglücken übertroffenen Tag erschüttert, als Virgil Grissom, Edward White und Roger Chaffee am 27.1. in einer Brandkatastrophe in der Kommandokapsel auf der Startrampe umkommen. Saturn IB/AS-204, auf der sie am 21.2. als erste Apollo-Crew ins All fliegen sollten, startet unbemannt unter der Bezeichnung Apollo 5 am 22.1.1968, erst nach der Feuertaufe unserer 501. Apollo 6 folgt am 4. 4. unbemannt auf der zweiten Saturn V, die trotz schlimmer Flugprobleme (»Pogo«-Schwingungen) ihre Mission erfolgreich durchführt. Schon ein halbes Jahr später, am 11.10.1968, knappe 21 Monate nach dem Brandunglück, trägt eine Saturn IB die Crew Walter Schirra, Donn Eisele und Walter Cunningham in der umgebauten Kommandokapsel von Apollo 7 in den Erdorbit. Und zwei Monate später, am 21.12., schickt die dritte Saturn V zur Weihnachtszeit das Raumschiff Apollo 8 mit Frank Borman, James Lovell und William Anders zur zehnfachen Umkreisung des Mondes.

Anfang 1967 sind Wernher von Braun und Ernst Stuhlinger am Südpol, um Analogien des Lebens in Antarktika und im Weltraum zu studieren. Im April landet Surveyor 3 auf dem Mond; im gleichen Monat stirbt der sowjetische Kosmonaut Vladimir Komarow bei der Rückkehr der neuentwickelten Raumkapsel Sojus-1 durch Fallschirmversagen. Im Oktober gelingt den beiden unbemannten Sojus-

Testgeräten Kosmos 186 und 188 ein automatisches Andockmanöver im All, nach welchem 186 weich in Kasachstan landet. Im selben Monat tritt die sowjetische Planetensonde Venus 4 in die Atmosphäre des wolkenumhüllten zweiten Planeten ein und setzt eine Instrumentenkapsel auf der glühendheißen Oberfläche ab. 90 Millionen Kilometer von der Erde entfernt testet währenddessen die NASA bei der im November 1964 gestarteten und seit ihrem Mars-Vorbeiflug im Juli 1965 um die Sonne kreisenden Sonde Mariner 4 das Manövertriebwerk für 70 Sekunden. Am 3.11., einem Freitag, weihen wir in Huntsville das neue Planetarium der *Rocket City Astronomical Association* auf dem Monte Sano ein, das später Wernhers Namen erhält.

Am 9.11.1967 kommt es endlich zum lang erwarteten Jungfernflug der Saturn V. Eine zusätzliche Belastung dieser Feuerprobe war für uns der gewaltige psychologische Druck eines sinkenden Publikumsinteresses und schrumpfenden NASA-Haushalts, darüber hinaus erschwert durch eine grundlegende Neuerung, die George Mueller, Chef der bemannten Raumfahrt in Washington, und Wernher von Braun entgegen allem Usus eingeführt hatten: Um wertvolle Zeit zu sparen, sollte ein mehrstufiger Großträger zum ersten Mal »all up« getestet werden, das heißt, mit allen Raketenstufen gleich beim ersten Flug »live«. Die dritte Stufe war zwar schon drei Mal als Zweitstufe der kleineren Saturn IB geflogen; die erste und zweite Stufe jedoch waren ungetestet.

»Ignition!« Start … und er gelang!

Als sich der Gigant von der Rampe gelöst hatte, stetig und ruhig aufsteigend wie ein Fahrstuhl, mit makellos, märchenhaft korrekt funktionierenden Triebwerken und Steuerungen, sicher und souverän balancierend auf seinem Flammenschweif wie ein Besenstiel auf der Fingerkuppe, da konnte bei uns im Kontrollraum auch der coolste Schweiger nicht mehr an sich halten. Wernher war nicht der Einzige, dem es entfuhr: »Go, Baby, go!« Im Hintergrund triumphierte jemand: »Und wer hat gesagt, die fliegt ja nie?!« Andere deuteten auf den Fernsehschirm: »Look at that! What a sight! Man, oh man, what a sweet sight!« In manche Augen trieb der unbeschreibliche, unfassbare Anblick helle Tränen, als sich der Riese mit knatterndem Toben und Brüllen wie ein moderner Fafnir mit Urgewalt der Erdanziehung zu entringen begann. So standen Menschen vor ihrem eigenen Werk: fassungslos.

Nach 80 Sekunden durchraste der »Bird« den kritischen »max-q«-Bereich höchster aerodynamischer Belastung, in welchem 18 Jahre später die Challenger vor unseren Augen explodieren sollte. IGOR, die monströse Theodolitkamera südlich der

Dear Jesco,

in memory of the history-making maidenflight of
our Saturn I (501), my sincere appreciation for your
contributions to the Saturn I Program.

With best wishes and warm personal regards,

Your friend

Arthur Rudolph

9.11.1967: Der historische Jungfernflug der Saturn V. Das Foto widmete Saturn-V-Chefinge-
nieur Dr. Arthur Rudolph, der an diesem Tag seinen 60. Geburtstag feierte, dem Verfasser.

Startrampe, verfolgte das aufsteigende Raumschiff mit ihrem 500-Zoll-Fernrohr, holte es selbst noch aus über 60 km Höhe und 100 km Entfernung aus dem Morgenhimmel herunter und zeigte es groß und deutlich auf dem Fernsehschirm. Vor der Spitze des Rettungsturms stand eine flimmernde Stoßwelle. Nach 145 Sekunden ein kurzes Aufflackern im sich mit abnehmender Luftdichte ständig ausweitenden Flammenschweif: Das mittlere der fünf Triebwerke schaltete plangemäß ab, fünf Sekunden später auch die vier äußeren. Die S-IC hatte ihren Erstflug anstandslos überstanden. Das Inferno der über 800 000 Liter Kerosin und 1,3 Millionen Liter LOX in ihren Tanks hatte die Rakete in nur zweieinhalb Minuten auf eine Geschwindigkeit von 9900 Stundenkilometer und eine Höhe von 50 km gebracht. Nun passierten viele Dinge gleichzeitig: Rückschubraketen feuerten durch die Blechschürzen um die S-IC-Triebwerkglocken hindurch, Sprengschnüre separierten die Stufe und den 4,5-Tonnen-Abstandsring zur S-II, in deren Motoren bereits LH_2 zirkulierte, um durch Unterkühlung thermischen Spannungen vorzubeugen. Kleine Vortriebsraketen flammten an der Zweitstufe auf und pressten die freischwebenden Treibstoffe an die Ausflussstutzen in den konkaven Tankböden. Für die fünf J-2s mit ihren 525 Tonnen Gesamtschub kam der Moment der Wahrheit. Der für sie zuständige Flugkontrolleur starrte mit angehaltenem Atem auf seine Konsole. »We have ignition!«, meldete er mit etwas gepresster Stimme.

Die bis obenhin mit hochexplosiver Treibstoffkombination beladene kritische S-II, seit Jahren unser Sorgenkind, war die große Unbekannte des Fluges: Ihre Außenhaut wurde von der aerodynamischen Reibung auf über 100 Grad Celsius erhitzt, ihr Inneres vom LH_2 auf nur 20 Grad Celsius über Absolut-Null gekühlt. »Everything looks fine!«, sagte der Flight Controller, und kurze Zeit später: »Everything still looks fine!« Der nicht länger benötigte Rettungsturm wurde abgeworfen. Der Steuerspezialist murmelte »Guidance is performing nominal« in sein Kinnmikrofon. Der Flugmechanik-Spezialist meldete sich von seiner Konsole: »Sind genau auf Kurs. Everything looks real good.« Perfektion.

Die von allen mit Bangen erwartete Stufe absolvierte ihre sechs Minuten ohne Mucken. Bei 25 000 Stundenkilometern wurde auch sie südlich von Bermuda durch eine Sprengschnur separiert und durch vier Retroraketen abgebremst. Drei Sekunden später zündete die S-IVB ihr einzelnes 100-Tonnen-Triebwerk und schob sich und die Nutzlast nach $2^3/4$ Minuten in die gewünschte Umlaufbahn von 184 km Höhe. Mehr als drei Stunden vergingen: die zwei Erdumkreisungen der Mondmission. Dann die zweite große Unbekannte der simulierten Mondmission:

Wernher und Maria von Braun feiern ausgelassen auf der Mondlandeparty am 26. Juli 1969 auf dem Gelände des Marshall-Raumflugzentrums der NASA in Huntsville, Alabama.

Der Wiederstart des Motors, zum ersten Mal vollautomatisch und schwerelos im Weltraum. Alles lief wie am Schnürchen. Das Schiff schwenkte in die gewünschte Richtung, der Motor entfaltete vollen Schub: das Gerät schoss aus der Kreisbahn und kurvte auf einer weiten Ellipse bis 18240 km in den Weltraum hinaus.

Als nach dem S-IVB-Wiederstart die Verantwortung an Houston überging, brach in den Kontrollräumen ein Pandämonium aus: Männer in kurzärmeligen weißen Hemden sprangen von ihren Konsolen auf und beglückwünschten sich stürmisch, fröhlich wie Kinder. Zigarren flammten auf. Im Hintergrund eine kleinere Gruppe, etwas erhöht über dem weiten Saal: Wernher von Braun, umringt von Gratulanten. Alle strahlen, am breitesten er selbst. Neben ihm Willy Mrazek und »Art« Rudolph; für Arthur hatte der Tag doppelte Bedeutung: Nicht nur war »sein« Projekt gelungen, sondern heute war auch noch sein 60. Geburtstag. »Das war die größte Geburtstagskerze meines Lebens!«, sagte er trocken und deutete auf den Horizont und den leeren Startturm mit den noch immer flackernden Feuern. Brennendes Hydraulik-Öl.

Und da sieht man Eberhard (»Eberlein«) Rees mit Erich (»Maxe«) Neubert, seinem Vize, daneben führende Persönlichkeiten von Boeing, NAR und DAC, alle strahlend und Zigarren paffend nach der überstandenen Feuertaufe ihres Produkts. Neunzehn Astronauten wohnen dem Liftoff bei, um einen Vorgeschmack zu bekommen, darunter John Glenn, der erste US-Orbitflieger, spätere Senator und, mit 77 Jahren, 1998 Mannschaftsmitglied beim Shuttleflug STS-95/Discovery. Cool summierte Gordy Cooper: »It was mighty nice.« Helle Freude auch auf den Schmissen von Kurt Debus: Auf den Traum-Countdown seines Startteams konnte er stolz sein. Reporter fragten: Was war das eigentliche Geheimnis des fehlerfreien, pünktlichen Liftoffs? Das neue automatische Checkout-System. Erstmals hatten die Starttechniker dadurch klaren und detaillierten Einblick in den inneren Zustand des Patienten. Beim Space Shuttle ist es heute nicht mehr wegzudenken.

Der Jubel bei uns in Huntsville und am Cape kannte keine Grenzen. Niemand hatte ernstlich erwartet, dass der Ersteinsatz dieser gewaltigen Maschine derart fehlerfrei vonstatten gehen würde. Angefangen vom Bilderbuch-Countdown über die einwandfreie Funktion des komplexen Geräts mit seiner Weltrekordlast von 127 Tonnen im Orbit bis zur Erreichung des Missionsziels, als die unbemannte Apollo-4-Kapsel mit Mondrückkehrgeschwindigkeit in die Atmosphäre einschießt und um 15.41 Uhr – 4,5 Stunden bevor Surveyor 6 mit ein paar Hopsern auf dem Mond aufsetzte – fast genau an der berechneten Stelle im Pazifik in deutlicher Sicht des wartenden Flugzeugträgers USS Bennington niederging. So etwas hatte es in der Geschichte der Astronautik noch nie gegeben!

Zweifelsfrei steht fest: Der erfolgreiche Start von »Dr. von Braun's All-Purpose Space Machine« (*Fortune Magazine*, Mai 1967) verlieh dem Weltraumprogramm der NASA damals neue Energie, neuen Elan. »Kein Einzelereignis seit der Bildung des Marshall-Zentrums kommt dem heutigen Start an Bedeutung gleich«, erklärte Wernher vor versammelter Presse. »Für Marshalls Belegschaft von über 7000 ist dies ihre feinste Stunde. Aber auch für die Bürger von Huntsville und den ganzen Bezirk, die in den schweren Anfangsjahren der Entwicklung und Erprobung zu uns gestanden haben, ist dieser Tag kaum weniger bedeutungsvoll. Persönlich betrachte ich diesen Glückstag als einen der drei oder vier Höhepunkte meines Berufslebens, der nur noch von der bemannten Mondlandung übertroffen werden kann. Diesem Ereignis sehen wir nun mit erneuerter Begeisterung und Entschlossenheit entgegen. Unsere Gefühle der Befriedigung und Dankbarkeit für den heutigen Tag sind mindestens so expansiv wie die große Rakete selbst. Allen unseren Freunden, Angestellten und Auftragnehmern bin ich dankbar für ihre stolze und wirksame Unterstützung. Anmerken möchte ich außerdem, wie herzerfrischend der Gedanke ist, dass dieser bisher größte Raketenerfolg ausschließlich friedlichen Zwecken gegolten hat.«

Sechs Tage später, am 15., bedankt sich der Chef im riesigen Morris-Auditorium des MSFC bei seinem Team. Ja, es war der größte Tag in Marshalls Geschichte und, wie mancher gleichfalls mit ihm übereinstimmt, auch der bislang größte Tag in seinem persönlichen Leben. Noch ahnt keiner von ihnen, dass drei, vier Jahre später die Entlassungswellen beginnen würden, als ihnen die Öffentlichkeit, gelangweilt durch die schiere Uhrwerk-Perfektion ihres Werks, die Gunst entzog und der US-Kongress das Raumfahrtprogramm zusammenstrich.

Selenologie – die Wissenschaft
lernt den Mond kennen

Was haben uns die Mondexpeditionen über den Erdtrabanten an neuem Wissen gebracht? Ihr wohl wichtigster wissenschaftlicher Fund auf dem Mond war seine Sterilität: Er ist leblos, ohne die geringsten Spuren früherer lebender Organismen, Fossilien oder eingeborener organischer Verbindungen. Hinsichtlich seiner Entstehung erwies er sich außerdem keineswegs als urzeitlicher Körper im ursprünglichen Zustand. Wie die Erde ist er ein evolvierter terrestrischer Planet mit unterschiedlichen inneren Zonen. Vor Apollo war man in dieser Frage auf fast unbegrenztes Spekulieren angewiesen. Heute wissen wir, dass sein Gestein wiederholt geschmolzen, durch Vulkane ausgespieen und durch Meteoreinschläge zerhämmert worden ist.

Panorama von Apollo 11, eine Montage aus zehn Fotos. Standort: 10 m vor dem »Eagle«, Blickrichtung Südwest zum Rand des bei der Landung vom Kabinenfenster ausgemachten Kraters.

Mit der Erde ist er genetisch verwandt, entstanden aus dem gleichen Reservoir von Stoffen, jedoch in anderem Mischverhältnis. Während beide Welten die gleichen Mengen an Sauerstoffisotopen im Gestein aufweisen, hat er weitaus weniger Eisen und aufgrund seiner geringen Schwerkraft (ein Sechstel der Erde) praktisch keine flüchtigen Elemente, wie sie zur Bildung von atmosphärischen Gasen und Wasser nötig sind. In seiner mittleren Dichte von 3,36 g/cm³ unterscheidet er sich daher auffallend von der Erde (5,5 g/cm³).

Wie diese besitzt er jedoch eine dicke Kruste (bis 60 km Tiefe), einen ziemlich einheitlichen Mantel oder Lithosphäre (60–100 km) und eine teilweise flüssige innere Asthenosphäre (1000–1740 km), an deren Boden möglicherweise ein kleiner Eisenkern sitzt, der jedoch unbewiesen ist. Ein Magnetfeld hat er nicht, doch enthalten einzelne Steine Anzeichen dafür, dass es in Urzeiten eines gegeben haben mag.

Der Trabant ist also so alt wie die Erde, doch wegen deren tektonischer Dynamik und Verwitterung gewährt nur er noch immer Einblick in die Frühgeschichte der ersten Jahrmilliarde, die allen terrestrischen Planeten gemein gewesen sein muss. Das jüngste Mondgestein ist buchstäblich so alt wie das älteste Material der Erde: Das Alter seiner Steine reicht von etwa 3,2 Milliarden Jahren in den dunklen bassinartigen Tiefebenen der Maria bis ca. 4,6 Milliarden der hellen, rauen Hochlandgebiete der Terrae.

Über die Ursache der Mondkrater wussten wir vor den Apollo-Expeditionen, bei denen sie sich als Einschlagformationen erwiesen, sehr wenig, und die Entstehung ähnlicher Kraterformationen auf der Erde war höchst umstritten. Die Kalibrierung der von den Astronauten gewonnenen Daten über die lunaren Meteorkrater mit dem Absolutalter dort gefundener Steinproben war ein wichtiger Schlüssel für die Fotogeologie entsprechender Krater auf Merkur, Venus und Mars, der die Ermittlung ihrer Entstehungszeiträume erlaubt. Entstanden ist der Mond in Hochtemperaturprozessen, offenbar ohne Beteiligung von Wasser. Er besteht aus drei Gesteinstypen: Basalte (dunkle Lavas), Anorthositen (helles Gestein ähnlich den ältesten Erdsteinen, doch älter als diese) und Breccias (Verbundgestein aus allen anderen Gesteinstypen). In seiner Frühgeschichte war er bis in große Tiefe zu einem Ozean aus Magma geschmolzen. Die heutigen Mondgebirge bestehen zum Teil aus den Überresten des auf der Oberfläche jenes Meeres schwimmenden leichteren Gesteins. Nach der Erstarrung des Magmas erzeugte ein unvorstellbares Asteroiden-Bombardement gewaltige Einschlagkrater, die sich vor etwa 3,2 – 3,9 Milliarden Jahren mit Lava füllten. Ihre Überreste sind die heutigen großen, dunklen »Meere«, wie das Mare Tranquillitatis mit der Landestelle von Apollo 11 und das Mare Imbrium. Horizontal fließende Lava brach damals in Vulkaneruptionen aus, in deren gleißendem Feuer orangene und emeraldgrüne Glase entstanden, die die Apollo-Astronauten als Tropfenperlen fanden.

Das Vermächtnis Apollos

Was Apollo den USA neben dem neuen Wissen vom Mond eingebracht hat, ist in den seither verstrichenen mehr als vier Jahrzehnten wiederholt untersucht worden, doch lässt es sich kaum in einfache Worte zusammenfassen. Natürlich war es in erster Linie ein politisch motiviertes Prestigeunternehmen, das im Klima des Kalten Krieges die wissenschaftlich-technische Führungsstellung der USA vor aller Welt demonstrieren sollte. Daneben löste es jedoch einen weitgehend unerwarteten Innovationsschub aus, der Amerikas industrielle Führungsrolle auf vielen Gebieten auf Jahre hinaus sicherte.

Zunächst die Politik: Für sie bot Apollo ein positives Mittel zum friedlichen Wettbewerb mit der Sowjetunion, dessen Erfolg uns im Spannungsfeld der beiden Atommächte nach der Herausforderung durch Sputnik 1 und Gagarin vor einer militärischen Demonstration der nationalen Stärke, das heißt, der Überlegenheit der USA im Bau von Atombomben-Trägern globaler Reichweite, bewahrt hat. Fest steht, dass Apollo die Vorbereitungen für den heißen Krieg der Supermächte durch zivilen Wettbewerb im Weltraum ersetzte und uns womöglich vor einem Dritten Weltkrieg bewahrte.

Dann die Wissenschaft: Für sie wirkte Apollo umwälzend und belebend. Wie bereits zuvor bezüglich Apollos Bedeutung für die Selenologie ausgeführt, wurden viele Fragen beantwortet, womit sich eine Menge neuer fundamentaler Fragen auftaten. Unsere Vorstellungen über die Entstehung des Mondes, der Erde und des Sonnensystems mussten revidiert werden, und zwar so sehr, dass der Mond als »Rosette-Stein des Sonnensystems« bezeichnet wurde. Die Herausforderung und Durchführung des Unternehmens gab Tausenden von Mathematikern, Astrodynamikern, Werkstoffkundlern, Aerodynamikern, Thermodynamikern, Computer-Hardware- und Software-Experten, Biotechnikern, Medizinern, Triebwerkbauern und anderen Wissenschaftlern neue Methoden, neue Erkenntnisse und neues Spezialwissen für zukünftige Aufgaben. Nur ein Beispiel einer typischen Apollo-Herausforderung: Der Rechner des Landemoduls »Adler« von Apollo 11 hatte eine Festspeicherkapazität von nur 37 Kilobytes (Wortlänge 16 bits) mit unzerstörbar »verdrahteten« Programmen, zwei Kilobytes RAM und 83 Kilohertz Frequenz! Profitiert hat davon offensichtlich die Industrie, die Apollo an die Grenze des Möglichen trieb, dabei neue Ideen, Managementmethoden, Techniken, Qualitätskontrollnormen und Entwicklungen erzwingend. Diese erschlossen ihrerseits zahllose neue Gebiete für die Wirtschaft, schufen neue Arbeitsplätze und verstärkten und

vertieften die industriellen Grundlagen der USA. Zehntausende von neuen Produkten fielen dabei als »Spinoffs« (Beiprodukte) ab.

Apollo setzte für die USA ein neues soziologisches Gebilde in die Welt, in dem Regierung, Industrien und Universitäten erstmalig in Friedenszeit in eng verstrickter, massierter Teamarbeit reibungslos funktionierten, ermöglicht durch innovative Projektmanagement-Methoden. Das Programm zeigte eine Dynamik und Entschlussfähigkeit, an der man sich heute ein Beispiel nehmen kann: Mit der Zaghaftigkeit und Ängstlichkeit vieler politischer und technologischer Führer unserer Tage wäre es damals mit Sicherheit zu keiner Mondlandung gekommen. Der

Projekt Constellation: Mit der neuen Ares-V-
Rakete und dem Altair-Landemodul plant
die NASA die Rückkehr zum Mond, diesmal
für länger, und danach die Erschließung
des Mars.

Volksgemeinschaft gab Apollo die erneute Hoffnung, dass die großen Probleme unserer Zeit doch durch den Menschen und seine Technik gelöst werden können, wenn er den Willen und die entsprechende Motivation dazu aufbringt. Vor allen Dingen muss man sich ein festes, klar erkennbares Ziel setzen, wie es John F. Kennedy 1961 getan hat.

Die Gesamtkosten des Programms bis zum Ende durch Apollo 17, verteilt über zehn Jahre, beliefen sich einschließlich der Mercury- und Gemini-Programme auf insgesamt 24 Milliarden Dollar, umgerechnet etwa 130 Milliarden Dollar nach heutigem Wert, berechnet nach dem CPI (Consumer Price Index). Für die USA haben sich die Ausgaben gelohnt: Untersuchungen haben wiederholt gezeigt, dass sich jeder in die bemannte Raumfahrt investierte Dollar für die Volkswirtschaft seither sieben- bis zehnfach ausgezahlt hat, ganz abgesehen von ihren immateriellen Werten. Inzwischen sind weit über 30 000 neue Produkte aus der Raumfahrt in die Volkswirtschaft geflossen. Die von dem gar nicht dafür ausgelegten Mondlande-Unternehmen ausgelösten Innovationen haben weltweit den High-Tech-Markt erobert, mit exotischen Beispielen wie behälterlose Schmelzverarbeitung von reaktiven Hochtemperaturmaterialien, hybride Kugellager mit Siliconnitridkugeln für Hochleistungsturbomaschinerie und Plasmaschweißtechnik. Darunter finden wir heute ferner mikroelektronische Komponenten in Medizintechnik und Biomechanik wie programmierbare Herzschrittmacher und Implant-Sensoren, die zur Feineinstellung keine chirurgischen Eingriffe mehr benötigen, und schluckbare »Pillen« mit eingebautem Temperatursensor und Radiosender. Aus der Raumfahrt kommen programmierbare implantierte Medikamentierungssysteme und Defibrillatoren, Fahrzeugsteuerung für Querschnittgelähmte, Computerlesegeräte für Blinde, bidirektionale Telemetrie für Intensivpflege und Hüftgelenküberwachung, computergestützte Angiografie und Eximerlaser-Angioplastie, synthetische Sprach-Prosthetik, u. v. a. Von der NASA entwickelte digitale Bildverarbeitungstechniken führten zu heute unverzichtbaren Körperabbildungstechniken wie computergestützter Röntgen-Tomografie (CAT Scanning), diagnostischer Radiografie, Sonar-Echo-Methoden und Kernspintomografie (MRI). Andere Beispiele für Raumfahrtnutzprodukte, heute fester Bestandteil unseres Lebens, sind Computer, Videorecorder, Optoelektronik in Videokameras, Hochleistungs-Solarzellen, Verbundwerkstoffe wie Metallplaste, Kohlenstoffkunststoffe und Karbon-Karbon-Zellstrukturen, Mikrowellentechnik für Messtechnik und Datenübermittlung, Hochleistungswerkstoffe, Airbag-Sicherheitssysteme, Computerprogramme zur Berechnung der Strukturdynamik von Autokarosserien, Hochhäusern und Brücken, Zivilluftfahrt-Techniken, Umwelt- und Vertragsüberwachung und vieles andere mehr.

Raumlabor Skylab

Das Vermächtnis der Apollo-Expeditionen hat sich bis in unsere Tage fortgesetzt und weiterentwickelt.

Aus Apollos Infrastruktur entstand zunächst Skylab, die erste US-Raumstation, die vom 14.5.1973 bis 8.2.1974 drei Besatzungen von je drei Astronauten für die

15.5.1973: Der Autor (r.) bei den ersten Skylab-Reparaturversuchen an der Skylab-Attrappe im MSFC-Wassertank, in dem man mit Neutralauftrieb Schwerelosigkeit simuliert.

Dauer von 28, 59 und 84 Tagen an Bord beherbergte. Insgesamt verbrachten die neun Menschen 171 Tage 13 Stunden 14 Minuten im All, mehr als alle Flüge im Mercury-, Gemini- und Apollo-Programm zusammengenommen (146 Tage 21 Stunden 36 Minuten). In zehn Raumausflügen hielten sich die Besatzungen fast 42 Stunden lang in ihren Raumanzügen im Weltraum auf, acht Stunden länger als NASAs längste Mercury-Mission (Gordon Coopers MA 9). Die Ernte, die Skylab für die Wissenschaft auf der Erde und für die nachfolgenden Raumprogramme gezielt einbrachte, war gewaltig: Ungefähr 26 % der insgesamt etwa 12 000 Mannstunden an Bord waren rund 100 wissenschaftlichen Experimenten gewidmet, auf den Gebieten Biomedizin, Raumphysik, Sonnenastronomie, Werkstofforschung, Erdbeobachtung und Umweltforschung. Die Kameras der Sonnenteleskope des Skylab-ATM (Apollo Telescope Mount) lieferten eine Ausbeute von 183 000 Aufnahmen, zumeist im nicht durch die Atmosphäre zum Erdboden gelangenden hochenergetischen Spektrum. Die Erdbeobachtungsexperimente ergaben über 40 000 Aufnahmen sowie Magnetspeicherbänder von 75 km Länge. Andere Schwerpunktbereiche waren technologische Experimente, die spätere Forschungen in Space Shuttle/Spacelab-Missionen und an Bord der internationalen Raumstation ISS vorbereiteten, und die ebenfalls weiterführende medizinisch-biologische Forschung. Überhaupt nicht gerechnet hatten wir vor dem Unternehmen mit der Möglichkeit, dass die Raumstations-Crew zu schweren Reparaturen im All eingesetzt werden müsste. Doch kam es in der Tat so weit, als Skylab am 14.5. während des Aufstiegs zur Umlaufbahn rund 63 Sekunden nach dem Start durch eine Konstruktionsschwäche schwere Schäden erlitt, die die Station zunächst für Menschen unbewohnbar machten. Innerhalb von zehn Tagen, die ich als Mitglied des damaligen Rettungsteams niemals vergessen werde, improvisierten wir riskante technische Lösungen, mit denen die als tollkühne Reparaturmechaniker fungierenden Astronauten der todgeweihten Raumstation und damit dem Zwei-Milliarden-Dollar-Programm das Leben zurückgaben.

Als Skylab am 11.7.1979 im Verlauf seiner 34 981. Erdumkreisung in die Atmosphäre eintrat und größtenteils in den Indischen Ozean stürzte (vereinzelte Teile fielen auf Australien), hatte das von ihm erschlossene neue Wissen auf der Erde in allen Lebensbereichen schon längst Früchte getragen.

Der Autor 1973 beim Astronautentraining für Skylab am Neutralauftriebssimulator des NASA Marshall-Zentrums (MSFC).

Space Shuttle – Pendelfähre ins All

Dass die Apollo-Flüge tatsächlich bis in die heutige Zeit nachwirken, zeigte sich auch darin, dass sie uns wertvolles Wissen für den Bau und Einsatz des Space Shuttle lieferten (die Bezeichnung geht auf Wernher von Braun zurück), der schon damals als nötig betrachteten Pendelfähre ins All. Das wiederverwendbare Transportgerät ermöglichte den ersten Schritt in eine Zukunft eines ständig von Menschen bewohnten neuen Grenzlandes oberhalb der Erdatmosphäre.

Das Shuttle bildet seit seinem Jungfernflug mit John Young und Robert Crippen am 12.4.1981 für Amerikas Astronauten den einzigen Zugang zum Weltraum (abgesehen von »Gastrollen« in einer russischen Sojus-Kapsel); außerdem ist es weltweit das einzige Gerät, das große Nutzlasten aus dem All zur Erde zurückbringen kann. Von den 127 Flügen, die die ursprünglich aus fünf Geräten bestehende Shuttle-Flotte bisher durchgeführt hat (Juli 2009), sind zwei auf tragische Weise misslungen: der letzte Flug der Challenger am 28.1.1986 und der Verlust der Columbia beim Wiedereintritt am 1.2.2003. Bei diesen Katastrophen verloren wir 14 Menschen. Insgesamt sind auf den Shuttles bis jetzt an die 766 Menschen ins All gedonnert, darunter 108 Frauen, viele von ihnen mehrfache »repeaters«. Auch Ländern ohne eigenständige Raumfahrt ermöglicht das Gerät zukunftsträchtigen, erschwinglichen Zugang zum All, ohne dass sie selber die zum Menschenflug benötigte gewaltige Infrastruktur entwickeln müssen. Zahlreiche Nationen haben bisher davon Gebrauch gemacht: Australien, Belgien, Deutschland, England, Frankreich, Holland, Indien, Italien, Japan, Kanada, Kirgisistan, Mexiko, Russland, Ukraine, Saudi-Arabien und die Schweiz.

Die Ursprünge des Shuttles datieren zurück in die frühen 1960er-Jahre, noch vor den ersten Flügen des Mondlandegeräts Apollo. Hauptmotiv seiner Entwicklung war Kostenreduktion. Bereits in den Frühtagen der Raumfahrt hatten Pioniere wie Hermann Oberth und Eugen Sänger überzeugend argumentiert, dass sich das Ziel eines häufigen und ökonomischen Zugangs zum All am besten durch einen wiederverwendbaren Träger mit geringeren Start- und Nutzlastentwicklungskosten erreichen ließe. Die NASA untersuchte die Idee seit Anfang der 1960er-Jahre; das nötige Gewicht erhielt sie im Februar 1967 durch die Empfehlung des Wissenschaftsberatungsausschusses des US-Präsidenten zur Durchführung von Studien »wirtschaftlicher Fährensysteme, die voraussichtlich teilweise oder vollständige Rückführung und Wiederverwendung einschließen«.

Das ursprüngliche Konzept eines aus öffentlichen Mitteln finanzierten Raumtransportsystems zur Erfüllung sämtlicher US-nationalen Raumaufgaben in ökonomischer Weise erwies sich freilich als weitgehend undurchführbar. Stellt das Shuttle auch zweifellos eine einmalige technische Leistung dar, so haben sich viele der in das Gerät gesetzten Erwartungen hinsichtlich seiner Robustheit und Wirtschaftlichkeit als zumindest verfrüht erwiesen: Die für eine Raumfähre für den Routineeinsatz geforderte Robustheit ist aufgrund der Komplexität des Geräts nie erreicht worden, und sein Betrieb ist fraglos wesentlich teurer geworden als ursprünglich propagiert; für das Raumfahrtprogramm, das heute nicht mehr darauf verzichten kann, bildet es eine erhebliche finanzielle Belastung. Die grundlegende Ursache dafür lässt sich freilich zurückführen auf eine dem Programm von Anbeginn an aufgezwungene und in den ursprünglichen Vorstellungen nicht bedachte Sparmentalität bei der Entwicklung, die den Ingenieur von Anbeginn an knebelte.

Die Internationale Raumstation ISS

Eine zweite große Überraschung neben der des jähen Endes des Apollo-Programms waren für uns das wundersame Erscheinen eines Mannes wie Gorbatschow, der Zusammenbruch der Sowjetunion und die daraus hervorgegangene Raumfahrt-Partnerschaft der Vereinigten Staaten mit dem heutigen Russland. Bereits 1975 hatten wir es mit dem Apollo/Sojus-Testprojekt ASTP versucht, in dessen Verlauf ein Apollo-Raumschiff mit Thomas Stafford, Vance Brand und Donald Slayton und eine russische Sojus-Kapsel mit Alexej Leonow und Valerij Kubasow am 17. Juli 75 220 km über der Stadt Metz aneinanderdockten und zwei Tage lang im Tandem flogen: eine kleine internationale Raumstation mit fünf Mann Besatzung. Aber die Zeit war noch nicht reif: War ASTP auch in erster Linie ein Produkt damaliger Détente-Politik der USA unter Präsident Ford, so trog doch der Schein, und es blieb bei diesem einzigen »Handschlag im All«, als sich unter der Menschenrechtsemphase von Präsident Jimmy Carter die politischen Fronten ab 1976 wieder verhärteten und die beiden Länder auch im All erneut getrennte Wege gingen. Rund 20 Jahre mussten vergehen bis zum erfolgreichen Beginn eines neuen Zeitalters, in dem das alte Wettrennen im All der Vergangenheit angehört und eine neue Ära produktiver Zusammenarbeit der Nationen zur gemeinsamen Weltraumnutzung begonnen hat. Angeführt wird es von dem an der Schwelle des dritten Jahrtausends begonnenen Bau der großen internationalen Raumstation ISS. An dem sich über zwölf Jahre erstreckenden Bauprojekt, dem bislang größten technischen Unterfangen der menschlichen Geschichte, beteiligen sich neben Amerika und Russland auch Kanada, Japan, Italien, Brasilien sowie die in der ESA zusammengefassten westeuropäischen Staaten.

Ziel des ISS-Programms ist die Errichtung eines permanenten bewohnbaren Heims und Laboratoriums für Wissenschaft und Forschung und der Unterhaltung einer internationalen Besatzung. Damit erweitert die ISS unser Wissen und unsere Erfahrung über Leben und Arbeiten im All, fördert die kommerzielle Entwicklung des erdnahen Raums und bietet den Menschen die Möglichkeit, im Weltall einzigartige langfristige Forschungen in Zell- und Entwicklungsbiologie, Pflanzenbiologie, Human-Physiologie, Fluid-Physik, Verbrennungswissenschaft, Werkstoffkunde und Grundlagenphysik durchzuführen. Die ISS bot und bietet schon vor ihrer Fertigstellung eine vortreffliche Plattform zur Beobachtung der Erdoberfläche und Erdatmosphäre, der Sonne und anderer astronomischer Objekte. Die an Bord der ISS erschlossenen neuen Wissensdaten, Erfahrungen und Resultate bestimmen und stützen die zukünftige Richtung der menschlichen Erforschung des Alls durch den Menschen, zurück zum Mond und weiter zum Mars und darüber hinaus.

Die Raumstation ist das größte und komplexeste internationale wissenschaftliche Projekt in der Geschichte, für das die internationale Partnergruppe in den verschiedenen Regionen der Erde eine Hightech-Forschungsanstalt entwickelt hat, die in rund 400 km Höhe zusammengebaut wird und ständig die Erde umkreist. Bei ihrer Fertigstellung gegen Ende 2010 wird sie eine Masse von 420 Tonnen haben, 110 Meter in der Länge und 88 Meter in der Breite messen und bis zu 120 kW Energie aus über 4000 m^2 fotovoltaischen Sonnenzellenflächen gewinnen, um fünf Spitzenlaboratorien zu versorgen. Bis dahin werden die Partnernationen über 90 Montage- und Nachschubflüge durchgeführt haben (einschließlich 36 Shuttleflüge) – mit Besatzungswechsel und Cargolieferungen auf fünf verschiedenen Transportraketentypen, die neben dem Frachtgut über 50 Mannschaftsmitglieder befördert haben werden.

Das dreiphasige Programm begann mit einer Serie von Andockmissionen des US-Shuttles an die russische Orbitalplattform Mir. Ihr Ziel: Gewinnung gemeinsamer Flugerfahrungen zur Verringerung späterer Risiken. Für 477 Millionen Dollar als Zahlung für Gerätschaften, Dienstleistungen und Stationsbenutzung machte sich die NASA in den Jahren 1993–1998 die siebte sowjetische Raumstation Mir zunutze, um sich auf die internationale Raumstation vorzubereiten. Elfmal wurde Mir von Space Shuttles sowie von einer gemeinsamen Sojus-Mission angeflogen. Im Verlauf der Jahre 1995–1998 verbrachten sieben US-Astronauten fast 980 lehrreiche Tage an Bord. Obwohl die Station in den Augen ihrer NASA-Gäste keineswegs, wie in den Medien kolportiert, ein »Schrotthaufen im All«, sondern eher eine überraschend nützliche Wundermaschine war, hätte Mir freilich ohne den von den Shuttles herangekarrten Nachschub kaum solange überleben können, bis sie schließlich am 23.3.2001 gezielt zum Absturz gebracht wurde. Die gealterte Station konnte nicht neben der in die Montage gehenden ISS unterhalten werden. Die Erfahrungen im Betreiben einer Station im All hat den USA damals rund 500 minutiös dokumentierte »Lessons learned« (gelernte Lektionen) für die ISS und zukünftige Unternehmen im All eingebracht – ein hervorragender Deal.

Doch im Grunde hatte noch vor der ersten Shuttle/Mir-Andockmission das Gemeinschaftsprogramm am 14.3.1995 mit dem Start der russischen Mission Sojus TM-21 von Baikonur begonnen. Noch nie zuvor war ein Raketenstart in Kasachstan von den USA und der NASA so aufmerksam beobachtet worden, denn in der dreisitzigen Kapsel saß der US-Mediziner Dr. Norman Thagard. An Bord der Mir unterstanden er und sein Mitflieger Gennadij Strekalow 116 Tage lang dem Kommando von Vladimir Deschurow. Der historische Trip zur Mir, der 18. Crewbesuch, war für beide Weltraummächte ein wichtiger Schritt zur Entwicklung der ISS. Die darauf folgende Serie von neun Shuttle/Mir-Andockmissionen begann am 24.6.1995 mit dem Start der US-Raumfähre Atlantis und ihrer siebenköpfigen Crew. Die Atlantis erflog sich dabei einen besonderen Platz in den Geschichtsbüchern: Es war der 100. bemannte US-Weltraumstart und die erste Koppelung zweier Raumgeräte der einstigen Kalten-Krieg-Gegner seit dem Gemeinschaftsprojekt ASTP von 1975.

In der Durchführung komplexer Raumflüge sind die beiden Partnerländer zum Teil erheblich unterschiedliche Wege gegangen. Diese Diskrepanzen zu überwinden und beide Seiten zu einem verlässlichen »transkulturellen« Team zu verschweißen, wurde neben der russischen Finanzlage von Anfang an als schwierigste Projekthürde betrachtet. Denn gerade bei der niemals risikofreien Raumfahrt steckt, wie der Experte weiß, der Teufel im Detail. Den erforderlichen Lernprozess, Hauptziel der Phase 1, hatte schon im Februar 1995 bei einem als Generalprobe durchgeführten Begegnungsmanöver der Raumfähre Discovery mit Mir ohne Andocken das ungeplante Auftreten eines Steuerdüsen-Lecks beschleunigt: Um das dadurch infrage gestellte Rendezvous auf engste Nähe dennoch zu realisieren, mussten beide Seiten intensive technische Besprechungen führen; es kam zu einer Verständigung, die Erfolg brachte. Die gemeinsame Bewältigung der ungeplanten Krise lieferte einen beiderseits Vertrauen bildenden Modellfall, der bei der weiterführenden Zusammenarbeit als Vorbild diente.

Der Weg zum ersten Start für die internationale Raumstation begann drei Jahre später wie eine Szene aus dem David-Lean-Film *Dr. Schiwago*: Durch die gewaltigen Einöden der zentralasiatischen Steppen, wo einst Kosaken ritten, rollte ein Eisenbahnzug langsam südostwärts. Fünf Tage brauchte er für die 2000 km lange Strecke von Moskau zur fernen kasachischen Hungersteppe jenseits des Urals. Wenn auch alles so wirkte, als ob die Zeit stehen geblieben wäre, bildete das Transportgut die Ausnahme: Es handelte sich um ein 20 Tonnen schweres und 200 Milliarden teures Frachtstück auf einem Spezialwaggon, von einem gelangweilten Häuflein Bewaffneter geschützt. Der »Funktsionalnij-grusovoj Blok« (Funktioneller Fracht-Block) Sarja (Morgendämmerung), von der russischen Raumfahrtfirma Chrunitschew aus der alten militärischen Raumstation Almaz (Saljut-2 bis -5) weiterentwickelt, war die erste massive Baukomponente des Orbitalkomplexes der Vereinigten Staaten, die es den Russen abgekauft hatten. Am 27.1.1998 erreichte es wohlbehalten den Kosmodrom von Baikonur östlich vom Aral-See. Die Montage der zukünftigen City im All begann plangemäß am 20.11.1998 mit dem Start von Sarja auf einem Proton-Schwerträger. Nach Erreichen der gewünschten Umlaufbahn und einer gründlichen Überprüfung durch ZUP in Koroljow, bei der sich herausstellte, dass zwei Funkantennen für das Reserve-Rendezvoussystem unvollständig ausgefahren waren, begann im KSC in Florida der Countdown für das Space Shuttle Endeavour mit dem zweiten Bauteil, dem Mehrfach-Verbindungsknoten Unity. Nach einem Aufschub von 24 Stunden erfolgte der Start von STS-88 unter dem Kommando von Robert Cabana am 4. Dezember. Die Verfolgungs- und Aufholjagd dauerte zwei Tage, doch blieb die sechsköpfige Crew auf dem Weg zur Baustelle nicht müßig. Neben den erforderlichen Manövern musste das Modul in der offenen Nutzlastbucht aus seinen Verriegelungen gelöst, behutsam angehoben, um 90 Grad gedreht und dann aufrecht auf die Luftschleusenluke des Shuttle aufgebracht und eingeklinkt werden. Bei der Präzisionsarbeit, ausgeführt durch die Astronautin Nancy Currie mit dem Shuttle-Greifarm, ging es um Millimeter. Damit war Unity bereit, Sarja an der gegenüberliegenden Luke aufzunehmen.

Das Zielobjekt erschien am 6. Dezember als heller Lichtpunkt zwischen den Sternen und wuchs rasch zu seiner vollen Größe von 12,5 Metern Länge und 24 Metern Spannweite an. Da Unity den Blick von Kommandant Cabana aus der Sichtluke auf Sarja verdeckte, musste er sich in den letzten Minuten der Ankoppelung auf seine Fernsehbildschirme und ein speziell entwickeltes optisches Zielgerät verlassen. Als Sarja endlich drei Meter über ihnen schwebte, konnte Currie es mit dem Robotarm ergreifen und festhalten, während Cabana das Shuttle aufwärtstrieb und Unity an Sarja andockte. Damit war der erste Bauabschnitt der ISS entstanden, und in den beiden Kontrollzentren in Moskau und Houston brach lauter Jubel aus.

Am folgenden Tag, dem 7.12., werkten die Astronauten Jerry Ross und Jim Newman für 7h 21m in Raumanzügen im Freien, um die 35-Tonnen-Kombination Unity/Sarja funktionsbereit zu machen. Auf Curries Robotarm reitend, verbanden sie 40 Meter Kabel und Stecker über eine Strecke von 23 Metern und installierten Handgeländer und andere Hilfen für spätere Außenbordarbeiten. Am 8.12., um 3.49 Uhr MEZ, wurde der Bordstrom von Sarja zum ersten Mal eingeschaltet und Unity damit zum Leben erweckt. Nach einem Ruhetag stiegen Ross und Newman am folgenden Tag ein zweites Mal ins All aus. Im Verlauf von 7h 2m installierten sie zwei S-Band-Antennen, machten die vier Seitenluken des Knoten-

25.3.2009: Blick auf die zu etwa 85 % vollendete Raumstation ISS, aufgenommen während des Flyaround der Shuttle Discovery auf Mission STS-119. Fertigmasse: 319 t (Ende 2010).

moduls für spätere Andockelemente zugänglich und brachten über zwei externen Datenrelaiskästen Sonnenschutzblenden an. Newman gelang es, mit einer Art Bootshaken zunächst eine der beiden Rendezvous-Antennen von Sarja freizumachen, später dann auch noch die zweite.

Dann war es für Kommandant Bob Cabana, Kosmonaut Sergey Krikalow und die übrige Crew Zeit, erstmals in die Innenräume der neuen Raumstation einzusteigen. Dieser historische Moment erfolgte am 10. Dezember um 19.45 Uhr MEZ. Zuerst öffneten sie die Luke von der Shuttle-Luftschleuse zu Unity, dann den Durchgang zu Sarja, insgesamt sechs Lukendeckel; später tauschten Krikalow und Currie einen defekten Batterieregler in Sarja aus. Der dritte und letzte Weltraumausstieg durch Ross und Newman fand am 12. Dezember statt. Sie verstauten einen Werkzeugbeutel außen am Knoten, lösten nicht länger benötigte Kabel des Andockmechanismus, installierten ein Handgeländer an Sarja und machten Fotos vom Stationsäußeren zur Dokumentation und späteren Analyse. Insgesamt belief sich der Außenbordaufenthalt der beiden Astronauten auf 21h 22m, und Jerry Ross wurde damit zum (vorläufigen) Rekordhalter für die USA mit sieben Ausstiegen von zusammen 28h 27m. Am 13.12. legte Pilot Rick Sturckow die Endeavour um 21.25 Uhr ab und umflog die neue Station für eine weitere Fotosequenz. Am folgenden Tag setzte die Crew noch zwei Forschungssatelliten aus und kehrte dann am 16.12. zur Erde zurück. Die Landung erfolgte früh um 4.53 Uhr am Kennedy Center – die zehnte Nachtlandung des Shuttle-Programms. Damit hatte das gewaltige ISS-Projekt, das sich über die nächsten elf Jahre erstrecken sollte, einen überaus erfolgreichen Anfang genommen. Sarja diente nun in der Anfangsphase der Stationsmontage mit seinen Treibstofftanks, Triebwerken, Solarzellen und Batterien als zentrale Antriebs- und Energiequelle für die wachsende Aneinanderreihung stückweise hinzukommender Elemente.

Nach dem Beginn der Montage mit Node 1 und FGB/Sarja folgten das große russische Service Module Swesda (Stern), das ursprünglich als Mir 2 vorgesehen war, und im November 2000 die erste Langzeit-Stationsbesatzung von US-Kommandant William Shepherd und den russischen Bordingenieuren Juri Gidsenko und Sergey Krikalow. Im Dezember 2000 traf dann der erste von vier Sätzen Sonnenzellenaggregate zu je zwei Flügeln ein. In den darauffolgenden Monaten wuchs die Station rapide, als Astronauten und Kosmonauten zuerst das U.S. Laboratorium Destiny, dann den von Kanada gelieferten Robot-Manipulatorarm Canadarm 2, das U.S. Luftschleusenmodul Quest und das russische Andockmodul Pirs ankoppelten und in Betrieb nahmen. Der Bau des 110 m langen Hauptträgers begann im April 2002 mit der Montage seines Zentralstücks, des Gerüstelements S0 (Starboard Zero bzw. Steuerbord 0) auf Destiny. Das zweite Trägersegment, S1, folgte im Oktober 2002, und sein Gegenstück, P1 (Port One bzw. Backbord 1), mit Expedition 6 im November 2002. Das letzte Element des Hauptträgers für die insgesamt vier Sonnenzellenaggregate der Station, das S6-Teil, wurde erst am 19.3.2009 anmontiert. Mannschafts-Expeditionen, die sich von mal zu mal aus je einem amerikanischen oder russischen Kommandanten und zwei Flugingenieuren aus USA oder Russland zusammensetzten, lösten sich im 90-Tage-Turnus ab. Anfang 2003 unterbrach der tragische Verlust des Space Shuttle Columbia die ISS-Montage. Alle Zubringer- und Menschentransporte wurden von russischen Progress-und Sojus-Raumschiffen auf Sojus-Raketen übernommen und die Stationsbesatzung für viele Monate von drei auf zwei Personen reduziert. Erst 2006, als die ISS in ihr siebtes Betriebsjahr eintrat, begannen die Shuttles wieder zu fliegen. Den Anfang machte die Discovery (STS-121), die auch das erste europäische Langzeit-Besatzungsmitglied anlieferte: Thomas Reiter aus Deutschland, der sich der Expedition 13 von Kommandant Pawel Winogradow und dem Amerikaner Jeff Williams beigesellte. Reiter blieb bis weit in 2007 hinein an Bord. Das Shuttle Atlantis nahm im September 2006 die Stationsmontage wieder auf, mit den integrierten Trägerelementen P3/P4 und zwei neuen Fotovoltaik-Flügeln, die die Energieversorgung an Bord um 66 kW erhöhten. Weitere Komponenten folgten nach, und Ende 2006, als die ISS zu 52 % komplett war, hatte sie eine Masse von 213 Tonnen sowie 52 Meter Länge, 27,4 Meter Höhe und 73 Meter Breite. Ihr bewohnbares Volumen war auf 425 Kubikmeter angewachsen, ihr Sonnenzellenareal auf 1784 m^2. 13 Expeditionen aus verschiedenen Nationen hatten mehr als 13 000 Mahlzeiten und über 10 000 Snacks verzehrt. 83 Besatzungsmitglieder aus mehreren Ländern hatten insgesamt 81 Raumausflüge zu Montage- und Servicezwecken ausgeführt, mit einer Gesamtdauer von bereits rund 500 Stunden.

Bis zur Fertigstellung der ISS Ende 2010 wird das Space Shuttle insgesamt 36 Mal zur Beförderung von Bauteilen, Versorgungsgütern, Forschungsgerätschaft und Besatzungen geflogen sein. Hinzu kommen insgesamt rund 55–58 Zubringerflüge für Cargo und Menschen von russischen Proton- und Sojus-Trägern. Auch Europa spielt mit: Eine Ariane 5 startete am 7.3.2008 das erste Frachtmodul ATV (Automated Transfer Vehicle) »Jules Verne«, und Japan steuert seine eigenen Großträgerraketen H2-B und das HTV-Frachtmodul bei. Nach ihrer Fertigstellung wird die Station, bestehend aus insgesamt 36 Elementen, von denen die Hälfte aus USA, zwölf aus Russland und sechs von den anderen Partnern kommen, mit einer sechsköpfigen internationalen Besatzung voll in Betrieb sein.

Ausgerüstet als revolutionäres Forschungs- und Versuchszentrum im All, verfügt die fertige Station über fünf Wissenschaftslaboratorien: das US-Labor, Japans großes Experimentmodul Kibo mit Außenanlagen, zwei russische Forschungsmodule und Europas kleineres Columbus-Laboratorium von 6,4 Metern Länge und 4,5 Metern Zylinderweite. Italien lieferte neben der Columbus-Zelle die ebenso großen Nachschubmodule Leonardo, Raffaello und Donatello sowie zwei weitere Andock-Knotenelemente (Node 2 und Node 3) und eine Ausblickkuppel, die »Cupola«, am Knoten 3. Mit ihren fotovoltaischen Sonnenzellen und Batterien bietet ISS an die 120 Kilowatt elektrische Energie (jährlicher Durchschnitt für die Forschung: 30 Kilowatt), 33 Geräteschränke für die Benutzer, 14 Experimentplätze im Freien, zwei Fenster mit optisch hochqualitativer Glasscheibe und jährlich sechs bis acht 30-tägige Perioden Mikroschwerkraft von einer Millionstel Erdschwere.

Zu ihrer wissenschaftlichen Ausrüstung gehören Spezialanlagen für Biotechnologie, Gravitationsbiologie, Fluid- und Verbrennungsphysik, Humanforschung und fortgeschrittene Lebensversorgungstechnologie. Mit ihnen erwartet man sich neben revolutionären Entdeckungen und Erkenntnissen vor allem auch wesentliche Verbesserungen von Verfahrenstechniken auf volkswirtschaftlich wichtigen Gebieten wie Biotechnologie und Pharmazie, Medizin und Gesundheitsvorsorge, optische Industrie, keramik- und kunststoffverarbeitende Industrien sowie die Herstellung von Halbleitern und anderer Werkstoffe.

Als Vielzweckanlage sowohl für wissenschaftliches und technologisches Experimentieren als auch für die Erforschung ständigen menschlichen Lebens und Wirkens im All ist die ISS ohne Zweifel auch von beispielloser weltpolitischer Bedeutung. Am 29. Januar 1998 hatten die an ihr beteiligten 15 Nationen im US-Außenministerium in Washington das offizielle Kooperations-Agreement unterzeichnet. Die Teilnahme so vieler verschiedener Nationen macht die Station zu einem besonderen Brennpunkt internationaler Verständigung und Zusammenarbeit und damit zum Katalysator für Friedensförderung und Konfliktabbau. Andererseits erschwert sie das Megaprojekt aber auch mit einer Reihe beispielloser Komplexitäten. Zu nennen wären etwa die ISS-Software mit mehr als 3,5 Millionen Zeilen Computercode und drei verschiedenen Computer-Bordnetzen (eines auf Intel-386-Basis und zwei Laptop-Netze mit insgesamt an die 80 Laptops für die Steuerung jedes Moduls sowie für jedes Besatzungsmitglied) und die zweifache Bordstromanlage mit 120 Volt Gleichstrom-Spannung auf der US-Seite und 28 Volt im russischen Teil, deren Betrieb speziell entwickelte Umspanner erfordert.

Der Anteil der Partner an der Station bestimmt sich nach einem Schlüssel entsprechend ihrer Projektbeteiligung: Während Russland ursprünglich über seinen Teil voll verfügt (etwa 30 %, von dem es einen Anteil im Gegenhandel für Dollars an die USA abgetreten hat), gehören der NASA 97,7 % vom US-Labor und aller externer Nutzplätze sowie jeweils 46,7 % der japanischen und europäischen Module. ESA hat Anrecht auf 51 % des Columbus-Moduls, Japan auf 51 % des Kibo-Moduls und Kanada auf 2,3 % aller nichtrussischen Nutzeranlagen. Bei einer Crew von sechs Personen gehen drei auf USA und drei auf Russland. Die USA-Crew besteht aus wenigstens einem US-Bürger und kann andere Besatzungsmitglieder von ESA, JAXA (Japan Aerospace Exploration Agency) und CSA (Canadian Space Agency) enthalten. Die Wahl der drei Kosmonauten steht Russland frei. Stets müssen aber zumindest ein US-Bürger und ein Russe an Bord weilen, wobei der Kommandant entweder ein Kosmonaut oder US-Astronaut ist und Letzterer von NASA, JAXA, ESA oder CSA gestellt werden kann. Auch für den Gemeinschaftsbetrieb (Common Systems Operations) und alle anderen Bordnutzungsressourcen wie Energie, Luft und Wasser gilt nach Abzug der für den regulären Haushaltsbetrieb benötigten Mittel eine strenge Aufschlüsselung. Aufgrund ihrer bescheidenen Beteiligung beläuft sich der Anteil der teilnehmenden europäischen Staaten an der Raumstation daher insgesamt auf lediglich 8,3 %. Was Deutschlands Anteil an der gesamten Stationsnutzung (Crewzeit, Energie, Wasser, Treibstoff usw.) betrifft, so beträgt er laut Mitteilung des Deutschen Zentrums für Luft- und Raumfahrt (DLR) gerade mal 2–3 % (entsprechend Kanada). Das ist zu wenig, ja längerfristig geradezu grotesk für ein durch Rohstoffmangel so sehr auf Hochindustrien und hohen Bildungsstand angewiesenes Kulturland wie Deutschland.

Von der ISS zurück zum Mond und weiter zum Mars

Am 14. Januar 2004 bekamen wir im NASA-Hauptquartier in Washington hohen Besuch. In unserem Auditorium begrüßte uns der damalige US-Präsident George W. Bush. Einer unserer Veteranen, dem der Präsident die Hand schüttelte, war Gene Cernan. Dieser war ehemals als Kommandant von Apollo 17 der letzte Mensch auf dem Mond, von dem er am 14.12.72 mit folgenden Worten Abschied nahm: »We leave as we came, and God willing, as we shall return, with peace and hope for all mankind.« Bush sah ihm in die Augen und sagte: »Gene, ich bin hier, um Ihnen zu versprechen, dass wir in der Tat zurückkehren werden.« Was der Präsident dann verkündete, war ein neues nationales Mandat für die bemannte Raumfahrt der USA im Stil Kennedys. Der Auftrag lautete: Rückkehr zum Mond und weiter zum Mars. Nach dem mit NASA-Hilfe vorbereiteten Explorationsplan der US-Regierung sollen wir bis spätestens 2020 mit Astronauten zum Mond zurückkehren und dort eine Basis errichten, zur wissenschaftlich-technischen Erprobung des bemannten Fluges zum Mars und seiner Exploration sowie der weiterführenden Ausdehnung der Menschheit im Sonnensystem.

Im Einzelnen handelt es sich für die NASA bei dem Präsidentenmandat um eine logisch fortschreitende Entwicklungssequenz menschlicher Exploration des Weltraums, mit den folgenden Hauptabschnitten: (1) Fertigmontage der ISS bis Ende dieses Jahrzehnts; dabei (2) fokussierte Verwendung des Space Shuttle und dessen Stilllegung nach Fertigstellung der ISS; (3) Bereitstellung eines neuen Großtransportsystems zur Anlieferung von Menschen und Frachtgut von der Erdoberfläche zu Explorationszielen und sicheren Rückholung von Menschen zur Erde; (4) um 2015, spätestens aber bis 2020 Durchführung bemannter Mondexpeditionen zur Förderung von Wissenschaft sowie Entwicklung und Erprobung neuer Explorationsansätze, -technologien und -systeme, einschließlich Verwendung von lunaren und anderen Weltraumrohstoffen zur Stützung nachfolgender beständiger Erforschung des Mars und anderer Ziele durch Menschen; (5) robotische Missionen zum Mars zur erweiterten Suche nach Nachweis von Leben, Ergründung der Geschichte des Sonnensystems und Vorbereitung zukünftiger bemannter Exploration; (6) nach erfolgreich demonstrierter bemannter Mondexpedition Menschenflüge zum Mars zur umfassenderen Suche nach Leben und Erweiterung der Grenzen menschlicher Exploration; (7) robotische Expeditionen ins Sonnensystem »jenseits« des Mars zur wissenschaftlichen Forschung und Unterstützung bemannter

14.1.2004: George W. Bush mit Apollo-17-Commander Cernan im NASA-HQ bei der Verkündung des neuen Mond/Mars-Mandats. Hinter Bush: Shuttle-Astronauten Cabana und Readdy (v. l.).

Forschungszüge; und (8) fortgeschrittene teleskopgestützte Programme für die Suche nach erdähnlichen Planeten und bewohnbaren Umweltzonen um andere Sterne.

Was wir derzeit erleben, ist der erste Schritt in diesem langfristigen Programm, das in der Marserschließung gipfeln wird: die aufklärende Erforschung mit Robotern, die unter anderem der Identifizierung besonders interessanter späterer Landestellen dient. Der zweite Schritt ist die humanphysiologische Erforschung der menschlichen Eignung und Vorbereitung für den Langzeitaufenthalt im All. Was für Auswirkungen hat die Schwerelosigkeit auf uns über längere Zeiträume? Benötigen wir künstliche Schwerkraft? Und was sind unsere psychologischen Bedürfnisse für solche Fernreisen im All? Hierbei spielt die Internationale Raumstation ISS eine wesentliche Rolle. Der dritte Schritt ist die Entwicklung der für den Menschenflug zum Mars notwendigen Technologien

271

und Systeme, vor allem auf Gebieten wie Lebenserhaltung, Strahlenschutz, Antriebe, Produktsicherheit und Zuverlässigkeit. Um diese Infrastruktur und das notwendige Wissen bereitzustellen, hat uns die neue Strategie der Raumexploration mit der Rückkehr von Menschen zum Mond beauftragt – als Zwischenstation auf dem Weg zum Mars.

Für die geforderte Bereitstellung neuer Transportsysteme für die Mond/Mars-Exploration hat die NASA im sogenannten Constellation-Programm mit der Entwicklung zweier neuer Großträgerraketen begonnen, eine für die Beförderung von Astronauten, die andere unbemannt für Lastentransport. Man hat am Beispiel des Space Shuttle gelernt, dass es keine gute Lösung ist, Menschen und Frachtgut auf ein und demselben Transportgerät zu befördern. Schließlich würde sich auch ein Güterzug schlecht für den gleichzeitigen Personentransport eignen, und ein Personenzug würde den gleichzeitigen Transport von Cargo unnötig verteuern.

Bei beiden neuen Raketen greift man auf die erprobten Charakteristiken ballistischer (nicht-geflügelter) Raketen zurück, die sich mit den Saturn-Raketen aus Huntsville der Apollo-Jahre so außerordentlich bewährt hatten. Zukünftige Astronauten werden an der Spitze einer dafür optimierten ballistischen Rakete in den Orbit fliegen, und als Schwerlastenträger wird eine Großrakete entwickelt, die nicht die komplexen und teuren Lebenserhaltungs- und Sicherheitssysteme des bemannten Betriebs benötigt. Im NASA-Jargon heißt das: So ein »big dumb booster« braucht nicht »man-rated« zu sein. An das Vermächtnis der Apollo-Raketen gemahnen ihre Namen: Ares I für den bemannten Transport evoziert die Saturn I und IB, und Ares V für die Monsterlasten die Saturn V. Der grundlegende Unterschied zwischen den Saturn- und Ares-Familien besteht darin, dass die Ares-Geräte umfassenden Gebrauch von Feststoffraketentechnik machen, was für die Saturn-Träger kein Thema war.

Unter Verwendung heutiger Starttechnologien, evolvierter kraftvoller Apollo- und Space-Shuttle-Antriebselemente und Jahrzehnte gewachsener Raumflugerfahrung der NASA entsteht Ares I als Kernstück für ein sicheres, zuverlässiges und kosteneffektives Raumtransportsystem, auf dem Besatzungen auf Missionen zur ISS, zurück zum Mond, weiter zum Mars und hinaus ins Sonnensystem fliegen werden. Das Trägergerät besteht aus zwei Raketenstufen in Tandemanordnung, auf denen das bemannte Raumschiff Orion und sein Startabbruch-Rettungssystem sitzen wie die einstige Apollo-Kapsel mit ihrem LES (Launch Escape System) auf der Saturn. Neben seiner primären Mission, vier bis sechs Astronauten in die

Erdumlaufbahn zu tragen, kann Ares I mit seiner Tragfähigkeit von 25 Tonnen auch dazu dienen, um Gerätschaft und Nachschub zur ISS zu liefern oder Nutzlasten im Orbit zu »parken«, die dann von anderen Raumschiffen für den Weitertransport zum Mond oder anderen Zielen aufgenommen werden.

Die Ares-I-Erststufe ist ein einzelner wiederverwendbare Feststoffbooster, der vom Space Shuttle herrührt und aus fünf Segmenten besteht (Shuttle-SRB: vier Segmente). Jedes Segment ist mit dem Treibstoff PBAN (Polybutadien-Acrylonitril) und Zusätzen gefüllt und kann nach der Bergung aus dem Ozean wieder »geladen« werden. Ein neuentwickelter vorderer Adapter verbindet diese Erststufe mit der Oberstufe und trägt Boosterabtrennraketen, die die beiden Stufen während des Aufstiegs voneinander trennen. Danach zündet das einzelne J-2X-Triebwerk der zweiten Stufe und schiebt sie mit ihrer Orion-Nutzlast in die Erdkreisbahn. Mit einer Höhe von 99,1 Metern hat Ares I eine Startmasse von 927 Tonnen, von denen 137 Tonnen auf die gefüllte Oberstufe gehen. Die ersten Mannschaftsflüge zur ISS sollen nicht später als 2014 stattfinden, vielleicht sogar etwas früher. Die ersten Mondflüge beginnen im Zeitraum von 2018 bis 2020.

Der vielseitig einsetzbare Schwerlastträger Ares V wird an Höhe und Nutzlasttragfähigkeit die Mondrakete Saturn V übertreffen. Die schwere Grundstufe mit fünf RS-68-Flüssigkeitstriebwerken hat zwei zusätzliche Feststoffbooster »angeschnallt«, die ähnlich der Ares-I-Erststufe je fünfeinhalb PBAN-Segmente haben. Die RS-68 erzeugt auf Meereshöhe rund 318 Tonnen Schub und ist damit der stärkste existierende LOX/LH$_2$-Raketenmotor. Die Oberstufe, die im Orbit zur Erdfluchtstufe wird, sitzt auf der Erststufe auf einem Zwischenstufenring, der sogenannten Interstage. Angetrieben wird sie wie die der Ares I von einem J-2X-Motor. Die Ares V hat eine Startmasse von 3375 Tonnen (Saturn V: 3050 Tonnen), eine Höhe von 110 Metern und eine Trägfähigkeit von 144 Tonnen in niederen Erdorbit (LEO). Gemeinsam mit der Ares I wird sie 63,6 Tonnen zur TLI (Translunar Injection, Mondeinschuss) bringen, beziehungsweise 55,9 Tonnen allein.

Ebenfalls zum Constellation-Programm gehören die Orion-Crew-Kapsel für den Transport von vier Astronauten zu ISS und zum Mond, später auch sechs, und der große Mondlander »Altair«. Das Constellation-Flugprogramm für die Mondmission orientiert sich im Großen und Ganzen an dem bewährten Apollo-Profil.

Die ISS nimmt für den Menschenflug zum Mond und Mars eine Schlüsselposition ein. Zunächst einmal kann man sagen, dass sie hinsichtlich Entwicklung und Betrieb als ein Pilotprojekt für ein gemeinsames internationales bemanntes

Mond/Marsprogramm der späteren Zukunft gilt. Aber mehr noch: Langfristig dient sie als orbitale Forschungsstätte zur Erarbeitung des benötigten wissenschaftlichen und technischen Fundaments. In erweiterter Form sehe ich sie außerdem als Transportknotenpunkt und Umschlaghafen für Planetenmissionen. Auf ihrer Aufgabenliste obenan steht die Erforschung des Menschen und aller mit seiner Gesunderhaltung bei langen Weltraumaufenthalten verbundenen »Humanfaktoren«. Die schwierigsten Hürden auf dem Weg zum Mars werden sein: die Auswirkungen der Schwerelosigkeit und die Ausarbeitung potenter Gegenmaßnahmen, die Entwicklung von Strahlungsschutz, die Wahrung von Stabilität und Produktivität kleiner, multikultureller Menschengruppen in langwährender Eingeschlossenheit und Isolation und die Entwicklung zuverlässiger regenerativer Lebenserhaltungssysteme für Missionen von mehrjähriger Dauer. Auch für die meisten anderen Systeme des Marsprojekts ist die ISS ein Prüffeld innovativer Hochtechnologien. Als neuer Standort im All bildet sie also eine Art frühen Brückenkopf zum neuen Kontinent außerhalb der Erde, zum Mars.

Die Erforschung und Besiedlung des roten Planeten ist ein großes Langfristziel, ein Jahrtausendprojekt, an dessen Globalität kein anderes Ziel der Menschheit auch nur entfernt heranreicht. Der Prozess ist in unserer Zeit in Gang gekommen, und wir erleben ihn täglich mit, aber begonnen hat der Aufbruch zur Nachbarwelt bereits vor langer Zeit: Schon seit den Tagen der ersten Ingenieurträume von Konstantin Ziolkowsky und Hermann Oberth und der ersten Raketenstarts von Robert Goddard, Wernher von Braun und Sergey Korolow sind wir auf dem Weg. Im gegenwärtigen dritten Jahrtausend wird dieser Prozess die daran teilhabenden Erdenbürger über Jahrzehnte und Jahrhunderte hinweg quer durch alle Kultursparten beschäftigen – zuerst im Sinne der Aufklärung und Forschung, dann im Zuge einsetzender Migration und Sesshaftwerdung.

Welche Gründe sprechen für den Marsflug durch Menschen in absehbarer Zeit? Angesichts der inzwischen gesicherten Entdeckung gewaltiger Wassermassen auf dem roten Planeten nicht nur vor Jahrmillionen, sondern auch heute – höchstwahrscheinlich auch in flüssiger Form – steht an vorrangiger Stelle natürlich die weiterführende Suche nach einstigem oder heutigem Leben, also nach Bio-Oasen und Fossilien, nicht nur von Mikroorganismen, sondern auch höheren Lebensformen. Dabei muss der Mensch selbst in der Arena des Geschehens zugegen sein, *in situ*, um sein Forschungsprogramm nach den aktuellen, soeben gemachten Entdeckungen ohne Zeitverzug adaptieren und ausrichten zu können. Ein zweiter Grund ist die Tatsache, dass die Wissenschaft der komparativen Planetologie aus dem Studium der Entwicklungsgeschichte des Mars, seiner Geografie, Geophysik und Klimatologie wichtige neue Erkenntnisse über unsere eigene Erde lernen kann. Und drittens ist die Frage, ob und wie der *homo sapiens* auf dem Mars »vom Lande« leben und eine neue Heimat finden kann, für die Zukunft des Menschengeschlechts von wahrscheinlich arterhaltender Bedeutung.

Der Mars ist eine Welt voll Wunder und Rätsel, geprägt von Prozessen, denen man bisher noch nirgendwo begegnet ist. Je mehr wir über den Mars erfahren, desto mysteriöser und erstaunlicher, aber auch schöner wird er. Er hat die höchsten Vulkane und das größte Canyon-System des Sonnensystems, gewaltige planetweite Sand- und Wirbelstürme, unzählige trockene Flussbetten, weite Ozeanbecken und riesige, dicht verästelte Stromtalnetze, wo einstmals Wasser in Sturzfluten strömte; aber auch Polarkappen aus Eis und – wie neuerdings nachgewiesen – unterirdische Permafrostlager und wahrscheinlich auch Reservoire flüssigen Wassers, welches von Zeit zu Zeit hervorbrechen kann und dabei deutlich erkennbare Rinnsale hinterlässt, bevor es sehr schnell friert oder verdunstet beziehungsweise sublimiert. Dass es dort auch heute adaptierte Lebensformen gibt, ist nicht auszuschließen.

Wie konnte es geschehen, dass Erde und Mars derart unterschiedliche Entwicklungswege genommen haben? Wenn die Forschung klären kann, was damals wirklich geschah, als sich das Klima auf dem Mars so drastisch änderte, wann es passierte und warum, dann erhellt sich für uns auch vieles über die Geschichte und Zukunft unserer eigenen Umwelt und Klimata, auch wenn der Mars mit zunehmenden Entdeckungen weniger und weniger erdähnlich zu sein scheint.

Werden wir Menschen tatsächlich auf dem Mars leben können? Die Geschichte zeigt, dass der *homo sapiens* sich hauptsächlich dadurch verbreitet hat, dass er es verstand, lokale Rohstoffe auszuwerten und zu nutzen. Für die ersten Marspioniere wird nach Sicherung ihres unmittelbaren Überlebens für längere Zeit die wichtigste Aufgabe darin bestehen, die Nabelschnur von der Erde in Form kostspieliger Nachschubtransporte auf ein Minimum zu reduzieren. Mars besitzt alle Rohstoffe, die zum Leben und zur Begründung eines neuen Ablegers der menschlichen Zivilisation nötig sind: Kohlenstoff, Stickstoff, Wasserstoff und Sauerstoff, welche sich aus der Atmosphäre, dem Wassereis der Polarkappen und dem vermuteten Grundeis (Permafrost) direkt gewinnen lassen. Auch an den meisten industriell interessanten Elementen wie Kupfer, Schwefel und Phosphor besitzt der Planet große Bestände. Örtliche Mineralschürfung, Rohstoffprozessierung, Veredlung und

Planet Mars, gesehen vom Hubble-Raumteleskop im Juni 2001 in bisher größter von der Erde aus erreichter Auflösung.

Produktion werden neue Technologieentwicklungen erfordern, die bereits heute untersucht werden.

Homo sapiens wird zum *homo spaciens*, aber ein Leben »unter freiem Himmel«, wie wir es kennen, ist auf dem Mars freilich nicht möglich. Seine atmosphärischen Zustände sind dergestalt, dass der Mensch im Freien einen Schutzanzug braucht. Die Marsatmosphäre hat zwar keine Ozonschicht als Schutz gegen UV-Licht, ist jedoch dicht genug, um zum Beispiel Erntebestände auf der Oberfläche vor Sonneneruptionen zu schützen. Für sie genügen daher dünnwandige aufblasbare Treibhäuser mit Schutzkuppeln aus UV-beständigem Kunststoff, in denen der Treibhauseffekt Wärme erzeugt, die auf der Erde verpönt, auf dem kalten Mars

276

jedoch hochwillkommen ist. Kleinere Kuppeln bis vielleicht 50 Meter Durchmesser dürften leicht genug sein, um von der Erde antransportiert zu werden, größere kann man später aus einheimischen Rohstoffen herstellen. Das würde bedeuten, dass der Mensch, der zunächst auf Schutzhabitate auf oder unter der Oberfläche angewiesen ist, dann im Freien unter Plastikdomen leben könnte. Für die ferne Zukunft ist darüber hinaus eine radikale ökosynthetische Umwandlung der Marsumwelt zu mehr irdischen Verhältnissen vorstellbar. Solche Prozesse, unter dem Sammelbegriff »Terraformung« geführt, werden schon heute spekulativ angedacht.

Bei all den Überlegungen bleibt die Frage, welchen Zweck die Marserschließung überhaupt hat? Die Frage nach dem Sinn geht einher mit der Frage nach dem tieferen, transutilitären Sinn der bemannten Raumfahrt. Der Antrieb der Weltraumforschung, Grenzen zu überschreiten und später einmal den Weltraum zu besiedeln, steht in dem Geist, der menschliche Forscher zu allen Zeiten inspiriert hat: Es ist der unwiderstehliche Drang, die Grenzen unseres Wissens und Verstehens auszuweiten und damit den Bereich der menschlichen Existenz, unseres Lebens und Wirkens. Von Anbeginn an, als der Mensch erstmals zu Bewusstsein kam, war dies der fundamentale Grund, warum er die Domänen Land, Wasser und Luft erforscht hat und heute wieder und wieder ins All als vierte Domäne vorstößt.

Es ist also nur noch eine Frage der Zeit, wann Menschen auf dem Mars landen werden. Dass sie es tun werden, steht mit Sicherheit fest. Der Zeitpunkt hängt lediglich von der noch zu erledigenden Arbeit ab, von technischen und wissenschaftlichen Fragen, die noch beantwortet werden müssen. An den Aufgabenstellungen wird schon seit Jahren gearbeitet, und der Bush-Auftrag gibt uns mit der Rückkehr zum Mond bis spätestens 2020 einen wichtigen Meilenstein vor. Damit werden wir nach Fertigstellung der Raumstation ISS in 2010 über mehrere Jahre verfügen, die wir brauchen, um technische und wissenschaftliche Probleme zu lösen. Es gilt zum Beispiel Geräte zu entwickeln, die auch über lange Zeit zuverlässig in Schwerelosigkeit funktionieren und Forschungsergebnisse liefern, welche uns sagen, was eigentlich mit Menschen passiert, die 18 Monate oder noch länger auf einer Marsreise unterwegs sind. Das ist eine lange Liste, die Zug um Zug abgearbeitet werden muss. Deswegen wird es mindestens 20 bis 25 Jahre dauern, bis man zur roten Welt fliegen kann. Machen lässt sich das durchaus, wenn die Entschlossenheit, der Wille da ist. Denn es wird nicht eine rein amerikanische Marsmission sein, sondern ganz zweifellos eine internationale. Sicherlich werden

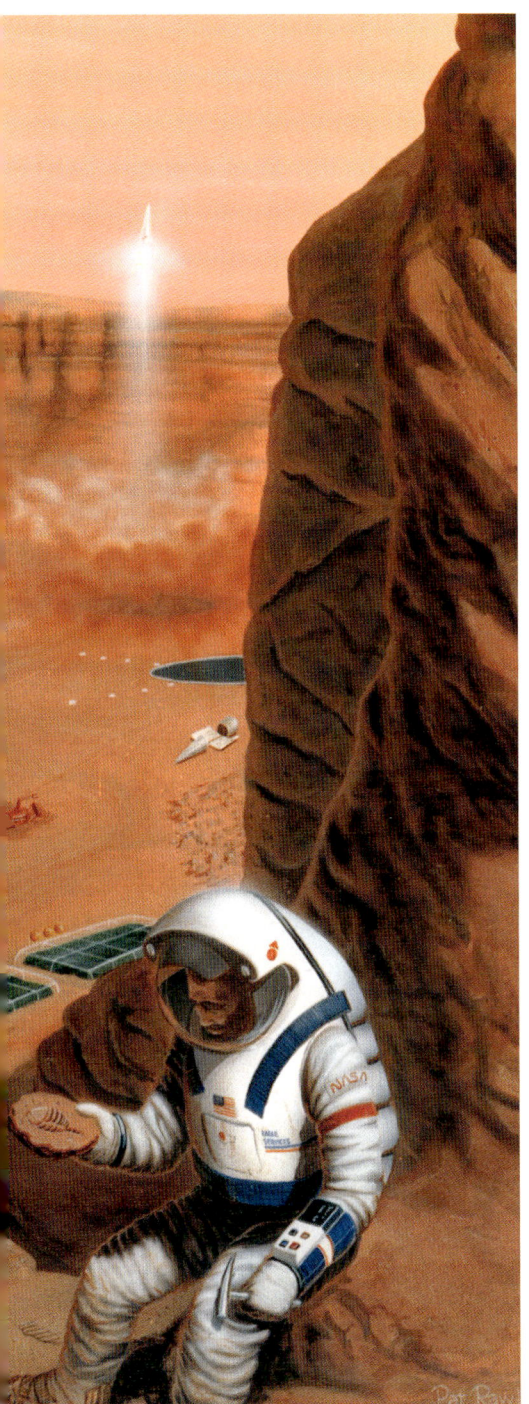

zumindest die Nationen, die bereits bei der ISS zusammenarbeiten, das Marsprogramm vorantreiben. Andere werden aber noch dazukommen. Denn wie Präsident Bush sagte, ist das neue Programm kein Wettrennen, sondern eine gemeinsame Reise. Damit ist Kooperation im All als neue Triebfeder der Raumfahrt im dritten Jahrtausend an die Stelle des alten Konkurrenzdenkens getreten. Historisch gesehen, ist diese Art eines gemeinsamen Forschungszugs in die Tiefen des Alls eine Antwort auf die ganz spezielle Herausforderung unseres globalen Zeitalters, und zwar in der ethisch einzig möglichen und angemessen Weise: durch die Ausweitung und das Über-sich-selbst-Hinauswachsen des zusammenhängenden Systems Mensch-Erde-Kosmos.

Auf dem Mars suchen Forscherteams von der Erde nach Lebensspuren. Hält die Wirklichkeit die Sensation bereit, die dem Geologen im Bild bereits geglückt ist – ein Fossil?

Mensch und Raumfahrt – die Zukunft nach Mars

Das Raumexplorationsmandat der NASA sieht Menschen eines fernen Tages weiter ins Sonnensystem vordringen: In weiter Zukunft, nach begonnener Besiedlung des Mars, dehnt sich die menschliche Sphäre weiter aus, zunächst in den sonnenumkreisenden Asteroidengürtel, der 98 Prozent der rund 5000 derzeit bekannten Asteroiden und Planetoiden enthält. Dort wird vermutlich mit reichhaltigen Minerallagern an Platin, Palladium, Iridium, Rubidium, mit Wassereis und anderen Rohstoffen zu rechnen sein, die auf Mars und Erde dann dringend benötigt werden und mit ihrer Prospektierung, Gewinnung und Beförderung eine neue Konsolidierungsphase der menschlichen Ausbreitung begründen. Danach folgt die Erforschung der noch weiter entfernten faszinierenden Jupiter- und Saturnmonde, von denen etwa Europa und Ganymed durch ihre Atmosphären, Eiskrusten und darunter vermuteten Wasservorkommen mit möglicher Biota die Planetenforscher elektrisiert haben, während Titan als einzige außerirdische Welt im Sonnensystem reizt, die eine dichte Stickstoffatmosphäre wie die Erde hat. Auch diese Region erkunden robotische Pfadfinder und vorgeschobene Beobachter bereits heute, um Menschen den Weg zu bereiten.

Was werden uns die Weltraumwissenschaften im nächsten Jahrhundert im All und auf der Erde bringen? Fundamental gesehen, hat sich die Schöpfung durch evolutionäre Schritte über Jahrmilliarden hinweg die Fähigkeit verschafft, sich selbst betrachten zu können. Der Mensch steht in staunender Ehrfurcht vor der Majestät des ihn umgebenden Universums. Kann es deshalb eine noch größere Herausforderung geben, als unseren Zutritt zum All zu nutzen, um die Schöpfung und den Platz der Menschheit in ihr zu studieren? Vorauszusagen vermag niemand die dramatischen wissenschaftlichen Entdeckungen der nächsten 50 oder 100 Jahre; die Möglichkeiten sind schier unermesslich. Nicht ausgeschlossen ist es zum Beispiel, dass man Lebensformen auf dem Mars und anderen Planeten und Monden unseres Sonnensystems oder auch Bio-Bausteine wie Aminosäuren in den Ozeanen von Titan, Europa und Uranus finden wird. Das erste Signal einer extraterrestrischen Zivilisation sollte entdeckt werden, wenn heutige Lauschprogramme breitbandig weitergeführt werden, vor allem von der radiostillen Rückseite des Mondes. Auf Mond, Mars, zahlreichen äußeren Monden und zugänglichen Asteroiden werden automatische Prospektor-Missionen ständig nützliche Materialien ausfindig machen und melden – gefolgt von Probenrückholmissionen und bemannten Besuchen. Aus geborgenen Eisstücken von Kometen wird man Proben von Urmaterial bergen, darunter auch aufschlussreiche Trümmer von Nova- und Supernova-Explosionen. Wir werden vom All aus die Umwelt auf der Erde hüten, die genauen Zusammenhänge zwischen der Sonnentätigkeit, unserem Wetter und der Globalerwärmung erkennen und Wirbelstürme sowie Erdbeben auf Stunden genau mit 80–100 km örtlicher Präzision voraussagen können. 30-Tage-Wetterprognosen werden eine Genauigkeit von 95 % erreichen.

Durch Langzeit-Forschung in der Mikrogravitation und auf der Erde wird die Medizin in den kommenden Jahrhunderten allen unserer Krankheiten Herr werden und unsere individuelle Lebensspanne verdoppeln, während die Entwicklung und Begrünung des Mars durch Terraformung (Ökosynthese) dem Menschengeschlecht eine zweite Planetenwelt geben könnte und damit größere Überlebenschancen und die Aussicht auf Unsterblichkeit als Gattung.

Wer Augen dafür hat, erkennt deutlich, dass sich unser Verhältnis zur Technik und zur Maschine im Zuge dieser Evolution grundlegend ändern wird; schon heute zeichnet sich der Umschwung in der Unbefangenheit der heranwachsenden Menschheit im Umgang mit neuer Computertechnik ab. Je menschenähnlicher die Maschine in ihren Funktionen wird, desto mehr wird sie zu unserem Partner: Ohne den Menschen kann sie nicht sinnvoll funktionieren, und umgekehrt kann der Mensch ohne sie nicht weiter wachsen, schon gar nicht im All. Auch wenn es dort einst selbst-replikative Maschinen geben wird, werden sie den Menschen brauchen, um ihrer Existenz Sinn zu verleihen. Der Mensch der Zukunft wird durch die Symbiose mit der von ihm hervorgebrachten Maschine ein neues Wesen werden: ein kybernetisches Wesen.

Raumfahrt ist offenkundig ein ständiger Quell starker, belebender Visionen. Ein Land ohne Visionen hat eine Jugend ohne Perspektiven. Und ohne solche Perspektiven für die Jugend hat ein Land keine Zukunft. Außerdem sind die Herausforderungen und Basistechnologien der bemannten Raumfahrt von entscheidender Bedeutung für die Zukunft eines anspruchsvollen Industriestandorts, der mit anderen Ländern Schritt halten will, und sie gehört zunehmend zum Kulturgut, ja zur Kulturpflicht eines Landes. Das sollte gerade in Deutschland zu denken geben, wo es schon längst keine eigenständige nationale bemannte Raumfahrt mehr gibt, die Raumfahrt bei der Mehrzahl der Bürger keinen Rückhalt findet und es ganz allgemein an der nötigen politischen Entschlossenheit fehlt.

Nachwort

Der Blick ins vor uns liegende dritte Jahrtausend zeigt mir deutlich, dass der Mensch in Sprüngen ins All hinausgehen wird, immer weiter und weiter. Seinem Trieb zur Erforschung des Unbekannten folgend, wird er dabei das Leben auf der Erde physisch und psychisch entscheidend voranbringen. Die Neugier ist ein zentrales Attribut der Intelligenz. Wir sind Sucher, und ich glaube nicht, dass, solange es intelligente Menschen unserer Art gibt, jemals der Moment kommen wird, wo sie stehen bleiben und sagen: »Bis hierher und nicht weiter!«

Der Weltraum ist unsere Bestimmung, aber diese ist, wie der amerikanische Politiker William Jennings Bryan einmal gesagt hat, nicht eine Sache des Zufalls, sondern eine Sache bewusster Wahl. Bestimmung ist nicht eine Sache, auf die man warten kann, sondern eine Sache, die vollbracht werden muss.

Spätestens seit den heroischen Tagen von Apollo hat sich deutlich gezeigt, dass sich Ziel und Zweck der Weltraumexploration nicht nur darauf beschränken, wissenschaftliche Daten über die Planeten zu gewinnen. Der Schritt des Menschen in den Kosmos, weg von unserer Heimatwelt, muss vielmehr in größerem Kontext gesehen werden. Nehmen Sie sich ein Geschichtsbuch vor und lesen Sie nach, was darin über die Menschen des 16. Jahrhunderts steht. Ich frage mich bereits, was die Menschen in 500 Jahren über uns und unsere Generation in ihren Geschichtsbüchern finden werden. Aus dieser Perspektive gesehen, werden die großen Feuersbrünste des 20. Jahrhunderts, ja selbst der 2. Weltkrieg nicht mehr Bedeutung haben als der spanische Erbfolgekrieg zu Beginn des 18. Jahrhunderts für uns heute. Ebenso wird es sich mit dem Krieg gegen den Terror verhalten, den wir derzeit erleben. Ganz gleich, ob er sich als der Beginn eines Zusammenstoßes unterschiedlicher Zivilisationen oder lediglich als der Todeskampf einer fundamentalistischen Ideologie erweist, er wird im geschichtlichen Rück-

11.9.1962: Präsident John F. Kennedy besucht das Marshall Space Flight Center. Bei der Besichtigungsfahrt mit ihm im Wagen: MSFC-Direktor Dr. Wernher von Braun.

blick nicht mehr oder weniger bedeuten als die Kreuzzüge für uns heute. Ich glaube, dass man uns am Ende in erster Linie an unseren vielen wissenschaftlichen Großleistungen messen wird: die Spaltung des Atoms, die Entschlüsselung des Genoms, das Informationszeitalter mit dem Internet. Aber hauptsächlich wird man in 500 Jahren über uns sagen: »Ja, das waren die ersten Menschen, die den Mond betreten haben. Sie haben uns alle bei jedem Raketenstart zutiefst empfinden lassen, dass der Mensch auf dem Weg der Selbstbefreiung ist.«

Was war es, das uns damals in der Raumfahrt jenen Erfolg gebracht hat, der dergestalt in die Geschichte eingegangen ist, dass das Staunen darüber mit der Zeit wächst statt schwindet? Wernher von Braun wusste es: »Ich glaube, das Entscheidende zum Erfolg in einer Sache wie der unseren ist, dass man seinen persönlichen Ehrgeiz der Sache unterzuordnen versteht. Ich glaube, die einfachste Formel für einen Erfolg in einer großen Aufgabe ist, dass ein Mensch völlig in seiner Aufgabe versinkt und untergeht und sich völlig als ein Träger dieser Aufgabe betrachtet, dass diese Idee ihn bewegt und er gar nicht mehr anders kann, dass er vor allen Dingen in jenem Punkt, wo er vor einer Entscheidung steht, die Aufgabe selbst als das Überwiegende sieht und sich selbst nur als untergeordnetes Teil, dass er sich selbst über seiner Aufgabe vergessen kann. Ich selbst, so sehe ich es jetzt, bin nur so zu Erfolgen gekommen.« (Wernher von Braun, *Bunte Illustrierte*, 30.7.1969)

Bildnachweis:
Alle Abbildungen aus dem Archiv der NASA, außer:
S. 230, S. 237, S. 245: Jesco von Puttkamer
S. 233, S. 235: RKK Energija

Besuchen Sie uns im Internet unter:
www.herbig-verlag.de

Umschlaggestaltung: Wolfgang Heinzel
Umschlagbilder: NASA
Herstellung und Satz: VerlagsService Dr. Helmut Neuberger
& Karl Schaumann GmbH, Heimstetten
Gesetzt aus der 10,75/14,75 Punkt Minion
Druck und Binden: Print Consult, Grünwald b. München
Printed in the EU
ISBN 978-3-7766-2616-2

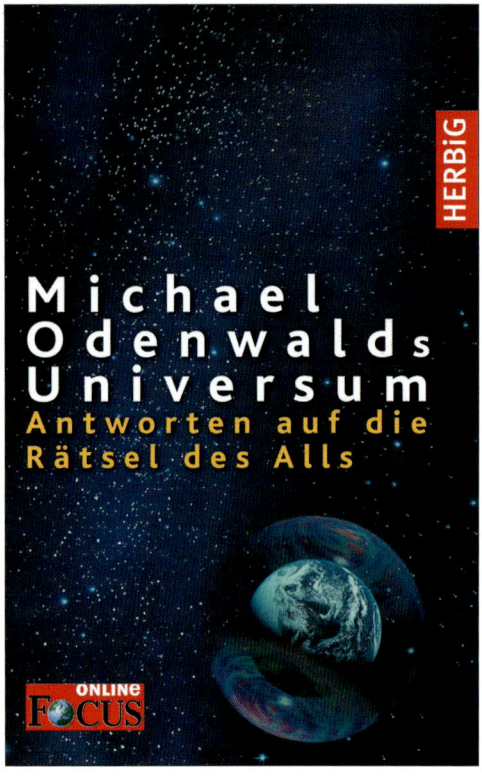

256 Seiten
ISBN 978-3-7766-2581-3

Faszination Weltraum: Michael Odenwald erklärt spannend und leicht verständlich wissenschaftliche Phänomene.

Gab es etwas vor dem Urknall? Regiert im Kosmos der Zufall? Sind wir allein im Universum? Was ist Zeit?
Auf die Frage nach dem Wesen der Zeit antwortete Albert Einstein einst lapidar: »Zeit ist das, was man an der Uhr abliest«. Und er hatte recht: Zeit ist tatsächlich nur, was die Uhr anzeigt – nämlich Bewegung.

Der Wissenschaftsredakteur Michael Odenwald präsentiert in seinem »Universum« diese und andere verblüffende Erkenntnisse der modernen Naturwissenschaften. Seit einigen Jahren beantwortet er in seiner Kolumne auf *Focus online* Leserfragen unter anderem zu Kosmologie, Astro- und Quantenphysik. Die wichtigsten und interessantesten Beiträge sind hier erstmals in Buchform zusammengefasst, ergänzt und auf den neuesten wissenschaftlichen Stand gebracht.

Eine packende Lesereise zu den Geheimnissen des Universums, für die man kein Physik-Diplom im Gepäck braucht.

www.herbig.net

HERBiG

368 Seiten mit zahlr. Fotos u. Dokumenten
ISBN 978-3-7766-2522-6

Eine der mutigsten Frauen des 20. Jahrhunderts

Elly Beinhorn machte mit zwanzig Jahren den Pilotenschein, mit dreiundzwanzig startete sie allein zu ihrem ersten Afrikaflug, der mit einer Notlandung und vier Tagen Fußmarsch durch die Sahara endete. 1932 gelang ihr die Weltumrundung im Alleinflug, 1936 überflog sie innerhalb von 24 Stunden drei Kontinente (Afrika, Asien und Europa). In ihrer Autobiografie schildert die Flugpionierin ihre abenteuerlichsten Flüge und ihre aufregendsten Erlebnisse.

»Ihre Memoiren lesen sich wie ein Abenteuerroman.«   Der Spiegel

»Wer Elly Beinhorns Lebenserinnerungen liest, wird schnell feststellen, dass das *wilde fliegende Mädchen*, wie sie genannt wurde, nicht allein eine formidable *Luftkutscherin* war, die als junge Frau schon die afrikanische Wüste überflog in nichts als einer kleinen Kiste aus dünnem Sperrholz und Leinwand, sondern auch eine Autorin, die einen zum Lachen bringt.«
Bayern 2 Radio

»Das Buch ist ein faszinierendes Zeitdokument, auch dank der üppigen Illustration.«
NZZ am Sonntag

www.herbig.net

288 Seiten mit 61 Abbildungen
ISBN 978-3-7766-2593-6

Fesselnd und faktenreich: Die Geschichte des Mondes und des waghalsigen Apollo-Programms

Seit viereinhalb Milliarden Jahren begleitet der Mond die Erde auf ihrem Weg um die Sonne, seit Menschengedenken ranken sich um den Erdtrabanten unzählige Mythen. Doch wie ist der Mond entstanden? Wie viel wussten die Menschen früher vom Mond, welche Bedeutung hatte er für ihre Kulturen? Spannend beschreibt Alexis von Croy die Entstehungsgeschichte des Erdtrabanten und die Historie der Mondbeobachtungen und -studien über die Jahrtausende.

Mit den Mondflügen des Apollo-Programms erreichten diese eine neue Dimension. Für deren Realisierung überwanden die Wissenschaftler, Techniker und Astronauten technische und politische Hindernisse und meisterten tragische Rückschläge. Die Flüge zum Mond waren Pionierreisen in der Tradition mutiger Seefahrer und Flieger, denen jede Grenze nur ein weiterer Ansporn war, sie zu überwinden.

Alexis von Croy erzählt präzise und fundiert eines der packendsten Kapitel der Wissenschafts- und Menschheitsgeschichte.

www.herbig.net